“十三五”国家重点出版物出版规划项目
现代机械工程系列精品教材

智能制造导论

陈　明　张光新　向　宏　编著

机 械 工 业 出 版 社

本书从制造技术的演进出发，通过介绍智能制造的基本概念、体系架构、核心技术、典型应用场景等内容，较为全面地阐述了智能制造的理论和实践知识。本书主要内容包括智能制造概述、信息物理系统、智能制造系统架构及参考模型、智能制造新技术、离散型智能制造、流程型智能制造、网络协同制造、远程运维、个性化定制、智能制造系统的基础信息安全探讨。

本书基于二十大报告中关于“深入实施科教兴国战略、人才强国战略、创新驱动发展战略”的要求，在详细讲授基础理论知识的同时融入探索性实践内容，以增强学生的自信心和创造力，即用学科理论知识促进学生活跃思维、敢于创新，尽可能地将新思路在实践中进行创造性的转化，推动科学技术实现创新性发展。

本书可作为高等院校机械工程、智能制造工程等专业的教材，也可供相关领域工程技术人员参考。

图书在版编目（CIP）数据

智能制造导论/陈明，张光新，向宏编著. —北京：机械工业出版社，2021.1（2025.6 重印）

“十三五”国家重点出版物出版规划项目　现代机械工程系列精品教材

ISBN 978-7-111-67197-8

Ⅰ.①智…　Ⅱ.①陈…②张…③向…　Ⅲ.①智能制造系统-高等学校-教材　Ⅳ.①TH166

中国版本图书馆 CIP 数据核字（2020）第 257283 号

机械工业出版社（北京市百万庄大街 22 号　邮政编码 100037）
策划编辑：舒　恬　责任编辑：舒　恬　徐鲁融
责任校对：张晓蓉　封面设计：张　静
责任印制：郜　敏
三河市宏达印刷有限公司印刷
2025 年 6 月第 1 版第 9 次印刷
184mm×260mm · 15.5 印张 · 384 千字
标准书号：ISBN 978-7-111-67197-8
定价：48.00 元

电话服务	网络服务
客服电话：010-88361066	机　工　官　网：www.cmpbook.com
010-88379833	机　工　官　博：weibo.com/cmp1952
010-68326294	金　　书　　网：www.golden-book.com
封底无防伪标均为盗版	机工教育服务网：www.cmpedu.com

前言

“制造业是立国之本、兴国之器、强国之基。”智能制造是我国制造业创新发展的主要抓手，是我国制造业转型升级的主要路径，是我国加快建设制造强国的主攻方向。当前，新一轮工业革命方兴未艾，其根本动力在于新一轮科技革命。21 世纪以来，互联网、云计算、大数据等新一代信息技术飞速发展，这些历史性的技术进步，集中汇聚在新一代人工智能技术的战略性突破上，新一代人工智能已经成为新一轮科技革命的核心技术。新一代人工智能技术与先进制造技术的深度融合，形成了新一代智能制造技术，成为新一轮工业革命的核心驱动力。新一代智能制造的突破和广泛应用，将重塑制造业的技术体系、生产模式、产业形态，实现第四次工业革命。

随着智能制造技术在企业的应用日益广泛，智能制造的人才缺口也越来越大。在教育部“新工科”建设的引领下，全国已有一百余所本科院校开设了“智能制造工程”专业，更多的院校开展了教学改革，更新教学内容，以使毕业生符合当前社会需求。但是目前市面上专门为本科生介绍智能制造相关技术的教材还十分缺乏。

本书的主要编写目的就是介绍智能制造的基本概念、体系架构、核心技术和典型的应用场景，为智能制造工程、机械工程及相关专业的学生梳理出一个相对清晰的脉络。本书有以下特点：

1. 内容体系完整。本书涵盖了智能制造的整体架构、新技术、新模式与实践案例。在整体系统架构章节中，对比了德国工业 4.0 参考架构模型、中国智能制造系统架构、美国工业互联网参考架构等具有代表性的不同国家的参考模型；对信息物理系统、多传感器信息融合、新一代人工智能、工业大数据、物联网、云计算等新技术进行了阐述；涵盖了网络协同制造、远程运维、个性化定制等智能制造新模式；对离散制造与流程制造等不同行业的智能制造特征、方式及实践案例进行了描述。

2. 技术先进。书中所描述的模型、技术、实践案例等，均来源于当前最新的资料或研究成果，代表了智能制造最前沿的技术方向与成就，能为读者提供智能制造发展现状与未来发展方向的参考。

3. 与工程紧密结合。书中包含大量来自国内外知名企业的实践案例，例如通用电气、宝钢、西门子、大众等，力争做到理论与工程实践的紧密结合，使读者能理解智能制造技术的落地实施方法。

本书由同济大学陈明教授、浙江大学张光新教授和重庆大学向宏教授共同编写，其中第 6 章由张光新教授编写，第 2 章和第 10 章由向宏教授编写，其余各章由陈明教授编写。

浙江大学黄平捷，重庆大学夏晓峰，西门子公司方志刚，上海交通大学倪炎榕，同济大学郝泳涛、朱宏明、唐堂、师慧丽等专家对本书提出了很多宝贵的意见，在此表示衷心感谢！

由于智能制造技术发展很快，加之编写时间较为紧迫，书中难免有不妥之处，请各位读者批评指正。

编著者

目 录

第 1 章 智能制造概述

制造业是社会经济发展的重要推手，也是社会经济稳定的重要支柱。制造业是实体经济的主体，通过直接创造物质财富，为推动社会经济健康发展奠定了物质基础。同时，制造业为社会提供了生活必需的物质资料，以及大量的工作岗位，满足了人民对正常、稳定的生活与工作的需求。

农业社会时期，西方国家在世界政治、经济以及文化舞台上的表现不如中国。随着工业革命在欧洲国家的兴起，先进的制造技术极大地解放了社会生产力。短短的几百年间，西方经济一跃超过了东方，并且推动了西方政治思想、文化产物向其他国家的输出。二战后，发达的工业国家为获取廉价的人力资源，逐步将制造业向欠发达国家转移，开始在国内发展虚拟经济，实施去工业化。新中国在工业立国的思想指导下，打下了坚实的工业基础。在1978 后，我国抓住了改革开放的机遇，大力发展制造业，成为了制造大国。随着 2008 年金融危机的爆发，很多发达国家经济受到一定冲击，社会经济稳定受到很大影响。相比之下，以发展制造业等实体经济为主的中国在金融危机中仍保持了强劲的发展势头。很多国家重新认识到制造业的重要性，纷纷开始再工业化，试图将制造业重新带回国内。在再工业化浪潮中，中国制造业将面临新的挑战，智能制造（Intelligent Manufacturing，IM）被认为是这一浪潮中各国发展的重要抓手。

1.1 制造与制造技术

1.1.1 制造

制造活动是人类最基础、最重要的活动。制造技术的发展是推动人类经济进步、社会进步、文明进步的主要动力，也是国家综合国力的体现。

制造（manufacturing）一词源于拉丁语，原意是手工制作，即把原材料用手工的方式制成有用的产品。狭义的制造一般是指生产过程中从原材料到成品直接起作用的那部分工作，包括毛坯制作、零件加工、产品装配、检验、包装等具体操作。图 1-1 所示为锤子的部分制造过程，其中毛坯制作需要选择合适的材料，利用钢锯等工具按尺寸完成下料；零件加工需要完成切削、打磨、钻孔、车、攻螺纹和套螺纹等工作；产品装配需要通过螺纹配合，使得零件相互结合；装配完成后，还需要通过检验、包装等后期流程，完成整个制造流程。

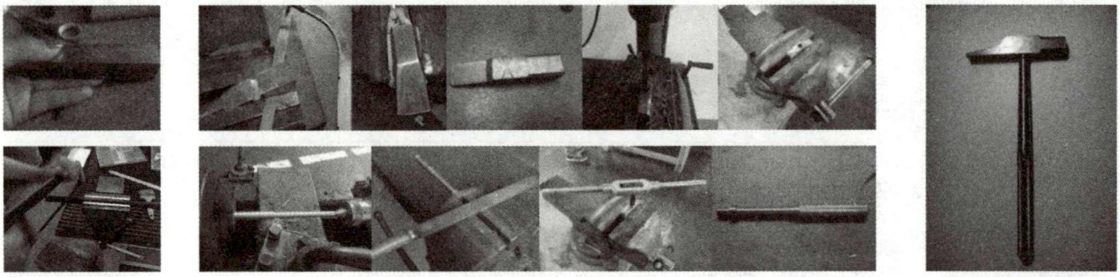

a) 毛坯制作　　b) 零件加工　　c) 零件装配

图 1-1　锤子的制造过程

1990 年，国际生产工程学院（Collège International pour la Recherche en Productique，法语缩写为 CIRP）给出了制造的广义定义：制造包括制造企业的产品设计、材料选择、制造生产、质量保证、管理、营销等一系列有内在联系的运作和活动。下面以如图 1-2 所示的减速箱的制造过程为例，对制造的广义定义进行简单描述。

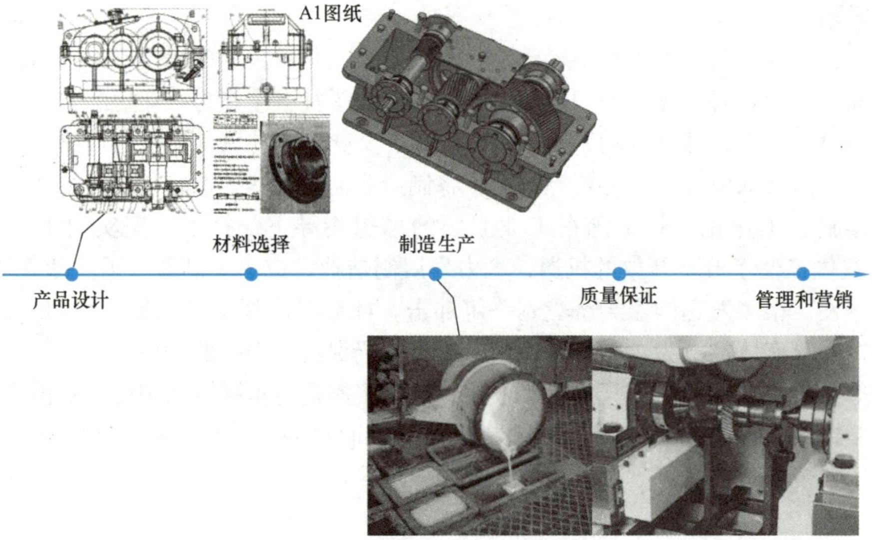

图 1-2　减速箱的制造过程

1）产品设计是从制订出新产品的设计任务书起到设计出产品样品为止的一系列技术工作。其工作内容是制订产品设计任务书及实现设计任务书中的项目要求（包括产品的性能、结构、规格、形式、材质、内在和外观质量、寿命、可靠性、使用条件、应达到的技术经济指标等）。在减速箱的设计过程中，从客户对减速箱的功能需求（比如传动比）开始分析，进行一系列的计算和图纸的绘制，并采用各种方法对设计结果和工艺性进行验证（例如 3D 建模和仿真分析等），最终完成减速器的概念设计和详细设计。

2）材料选择需要综合考虑产品的功能要求、性能要求、加工要求及经济要求等。为满足减速器不同零部件的功能及性能要求，会选择不同的材料进行加工。比如箱体选用铸铁，大齿轮选用 40 钢，小齿轮和轴选用 40Cr 等。

3）制造生产主要完成零部件的加工和装配。在减速箱的加工过程中，通过铸造获得箱体毛坯，通过车、铣、刨、磨及其他方法进行齿轮与轴的加工，再按照配合的公差要求对各部件进行进一步的加工。在装配过程中，需要按照合理的顺序进行装配，并保证各活动部件的正常功能。

4）质量保证是指为使消费者确信产品或服务能满足质量要求而在质量管理体系中实施并根据需要进行证实的全部有计划和有系统的活动。在减速箱的制造过程中，采用合适的方法，对性能要求、密封性要求等指标进行检验，并标记满足要求的产品。

5）管理和营销是指企业为实现经营目标，对建立、发展、完善与目标顾客的交换关系的营销方案进行分析、设计、实施与控制。

现代制造过程是物料流、信息流和资金流的结合。

制造是一个物料流动的过程。从技术角度而言，制造是对原材料施加一系列的转换过程使之成为产品，这些转换既可以是原材料在物理性质上的变化（如切削加工），也可以是原材料在化学性质上的改变（如化工产品的生产）。通常将这些转换称为制造工艺过程。制造过程总是伴随着物料的流动，包括物料的采购、存储、加工、装配、运输、销售等一系列活动。

制造也是一个信息流动的过程，包括信息的传递、转换和加工。整个产品的制造过程中，产品需求信息、产品设计信息、制造工艺信息及加工装配信息等构成了一个完整的制造信息链。同时，为保证制造过程能够顺利和协调地进行，制造过程中还含有大量的管理信息和控制信息，因此制造是一个信息流动的过程。

制造同样是一个资金流动的过程。资金流是指在营销渠道成员间随着商品实物及其所有权的转移而发生的资金往来流程。在制造过程中，资金伴随着原料的采购与加工及产品的销售，在各企业间发生增值和转移，实现资金的流动。

1.1.2　制造技术

制造技术支撑着制造，制造技术是制造业为国民经济建设和人民生活生产各种必需物质（包括生产资料和消费品）所使用的一切生产技术的总和，是将原材料和其他生产要素经济合理地转化为可直接使用的，具有较高附加价值的成品/半成品和技术服务的技术群，包括知识、技能、工具及有效的方法。

制造技术涉及的知识包括数学、力学、材料及加工知识等。制造领域的数学知识主要涉及应用数学知识，是有着明确应用目的的数学理论和方法的总称，研究如何应用数学知识到其他范畴（尤其是科学）的数学分枝，包括微分方程、向量分析、矩阵、傅里叶变换、复变分析、数值方法、概率论、数理统计、运筹学、控制理论、组合数学、信息论等许多数学分支。力学知识主要涉及应用力学知识，也称工程力学，是研究宏观物质运动规律及其在工程上的应用的科学，其基本原理是经典力学，是物理学力学的一个分支，包括材料力学、弹性力学、固体力学、流体力学、流变学等。材料知识即为材料学的知识内容，材料学是研究材料组成、结构、工艺、性质和使用性能之间相互关系的学科，为材料设计、制造、工艺优化和合理使用提供科学依据。加工知识主要包括金属材料与热处理、铸造、塑性加工、焊接、切削加工等知识内容。

制造技术涉及的技能包括机械制图和各类加工技术等。机械制图是用图样确切表示机械的结构形状、尺寸大小、工作原理和技术要求的方法，涉及二维建模、三维建模及互换性测量等技术。各类加工技术包括传统的车、铣、刨、磨、钻等技术，以及电火花、激光、电子束、离子束及超声波等技术。

制造技术涉及的工具包括通用及专用工具，各类机床及机器人等。通用加工工具包括活动扳手、各规格开口的固定扳手、螺钉旋具、锤子、锉刀、丝锥板牙、手锯、内六角扳手、砂纸、油石、扁錾、尖錾、圆柱铰刀（机用）、可调节手铰刀、车刀、刨刀、铣刀、钻头等机加工工具等；专用工具需要根据不同的加工要求和场景进行定制；各类机床包括车床、镗床、铣床、刨床、磨床、钻床、数控机床、曲轴机床及更先进的加工中心等；把机器人的终端执行器变为具有铣削、钻削、雕刻等功能的执行系统，使机器人成为机加工机床。

制造技术涉及的方法主要指直接改变生产对象的尺寸、形状、性能（物理性能、化学性能、机械性能等）及相对位置关系的方法，可分为铸造、锻造、冲压、焊接、热处理、机械加工、装配等。工艺规程是规定零部件或产品的工艺过程和操作方法等的工艺文件，它是在具体的生产条件下，把较为合理的工艺过程和操作方法按照规定的形式书写成工艺文件，经审批后用来指导生产。机械加工工艺规程一般包括工件加工的工艺路线、各工序的具体内容及所用的设备和工艺装备、工件的检验项目及检验方法、切削用量、时间定额等，通过这些方法的指导，完成机械加工的全过程。装配工艺规程的主要工作是依据产品图样、验收技术条件、年生产纲领和现有生产条件等原始资料，为满足优质、高产、低消耗、低劳动强度和无污染等要求，对装配工艺过程进行划分和规定。

1.1.3 制造系统

制造系统是指由制造过程及其所涉及的硬件、软件和人员组成的一个具有特定功能的有机整体。这里所涉及的制造过程包括产品的经营规划、开发研制、加工制造和控制管理的过程；硬件包括生产设备、工具和材料、能源及各种辅助装置；软件则包括制造理论、制造工艺和方法及各种制造信息等。

在功能上，制造系统是一个将制造资源转变为成品或半成品的输入输出系统，如图 1-3 所示，制造系统包括多个子系统，功能分别如下：

1）经营管理子系统：确定企业经营方针和发展方向，进行战略规划、决策。

2）市场与销售子系统：进行市场调研与预测，制定销售计划，开展销售活动并提供售后服务。

3）研究与开发子系统：进行基础研究、应用研究，制订开发计划，进行产品开发。

4）工程设计子系统：进行产品设计、工艺设计、工程分析、样机试制、试验与评价，制订质量保证计划。

5）生产管理子系统：制订生产计划、作业计划，进行库存管理、成本管理、生产过程控制等。

6）采购供应子系统：负责原材料及外购件的采购、验收、存储。

7）质量控制子系统：收集用户需求与反馈信息，进行质量监控和统计过程控制。

8）财务子系统：制订财务计划，进行企业预算和成本核算，负责财务会计工作。

9）资源管理子系统：进行设备管理、工具管理、能源管理、环境管理。

10）车间制造子系统：进行零件加工、部件及产品装配、检验、物料存储与输送、废料存放与处理。

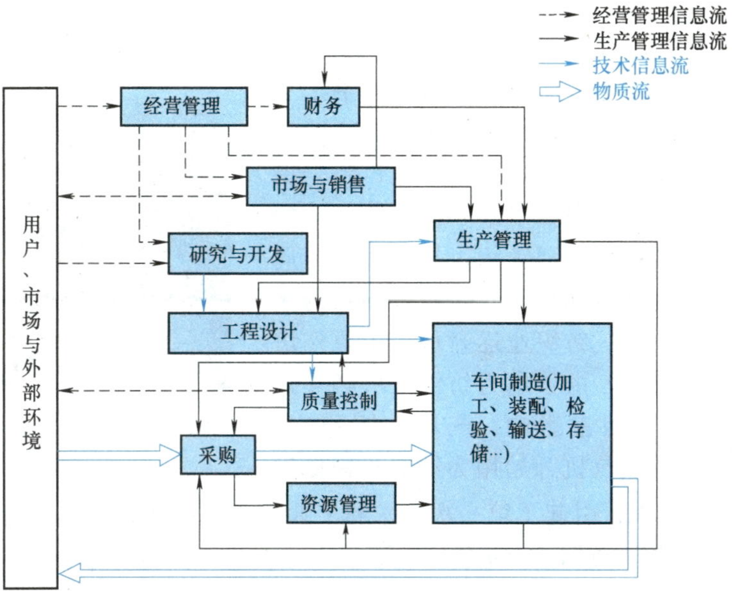

图 1-3　制造系统功能结构

1.2　工业革命

按照德国对工业发展时代的划分标准，当前工业发展已经经历了三次工业革命，并且正在发生第四次工业革命，如图 1-4 所示。第一次工业革命揭开了近代工业化生产的序幕，第二次和第三次工业革命期间的技术发展催生了现代制造业，第四次工业革命开启了制造业的新篇章。

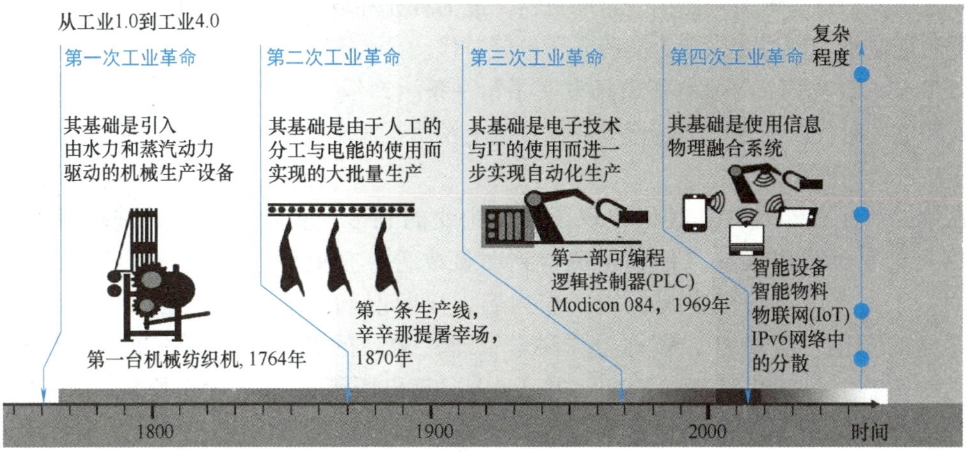

图 1-4　工业革命发展示意

1.2.1 第一次工业革命

在农业社会时期，社会生产主要依赖于人力和畜力，生产效率低。第一次工业革命开创了用机器代替手工劳动的时代，是一次极为重要的社会变革。

第一次工业革命开始于英国棉纺织业的手工工厂中，当时人力纺织的产量远远不能满足市场的需求。1764 年，珍妮纺纱机被发明出来（图 1-5），提高了棉纺织业产量，同时揭开了第一次工业革命的序幕。但是珍妮纺纱机仍需要人力，具有很大的局限性。1768 年，水力纺纱机问世，工厂开始普遍采用水力纺纱机进行生产，纺织业逐渐从手工业作坊过渡到大机器生产阶段。由于水力纺纱工厂必须建造在河边，且受水利因素影响，产量并不稳定。1785 年，瓦特改良的蒸汽机开始用为纺织机械提供动力，并很快推广开来，引起了第一次技术和工业革命的高潮，人类从此进入了机器和蒸汽时代。到 1830 年，英国整个棉纺工业已基本完成了从工场手工业到以蒸汽机为动力的机器大工业的转变。

图 1-5 珍妮纺纱机

从英国的棉纺织业开始，作为动力的蒸汽机逐步被应用于采矿、冶金、制造及交通等行业。当进入 19 世纪 40 年代，英国的主要产业均已广泛使用机械，英国率先完成了工业近代化，成为世界上第一个完成工业化的资本主义国家。工业革命的先进技术又被美、法、德、俄等欧美国家广泛吸收和采用，提高了社会劳动生产力，促进了商业和运输业的发展，加速了城市化的进程，极大地改善了人类的生活质量。

1.2.2 第二次工业革命

十九世纪后期，科学技术的发展突飞猛进。1866 年，西门子发明发电机，1870 年，比利时人发明发动机。电力开始用于带动机器，成为补充和取代蒸汽动力的新能源。电力工业和电器制造业迅速发展起来。人类跨入了电气时代。

1870 年时，美国辛辛那提屠宰场发明了第一条生产线，从此开启了大批量生产的流水线模式和电气时代。随后，福特汽车在此基础上发明了汽车生产流水线，从而开始了汽车的大批量生产。

在第二次工业革命中，美国出现了现代企业的雏形。企业内部开始进行劳动分工，衍生出大量职业管理人员，企业管理得到明显改善，企业竞争力大为提升。在企业生产车间，工人有固定的工作岗位和工作内容，以及明确的分工。企业的生产组织也发生了明显的变化。1895 年，被称为“科学管理之父”的费雷德里克 · W · 泰勒发表了他的第一篇有关科学化管理的论文，并于 1911 年出版了《科学管理原理》，开创了企业管理的新时代，大幅度提升了企业生产效率。泰勒强调管理要科学化、标准化，并相信“工厂组织里一向最重要的角色，即各车间的工头必须撤销”，这完全是颠覆式的管理创新。

1.2.3 第三次工业革命

第三次工业革命相对于第二次工业革命，带来的变化更加巨大。核能工程、航天技术、电子计算机、人工材料、遗传工程等技术得到了日益精进的发展，具有很高科技含量的产品不断出现。互联网的发展和应用几乎把地球上的每个人都联系了起来，工业生产中出现了各种各样的机器人，工业进入自动化时代。

自动化时代，可编程逻辑控制器（Programmable Logical Controller，PLC）被广泛应用于制造业。美国汽车工业生产技术要求的发展促进了PLC的产生，20世纪60年代，美国通用汽车公司在对工厂生产线调整时，发现继电器、接触器控制系统修改难、体积大、噪声大、维护不便、可靠性差，因此，需要发展出一种替代机械开关装置（继电模块）的器件。自1968年以来，PLC的功能逐渐代替了继电器控制板，现代PLC具有更多功能。

1969年，美国数字化设备公司研制出第一台可编程控制器（Modicon 084），在通用汽车公司的生产线上试用后，对控制系统控制能力的提升效果显著；随后，日本和德国相继自主研制出各自的第一台可编程控制器。1974年，我国开始研制可编程控制器，1977年，我国在工业应用领域推广PLC。

作为离散控制的首选产品，PLC在20世纪80年代至90年代得到了迅速发展，世界范围内，其年产量增长率保持在20%～30%的水平。相比于机械开关装置，PLC在控制系统中的应用具有明显的优势。由于采用现代大规模集成电路技术、严格的生产制造工艺、先进的内部电路抗干扰技术，PLC具有很高的可靠性。PLC发展到今天，已经形成了大、中、小各种规模的系列化产品，可以用于各种规模的工业控制场合。PLC接口简单，编程语言易于为工程技术人员接受；应用存储逻辑代替接线逻辑，大大减少了控制设备外部的接线数量，使控制系统设计及建造的周期大为缩短，同时使维护也变得容易起来；更重要的是，PLC的应用使得同一设备通过程序的改变实现生产过程的改变成为可能。因此，PLC很适合多品种、小批量的生产场合，同时具有更低的能耗。PLC的广泛使用，极大地提高了制造业的自动化水平，进一步解放了生产力。

1.2.4 第四次工业革命的提出

经历了前三次工业革命后，西方国家积累了大量的财富和物质基础，并且将劳动密集型的制造业转移到欠发达的国家和地区，在国内大力发展服务型经济。然而在经济危机的冲击下，服务型经济受到严重的打击，西方国家再次意识到了实体经济的重要性，试图将制造业重新带回国内。制造业的回归伴随着制造业的升级，从信息化向智能化过渡。

在2011年的汉诺威工业博览会上，“工业4.0”（Industry 4.0）即第四次工业革命的概念，被正式提出。2013年，德国政府正式推出工业4.0战略。第四次工业革命是指利用信息物理系统（Cyber Physical System，CPS）使生产中的供应、制造及销售信息实现数据化、智慧化，最后达到快速、高效、个性化的产品供应。

第四次工业革命有着三大主题。一是“智能工厂”，重点研究智能化生产系统及过程，以及网络化分布式生产设施的实现；二是“智能生产”，主要涉及整个企业的生产物流管理、人机互动及3D技术在工业生产过程中的应用等，智能生产将特别注重中小企业参与，力图使中小企业成为新一代智能化生产技术的使用者和受益者，同时也成为先进工业生产技术的创造者和供应者；三是“智能物流”，主要通过互联网、物联网、物流网，整合物流资源，充分发挥现有物流资源供应方的效率，而需求方能够快速获得服务匹配，得到物流支持。

第四次工业革命中，智能化技术是关键，其中主要包括如下内容。

1）智能识别。识别的目的是为下一步操作找到目标，要从大量信息中找到目标的关键特征，快速收敛获得结果，其智能程度要求高，准确度和可靠度是关键。

2）智能测量。测量是工业的基础，没有测量就没有产品，测量技术的水平高低取决于精准度，如何通过智能技术提高精准度是智能测量的关键。

3）智能检测。检测是在测量的基础上完成的，根据测量结果和目标之间的偏离度，判断合格与否。但是检测往往不是单一指标下的结果比较，需要应用多信息多指标进行综合分析判断，基于复杂逻辑的智能化判断是关键。

4）智能互联。在如今的大数据背景下，数据互联将迸发无穷的创造力。人员、设备、生产物资、环境、工艺等数据互联，会催生出深度学习、智能优化、智能预测等创新技术，体现出大数据和智能互联的巨大价值。

第四次工业革命的到来，使制造业的重要性更加突出，推动制造业向智能制造演进。

1.3 智能制造

1.3.1 智能制造的提出

智能制造的提出源于人工智能（Artificial Intelligence，AI）在制造领域中的应用研究。自1956年，麦卡锡（John McCarthy）等四位学者在美国首次提出“人工智能”这一术语后，人工智能技术和应用发展经历了多次高潮和低谷。人工智能的发展经历了推理期、知识期、学习期等时期，到今天又出现了新的研究热点：大数据智能、人机混合增强智能、群体智能、跨媒体智能等。

为了应对制造业在第四次工业革命中的主题与难题，在人工智能研究的基础上，智能制造被认为是解决问题的关键。1988年，美国纽约大学的怀特教授（P. K. Wright）和卡内基梅隆大学的布恩教授（D. A. Bourne）出版了《智能制造》（*Smart Manufacturing*）一书，首次提出了智能制造的概念，认为智能制造的目的是通过集成知识工程、制造软件系统、机器视觉和机器控制等技术对制造技术工人的技能和专家知识进行建模，以使智能机器人在没有人工干预的情况下进行小批量生产。

在智能制造概念提出不久后，智能制造就获得了欧、美、日等发达国家和地区的普遍重视，各国围绕智能制造技术和智能制造系统开始进行国际合作研究。1991年，日、美、欧共同发起实施的“智能制造国际合作研究计划”中提出“智能制造系统是一种在整个制造过程中贯穿的智能活动，并将这种智能活动与机器有机融合，将整个制造过程从订单生成、产品设计、生产到市场销售等各个环节以柔性方式集成起来的，能发挥最大生产力的先进生产系统。”

21世纪以来，随着物联网、大数据、云计算等新一代信息技术的快速发展及应用，智能制造被赋予了新的内涵，即新一代信息技术条件下的智能制造。2010 年 9 月，美国在华盛顿举办的“21 世纪智能制造研讨会”上指出，智能制造是对先进智能系统的强化应用，使新产品的迅速制造、产品需求的动态响应及对工业生产和供应链网络的实时优化成为可能。

2018 年，周济院士在其报告中指出智能制造是一个不断演进发展的大概念，是先进制造技术与先进信息技术的深度融合，贯穿于产品设计、制造、服务等全生命周期的各个环节及相应系统的优化集成，旨在不断提升企业的产品质量、效益、服务水平，减少资源消耗，推动制造业创新、协调、绿色、开放、共享发展。如图 1-6 所示，智能制造可归纳为三个基本范式：数字化制造、数字化网络化制造、数字化网络化智能化制造，即新一代智能制造，这也是智能制造发展的三个阶段。在这三个阶段中，数字化、网络化和智能化有着不同的特点及内容。

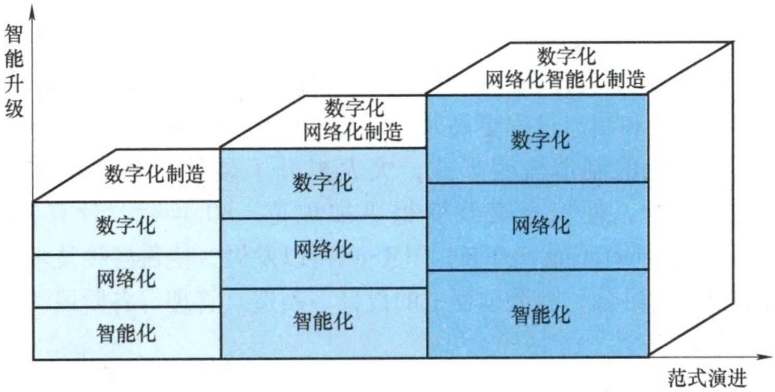

图 1-6　智能制造三个范式演进

1.3.2　智能制造的数字化阶段

智能制造的提出与发展伴随着信息化发展的历程。从 20 世纪中叶到 90 年代中期，信息化表现为以计算、通信和控制应用为主要特征的数字化阶段。

在智能制造的数字化阶段，伴随制造业对于技术进步的强烈需求，以数字化为主要形式的信息技术广泛应用于制造业，推动制造业发生革命性的变化。数字化体现在数字化技术与制造技术和制造过程融合，通过对产品信息、工艺信息和资源信息进行数字化的描述和分析，实现制造决策和控制，快速生产出满足用户要求的产品，大大提高了制造能力及水平。网络化体现在人与机器的信息交互，通过手工或自动采集方式实现生产数据的录入，为后期的信息管理提供数据基础。智能化体现在对智能化理论和技术的研究，多处于理论研究阶段。

1. 数字化阶段的特点

数字化阶段的特点主要表现为如下三个方面：

1）数字技术在产品中得到普遍应用，形成数字一代。包括产品和工艺的数字化，制造装备/设备的数字化，材料、元器件、被加工的零部件、模具/夹具/刀具等“物”的数字化及人的数字化。

2）广泛应用数字化设计、建模仿真、数字化装备、信息化管理。包括各类计算机辅助设计、优化软件和各类信息管理软件的应用。

3）实现生产过程的集成优化，利用数据的互联互通实现整个制造过程各环节的协同。包括网络通信系统的构建、不同来源的异构数据格式的统一及数据语义的统一。具体体现在产品数据管理（Product Data Management，PDM）、制造执行系统（Manufacturing Execution System，MES）、企业资源计划（Enterprise Resource Planning，ERP）等管理系统的协同功能。例如 MES 中的计划排产模块需要输入交货信息、库存信息、在制品信息、工艺信息、设备信息、质量信息及人力配置信息等，通过算法对这些信息进行集成，实现各环节的协同，从而输出一个可执行的生产计划。

20 世纪后半叶，数字化技术有了长足的发展。50 年代，数控（Numerical Control，NC）机床在美国第一次出现，在大幅度提高工作效率的同时完成了从人工控制向自动化的过渡；自动编程工具（Automatically Programmed Tools，APT）诞生，简化了数字化生产的流程；第一台加工中心在美国 UT 公司被研制出，集成了多种加工方式和工序，进一步精益化了生产流程。60 年代，计算机辅助设计/制造（Computer Aided Design/Manufacturing，CAD/CAM）软件出现，使得产品设计和制造过程更高效；柔性制造系统（Flexible Manufacturing System，FMS）的诞生改变了传统的制造流程形式，大大提升了硬件设备的生产能力。70 年代，CAD 和 CAM 技术的融合，使信息交互变得更加规范。80 年代，计算机集成制造系统（Computer Integrated Manufacturing System，CIMS）得以发展，使得各种技术之间、各类数据之间有了更高级的数字化融合，制造过程中的设计、制造、管理等各阶段相互协同，为制造技术的发展奠定了基础。

2. 数字化阶段的主要技术

数字化阶段发展起来的数字化技术涵盖了设计、制造及管理等各个阶段，主要包括如下几种：

（1）计算机辅助设计　计算机辅助设计（CAD）技术不仅仅是辅助绘图，而是协助创建、修改、分析和优化的设计技术，可用于产品的构思、功能设计、结构分析、加工制造等阶段。

（2）计算机辅助工程分析　计算机辅助工程分析（Computer Aided Engineering，CAE）通常指有限元分析和机构的运动学及动力学分析。有限元分析可完成力学分析（线性、非线性、静态、动态）、场分析（温度场、电场、磁场等）、频率响应和结构优化分析等。机构运动学及动力学分析能完成机构内零部件的位移、速度、加速度和力的计算，机构的运动模拟及机构参数的优化等。

（3）计算机辅助制造　计算机辅助制造（CAM）能根据 CAD 模型自动生成零件加工的数控代码，对加工过程进行动态模拟并完成加工时可能会发生的干涉和碰撞的检查。CAM 系统和数字化装备结合可以实现无纸化生产，为 CIMS 的实现奠定基础。

（4）计算机辅助工艺规划　计算机辅助工艺规划（Computer Aided Process Planning，CAPP）是指借助于计算机软硬件技术和支撑环境，利用计算机的数值计算、逻辑判断和推理等功能来制订零件从毛坯到成品的机械加工工艺过程。借助于 CAPP 系统，可以解决手工工艺设计效率低、一致性差、质量不稳定、不易达到优化等问题。

（5）产品数据管理　产品数据管理（PDM）是一门用来管理所有与产品相关的信息

（包括零件信息、CAD 文件、机械结构、配置文档等信息）和过程（包括过程定义和管理）的技术。通过实施 PDM 可以提高生产效率，有利于对产品的全生命周期进行管理，加强文档、图纸、数据的高效利用，使工作流程规范化。

（6）企业资源计划　企业资源计划（ERP）系统是建立在信息技术的基础上，对企业的所有资源（物质流、资金流、信息流、人力资源）进行整合和集成管理，利用信息化手段实现企业供销链管理，从而实现对供应链上每一环节的有效管理。ERP 包括三个主要方面的内容：生产控制（计划、制造）、物流管理（采购、库存管理、分销）和财务管理（会计核算、财务计划、财务分析及财务决策）。

（7）逆向工程技术　逆向工程（Reverse Engineering，RE）技术（又称逆向技术）是一种再现产品设计过程的技术，即对一种目标产品进行逆向分析及研究，从而推演并得出该产品的处理流程、组织结构、功能特性及技术规格等设计要素，以制作出功能相近但又不完全一样的产品，达到快速开发新产品的目的。

（8）快速成型技术　快速成型（Rapid Prototyping，RP）技术是 20 世纪 90 年代发展起来的。该技术以 CAD/CAM 技术、激光技术、计算机数控技术、精密伺服驱动技术及新材料技术为基础，被认为是制造技术领域的一次重大突破。不同种类的快速成型系统因所用成型材料不同，成型原理和系统特点也各有不同。但是，其基本原理都是一样的，那就是——分层制造，逐层叠加，类似于数学上的积分过程。

（9）制造执行系统　制造执行系统（MES）是一套面向制造企业车间执行层的生产信息化管理系统。MES 可以为企业提供包括制造数据管理、计划排产管理、生产调度管理、库存管理、质量管理、人力资源管理、工作中心/设备管理、工具工装管理、采购管理、成本管理、项目看板管理、生产过程控制、底层数据集成分析、上层数据集成分解等管理模块，打造一个扎实、可靠、全面、可行的制造协同管理平台。

1.3.3　智能制造的数字化网络化阶段

从 20 世纪 90 年代中期开始至今，互联网的普及应用，智能制造进入了以万物互联为主要特征的数字化网络化阶段。

在智能制造的数字化网络化阶段，互联网技术开始广泛应用，“互联网 +”的概念被提出并不断推进互联网和制造业融合发展。网络将人、流程、数据和事物连接起来，通过企业内、企业间的协同和各种社会资源的共享与集成，重塑制造业的价值链，进而推动制造业的转变。数字化体现在 CPS 技术的应用，通过 3C（Computer、Communication、Control）技术的有机融合与深度协作，实现制造系统的实时感知、动态控制和信息服务。网络化体现在物物相连，实现了生产信息的自动采集，以及信息在人与机器、机器与机器之间的流通。智能化体现在深度学习、图像识别等智能化技术在生产领域的应用，智能化进入新的阶段。

1. 数字化网络化阶段的特征

数字化网络化阶段的特征主要表现为以下三点：

1）在产品方面，数字技术、网络技术得到普遍应用，产品之间实现了网络连接，设计和研发实现协同与共享。CPS 技术和物联网技术等的应用实现了生产过程的去中心化。

2）在制造方面，实现了企业间横向集成、企业内部纵向集成和产品流程端到端集成，打通整个制造系统的数据流、信息流。物/务联网的应用为制造业的制造物联提供了基础。

3）在服务方面，企业与用户通过网络平台实现连接和交互，企业生产开始从以产品为中心向以用户为中心转型，通过远程运维为用户提供更多的增值服务，包括智能服务和大规模个性化定制。

2. 数字化网络化阶段的技术发展

智能制造数字化网络化阶段是基于数字化阶段发展而来，以网络技术为支撑，以信息为纽带，实现了人、现实世界及其对应的虚拟世界的深度融合。本阶段的技术发展主要包括如下内容：

（1）信息物理系统　技术模式最主要的变化就是CPS技术的应用，智能制造的理念源自信息技术与制造技术的融合，通过CPS实现产品全生命周期中相互独立的各制造单元间的自动信息交换、动作触发，将制造业向智能化转型。目标是建立一个高度灵活的个性化、数字化的产品与服务的生产模式，实现人、产品与机器之间的互动。

物理与虚拟世界原本独立的两个环节开始进行深度融合。CPS被定义为具有物理输入输出且可相互作用的元件组成的网络。CPS充分运用数字化技术和3C技术将物理实体抽象为数字对象，通过应用网络技术和人工智能技术实现对象间的通信与控制。信息物理融合系统中软件应用可以直接与真实世界互动。

如图1-7所示，现实世界和虚拟世界通过CPS被联系在了一起。CPS就像是一面镜子，镜子外面是现实世界，镜子里是虚拟世界，虚拟世界的影像随着现实世界的一举一动而改变；不同的是，CPS可以将虚拟世界的一举一动反馈到现实世界，实现虚实结合。

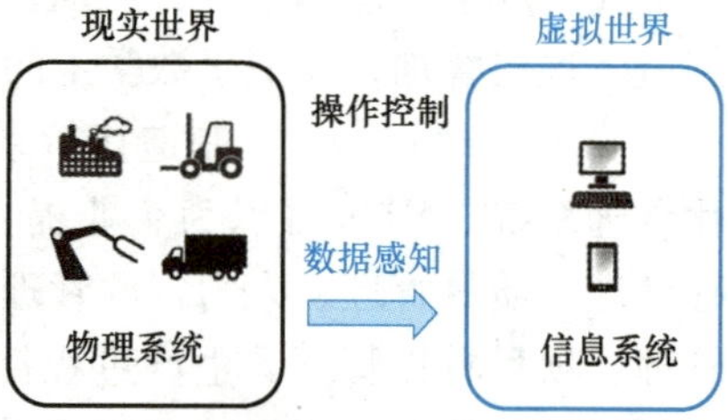

图1-7　CPS系统框架

（2）数字孪生模型　数字孪生（Digital Twins，DT）模型指的是以数字化方式在虚拟空间呈现物理对象，即以数字化方式为物理对象创建的虚拟模型，模拟其在现实环境中的行为特征，它是一个应用于整个产品生命周期的数据、模型及分析工具的集成系统。对于制造企业来说，它能够整合生产中的制造流程，实现从基础材料、产品设计、工艺规划、生产计划、制造执行到使用维护的全过程数字化。通过集成设计和生产，它可帮助企业实现全流程可视化、细节规划、问题规避、环路闭合、整个系统优化等目标。

（3）增材制造技术　增材制造（Additive Manufacturing，AM）也称3D打印，是一种融合了计算机辅助设计、材料加工与成形技术，以数字模型文件为基础，通过软件与数控系统将专用的金属材料、非金属材料或医用生物材料按照挤压、烧结、熔融、光固化、喷射等方式逐层堆积，制造出实体物品的制造技术。相对于传统的对原材料先去除后组装的加工模式不同，AM是一种“自下而上”通过材料累加使其成型的制造方法，是一个从无到有的过程。这使得受到传统制造方式的约束而无法实现的复杂结构件的制造变为可能。

（4）物联网技术　物联网概念于1999年由麻省理工学院自动标识中心（MITAuto-ID center）提出，旨在把所有物品通过射频识别（Radio Frequency Identification，RFID）标签等信息传感设备与互联网连接，实现物品的智能化识别和管理。随着传感技术和网络技术的不断发展与应用，物联网的内涵也不断拓展，已不局限于 RFID 技术，而是泛指通过 RFID、红外感应器、全球定位系统、激光扫描器等信息传感设备，按约定的协议，把任何物品与互联网相连接，进行信息交换和通信，以实现对物品的智能化识别、定位、跟踪、监控和管理的一种网络。

（5）务联网技术　务联网最初是由欧盟在其第七框架计划（7th Framework Programme，FP7）中提出的概念，是依托互联网实现的现实世界与虚拟世界的网络化应用服务形态和聚生态系统以集成服务的形式支持网络环境下的现实服务的实现，如生产性商务服务、生活消费服务、社会服务、信息服务等。可以理解为服务网络的广泛对接，即“务”联网，也就是服务的网络，将管理的需求、预测的需求通过硬件和软件去实现，为需要被服务的对象打造贴身的服务或预测其需要。

（6）协同制造技术　协同制造是基于敏捷制造、虚拟制造、网络制造、全球制造的生产模式，它打破时间和空间的约束，通过互联的网络，使整个供应链上的企业和合作伙伴共享客户、设计、生产经营信息。从传统的串行工作方式，转变成并行工作方式，从而最大限度地缩短新品上市的时间，缩短生产周期，快速响应客户需求，提高设计、生产的柔性。通过面向工艺的设计、面向生产的设计、面向成本的设计、供应商参与设计，大大提高产品的设计水平和可制造性以及成本的可控性。有利于降低生产经营成本，提高质量，提高客户满意度。

（7）大规模个性化定制　随着消费者需求的变化，商业模式也不断地进行着调整与革新，以适应市场需求。早期，消费者只能在制造商生产的产品中选择相对满意的产品，B2B（Business to Business，企业对企业）和 B2C（Business to Customer，商家对客户）等商业模式都是基于此发展起来的。如今，消费者对个性化产品的需求越来越高，为此 C2M（Customer to Manufactory，顾客对工厂）+ O2O（Online to Offline，线上到线下）的商业模式得以发展。

如图 1-8 所示，制造商只与销售商发生联系，消费者从销售商处购买产品，这就是 B2C。随着网络技术的发展，开始出现了网上购物，B2C 发展出了新的内容。与此同时，个人之间的交易也时有发生，因此产生了 C2C（Customer to Customer，个人与个人）。今天，通过信息交互平台，消费者与制造商直接联系，全程参与商品的定制，并通过网络

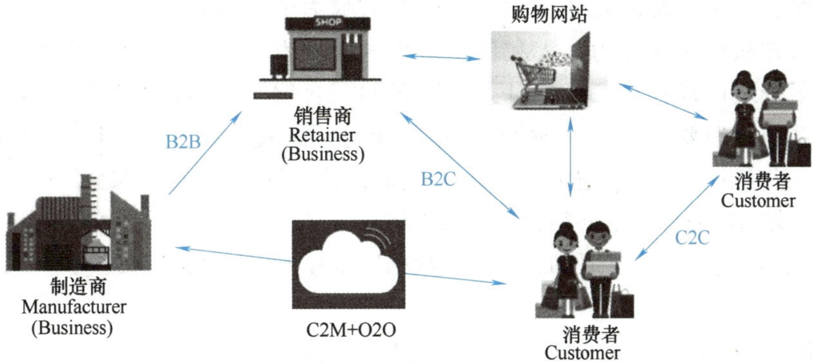

图 1-8　商业模式示意图

实时查取生产进度，制造商开始了以服务型制造为核心的生产，这就是 C2M 和 O2O 的结合。

生产模式的变迁如图 1-9 所示，经历了手工制作、大批量生产、柔性自动化、精益生产、敏捷制造及大规模定制阶段，正朝着大规模个性化定制发展。大规模个性化定制是根据客户不断发展变化的需求，随着各种制造技术的不断发展，在传统生产模式基础之上发展而来的。其具有传统模式的各种优点，同时又区别于传统模式，基于 C2M + O2O 的商业模式，利用先进技术使用户真正成为生产的中心。

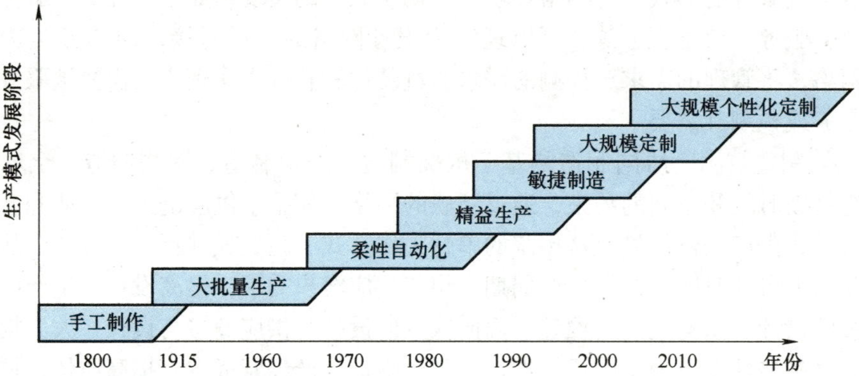

图 1-9　生产模式发展阶段

1.3.4　智能制造的数字化网络化智能化阶段

如果说数字化网络化制造是新一轮工业革命的开始，那么新一代智能制造的突破和广泛应用将推动新工业革命高潮的形成，将重塑制造业的技术体系、生产模式、产业形态，并将引领真正意义上的“工业 4.0”，实现新一轮工业革命。

新一代智能制造系统最本质的特征是其信息系统增加了认知和学习的功能。通过深度学习、迁移学习和增强学习等技术的应用，制造领域知识的产生、获取、应用和传承效率会发生革命性变化，显著提高创新和服务的能力。在这样一个阶段，新一代人工智能技术会使人-信息-物理系统发生质的变化，形成新一代人-信息-物理系统，它主要的变化在于两个方面：第一，人将部分认知与学习型的脑力劳动转移给了信息系统，因而信息系统具有了认知和学习的能力，人和信息系统的关系发生了根本性的变化，就是从授之以鱼发展到了授之以渔；第二，通过人在回路的混合增强智能，人机深度融合将从本质上提高制造系统处理复杂性、不确定性问题的能力，极大地提高制造系统的性能。新一代智能制造进一步突出人的中心地位，是统筹协调人-信息-物理系统的综合集成大系统，使人从繁重的体力劳动和简单重复的脑力劳动当中解放出来，从而让人可以从事更有意义的创造性工作，人的思维进一步向互联网思维、大数据思维和人工智能思维转变，信息系统开始进入智能时代。

新一代智能制造是一个大系统，主要是由智能产品和装备、智能生产和智能服务三大功能系统与智能制造云和工业智联网两大支撑系统集合而成，新一代智能制造的系统集成过程如图 1-10 所示。

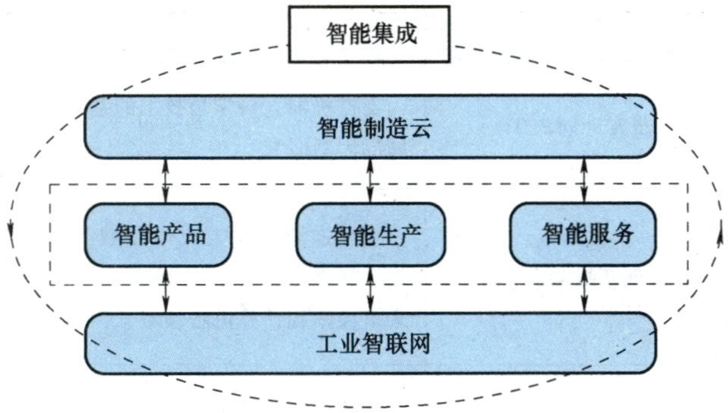

图 1-10　新一代智能制造的系统集成

高度集成的新一代智能制造系统中，新一代人工智能技术的融入使装备和产品发生革命性变化。在智能工厂中，智能生产是主线，智能产品和装备成为新一代智能制造的主体。同时，新一代人工智能技术的应用催生产业模式的革命性转变，以智能服务为核心的产业模式变革成为新一代智能制造系统的主题。智能制造云和工业智联网作为支撑新一代智能制造系统的基础，为新一代智能制造生产力和生产方式变革提供发展的空间和可靠的保障。

1.4　各国智能制造的发展情况

制造业新时代带来了新的发展机遇，世界主要工业国家纷纷出台相应的政策和战略。一方面，去工业化后的发达国家在经济危机的冲击中意识到了实体经济对国家经济稳定的重要性，纷纷实施再工业化，并将智能制造上升到国家战略层面，作为重振制造业战略的重要抓手，以保证自己国家的内部经济稳定性和保持在世界范围内的原有优势；另一方面，随着劳动力成本的增加，部分劳动密集型产业逐渐向发展中国家转移，发展中国家为承接转移产业、迎合发展浪潮、发展国内制造业，也积极出台相应政策，努力抓住智能制造新时代的发展机遇。

1.4.1　美国

1971 年 8 月 15 日，美国宣布实行“新经济政策”，并逐渐放弃了实体经济而转向虚拟经济，渐渐变成一个去工业化的国家。2019 年，美国的 GDP（Gross Domestic Product，国内生产总值）达到 21.43 万亿美元，实体经济为其 GDP 的贡献不足 4.07 万亿，剩下的部分全都是虚拟经济带来的。同时，美国拥有巨大的进出口贸易逆差。信息化浪潮使制造业在全球范围内按照价值链进行分工，但美国依然掌握着先进制造的核心技术并拥有优秀的人才资源。在次贷危机、虚拟经济、产业空心化等因素的影响下，美国决定再制造业化，并希望通过重振制造业再次引导世界制造业的发展。

美国重振制造业的战略是由多部门联合制订、协同分工、目标和措施明确的国家级战略。表 1-1 具体列举了历年来美国重振制造业的主要政策。

表 1-1　美国重振制造业的主要政策

时　间	政　策	内　容
2017 年 1 月	《国家机器人计划 2.0》	支持机器人科学与技术的基础研究，以及集成机器人系统领域的创新研究
2015 年 10 月	《美国创新战略》	重点强调了九大战略领域：先进制造、精密医疗、大脑计划、先进汽车、智慧城市、清洁能源/节能技术、教育技术、太空探索和计算机新领域
2014 年 12 月	《振兴美国制造业和创新法案》	在美国国家标准与技术研究院（National Institute of Standard and Technology，NIST）框架下实施制造业创新网络计划，在全国范围内建立制造业创新中心
2014 年 10 月	《振兴美国先进制造业 2.0》	为美国的先进制造业发展总结了三大支柱：加快创新、保证人才输送管道及改善商业环境
2014 年 4 月	《美国学徒计划》	资助社区学院与雇主合作，设立适应未来工作需要的培训项目。投入学徒培训扩大计划，并集中在信息技术、医疗及高级制造业等领域
2013 年 3 月	《美国机器人路线图》	强调了机器人技术在美国制造业和卫生保健领域的重要作用
2013 年 1 月	《国家制造业创新网络初步设计》	组建美国制造业创新网络（NNMI），集中力量推动数字化制造、新能源及新材料应用等先进制造业创新发展
2012 年 3 月	《美国制造业创新网络计划》	计划架设一个包含 15 个制造创新中心的全国性网络，专注于 3D 打印和基因图谱等新兴技术
2012 年 2 月	《美国先制造业国家战略计划》	围绕中小企业、劳动力、伙伴关系、联邦投资及研发投资等五大目标和具体建议展开
2011 年 11 月	《美国制造业复兴计划》	从投资、贸易、劳动力和创新等方面提出了促进美国制造业复兴的四大目标及相应的对策措施
2011 年 6 月	《先进制造业伙伴关系计划》	通过政府、高校以及企业的合作来振兴美国制造业，以创造高质量的就业岗位
2011 年 2 月	《美国创新新战略：保护我们的经济增长和繁荣》	提出了包含五个新行动计划的创新战略
2010 年 7 月	《2010 美国制造业促进法案》	大规模投资清洁能源、道路交通、改善宽带服务，消减企业部分赋税
2009 年 12 月	《重振美国制造业框架》	提出将重振制造业作为美国经济长远发展的重大战略
2009 年 11 月	《美国“再工业化”战略》	促进制造业增长，让美国回归实体经济

为重振制造业，美国重点加强三大支柱建设。

一是加强创新网络建设。重点是建立国家制造创新研究机构网络，增加跨领域技术的研发投资，鼓励各地形成政企合作的先进制造业生态系统；实施企业投资大学设施的免税政策，促进产业界和大学进行先进制造业的合作研究；建设国家先进制造业信息门户，建立可搜索的制造业资源数据库，提供必需的基础设施，帮助中小型制造企业创新发展。

二是加强人才资源建设。重点是提升公众对制造业职业的兴趣，努力改变公众对制造业的认识偏差；加强先进制造业的大学项目，增加相关的教育模块和课程，增加制造业方面的奖学金和实习机会，培养先进制造业急需的技能人才；投资社区大学教育，发展伙伴关系，提供技能认证，缓解制造业人才严重不足的困境，为制造业规模扩张和创新发展提供持续有效的人才资源支撑。

三是加强商业环境建设。重点是推进税收改革，吸引制造业企业回流美国发展；强化政策修订与完善，不断优化先进制造业政策体系；改革贸易政策，推动制造业出口，提升国际竞争力。

为重振制造业，美国围绕投资、贸易、劳动力和创新设定了四大目标。

一是扩大就业并抢占制造业的全球制高点。重点是创建支持就业和促进经济增长的动态环境，促进能源生产，保障能源供应，推动创新并创造有利于美国制造商的税收环境，帮助美国制造商更有效地吸引劳动力及生产具有全球竞争力的产品。

二是开拓美国制造新市场并扩大现有市场。重点是推动全球贸易政策，改进为加强国家安全而设定的出口管制制度，解除约束美国高科技产品出口的限制，为制造商提供出口信贷援助，通过展销会、营销援助和进出口银行担保等各种方式促进出口。

三是提供满足先进制造业发展需要的劳动力。重点是发现和培育包括国内外最优秀人才在内的熟练劳动力，通过增加签证数量及发放绿卡吸引全球最优秀的人才到美国就业，通过教育和培训鼓励创新，帮助劳动力掌握新技术和新工艺，以及适应快速变化的市场的能力。

四是促进美国制造商成为全球创新的引领者。重点是采取政策激励研发创新活动，加强税收信贷支持以持续关注和加强基础研发创新，增加知识产权积累，通过有效的知识产权保护法捍卫和刺激持续创新行为。

1.4.2　德国

德国是一个传统全球制造业强国，经济实力位居欧洲首位，世界第四大经济强国。制造业是德国经济发展的支柱产业，如汽车及零部件、机械和精密仪器等，其规模和产值都位居世界前列。根据德国联邦统计局的数据显示，2015 年德国制造业 GDP 比重为 26%，在发达国家中最高。智能制造和精密制造是其保持全球竞争优势的基础。但是，德国制造业的全球份额呈现持续下降的趋势。

21 世纪以来，德国政府一直努力建立部门间的高技术战略协调机制，以推动德国的技术革命和研发创新，并通过技术创新确保德国制造业的传统优势和竞争地位。德国政府分别于 2006 年 8 月和 2010 年 7 月发布《高科技战略》（2006）和《高科技战略 2020》，并于 2013 年 4 月推出工业 4.0 战略，旨在支持工业领域通信技术的研发创新。2013 年《保障德国制造业的未来——关于实施工业 4.0 战略的建议》颁布并上升为国家战略。

为振兴制造业，德国提出了若干策略：一是以标准化为先导，推进不同公司间的网络连接和集成；二是以数据和信息的安全为前提，保护智能系统的成功运营；三是以培训与专业的持续发展为基石，强调以工作场所技能为基础的终身学习，提升劳动力人才技能；四是以协作工作方式为依托，通过虚拟或移动的对价值创造过程的广泛实时参与，释放员工及用户的潜能；五是以环境与资源安全供应为制约条件，提高资源环境利用效率。

德国工业 4.0 战略，强调虚拟网络与现实实体的融合，核心是“互联网 + 制造业”，即建设信息物理融合系统，实现智能制造，重点是智能化生产系统和过程及网络化分布式生产设施，涉及整个企业的生产物流管理、人机互动及 3D 技术在生产过程中的应用等众多方面，其目的主要是通过互联网、物联网、物流网来整合物流资源，充分发挥现有物流资源供应方和物流服务的潜力。

1.4.3 中国

据世界银行的数据显示，2012 年我国制造业工业增加值达到 2.08 万亿美元，美国为 1.91 万亿美元，我国成为全球制造业大国。2017 年，我国制造业增加值为 3.59 万亿美元，美国制造业增加值为 2.25 万亿美元，此外，在 500 多种主要工业产品中，我国有 220 多种产量位居世界第一。然而，近年来我国经济正在由高速增长转为中高速增长，迈入了经济发展的新常态。我国的制造成本已经与美国相差无几，“中国制造”的劳工成本优势不再，传统劳动密集型制造业的竞争优势正在逐步消失。一方面原有劳动密集型产业向东南亚和印度等劳动力成本更低的地区和国家转移；另一方面，中国制造正向价值链更高端的产品延伸。受困于全球经济的疲软状态，“中国制造”出口数据增速放缓，过去多为两位数增长，如今已经降到一位数的增长，甚至在某些月份出现负增长。近十年来中国制造业快速发展，在消耗大量能源的同时，也给环境带来了巨大的影响，制造业高污染、高能耗的问题愈加凸显。

从国内制造业自身来看，我国制造业大而不强。尽管有着巨大的体量，但是制造业还存在自主创新能力不强，产品质量问题突出，工业基础薄弱，产业结构不合理，能源资源利用效率偏低，信息化水平较低等问题。从国外制造业形势来看，我国制造业要同时面对来自发达国家和发展中国家的双重压力，一方面，发达国家纷纷再工业化，另一方面，主要发展中国家在金融危机中意识到了实体经济的重要性，纷纷开始了工业化的进程，发展中国家的资源优势吸引了部分产业从我国的转移出去。

尽管当前我国制造业正处于转型过程中的阵痛期，但同时也面临着机遇：新一代信息技术与制造业的深度融合，正在引发新一轮技术革命和产业变革，而制造业数字化网络化智能化是这次变革的核心。而新一轮科技革命和产业变革与我国加快转变经济发展方式形成了历史交汇。我国制造业需要在当前已经形成门类齐全、独立完整的制造体系基础之上，努力把握智能制造这一重要抓手，大力发展先进技术弥补当前的不足，努力实现对老牌制造业强国的“换道超车”。为此，2015 年国务院正式印发《中国制造 2025》，为实施制造强国战略提供了第一个十年行动纲领，具体分为两步：第一步到 2020 年，数字化网络化制造在全国得到大规模推广，在发达地区和重点领域实现全面应用，同时新一代智能制造在部分领域获得探索性成功；第二步到 2025 年，数字化网络化制造在全国普及并得到深度应用，同时，新一代智能制造在重点领域试点示范取得显著成果，并开始在部分企业推广应用，旨在于 2025 年迈入制造强国之列。

《中国制造 2025》明确提出建设五项重大工程。

一是制造业创新中心（工业技术研究基地）建设工程，重点是新一代信息技术、智能制造、增材制造、新材料、生物医药等领域的重大共性技术需求，到 2025 年形成 40 家左右制造业创新中心（工业技术研究基地）。

二是智能制造工程，重点是开发智能产品和自主可控的智能装置并实现产业化，建立智能制造标准体系和信息安全保障系统，搭建智能制造网络系统平台，到 2025 年制造业重点领域全面实现智能化。

三是工业强基工程，重点是支持核心基础零部件（元器件）、先进基础工艺、关键基础材料的首批次或跨领域应用，突破关键基础材料、核心基础零部件的工程化、产业化瓶颈，到 2025 年实现 70% 的核心基础零部件、关键基础材料的自主保障，逐步形成整机牵引和基础支撑协调互动的产业创新发展格局。

四是绿色制造工程，重点是组织实施传统制造业能效提升、清洁生产、节水治污、循环利用等专项技术改造，开展重大节能环保、资源综合利用、再制造、低碳技术产业化示范，到 2025 年制造业绿色发展和主要产品单耗达到世界先进水平。

五是高端装备创新工程，重点是组织实施大型飞机、航空发动机及燃气轮机、民用航天、智能绿色列车、节能与新能源汽车、海洋工程装备及高技术船舶、智能电网成套装备、高档数控机床、核电装备、高端诊疗设备等一批创新和产业化重大工程，提升自主设计水平和系统集成能力，到 2025 年自主知识产权高端装备市场占有率大幅提升，核心技术对外依存度明显下降，基础配套能力显著增强，重要领域装备达到国际领先水平。

《中国制造 2025》提出的战略目标是两化深融、集成创新，主要强调如下方面。

1）强调围绕产业链部署创新链，围绕创新链配置资源链，加强关键核心技术攻关，加速科技成果产业化，提高国家制造业创新能力。

2）强调推进信息化与工业化深度融合，推进生产过程智能化，全面提升企业研发、生产、管理和服务的智能化水平。

3）强调加强核心基础零部件（元器件）、先进基础工艺、关键基础材料研发和产业技术基础能力建设，着力破解制约重点产业发展的瓶颈，持续提升我国制造业质量水平。

4）强调鼓励企业追求卓越品质，形成具有自主知识产权的名牌产品，不断提升企业品牌价值和中国制造整体形象。

5）强调全面推行绿色制造，积极推行低碳化、循环化和集约化，提高制造业资源利用效率，构建高效、清洁、低碳、循环的绿色制造体系。

6）强调聚焦信息技术、高端装备、新材料、生物医药等战略重点，推动优势和战略产业快速发展，推动传统产业向中高端迈进。

7）强调加快制造与服务的协同发展，推动商业模式创新和业态创新，推动服务功能区和服务平台建设。

8）强调统筹利用国内外两种资源和两个市场，实行更加积极的开放战略，提升国际合作水平和层次，推动重点产业国际化布局，引导企业提高国际竞争力。

为保障发展，政府出台了一系列支持政策，表 1-2 列出了近年来我国政府为保障制造业发展所发布的主要政策。

表 1-2　我国保障制造业发展的主要政策

时间	政　策	内　容
2018 年 3 月	《2018 年政府工作报告》	深入开展“互联网 +”行动，推动大数据、云计算、物联网广泛应用。实施“中国制造 2025”，推进工业强基、智能制造、绿色制造等重大工程，先进制造业加快发展。发展智能产业，拓展智能生活
2017 年 12 月	《促进新一代人工智能产业发展三年行动计划（2018—2020 年）》	通过实施四项重点任务，力争到 2020 年，一系列人工智能标志性产品取得重要突破，在若干重点领域形成国际竞争优势，人工智能和实体经济融合进一步深化，产业发展环境进一步优化
2017 年 11 月	《高端智能再制造行动计划（2018—2020 年）》	突破高端智能关键技术，发布一系列高端智能相关标准，推动建立一批高端智能再制造示范企业
2016 年 12 月	《智能制造发展规划（2016—2020 年）》	智能制造发展两步走战略及十大重点任务
2016 年 4 月	《机器人产业发展规划（2016—2020 年）》	大力发展机器人关键零部件，全面突破高精密减速器、高性能伺服电机和驱动器、高性能控制器、传感器和末端执行器
2015 年 7 月	《关于积极推进“互联网 +”行动的指导意见》	推动互联网由消费领域向生产领域拓展，加速提升产业发展水平，增强各行业的创新能力，构筑经济社会发展新优势和新动能
2015 年 7 月	《2015 年智能制造试点示范专项行动实施方案》	在智能制造试点示范
2015 年 3 月	《关于开展 2015 年智能制造试点示范专项行动的通知》	智能制造试点专项行动
2015 年 5 月	《中国制造 2025》	智能制造战略规划
2013 年 9 月	《信息化和工业化深度融合专项行动计划（2013—2018 年）》	信息化和工业化深度融合
2012 年	《智能制造科技发展“十二五”专项规范》《智能制造装备产业“十二五”发展规划》《智能制造装备产业发展专项》	加速智能制造装备的创新发展和产业化，推动制造业转型升级

（续）

时间	政　策	内　容
2012 年 1 月	《“十二五”工业转型升级规划》	集成创新一批智能化成型和加工成套设备、冶金及石油石化成套设备、自动化物流城套设备、智能化造纸及印刷装备等流程制造装备和离散制造装备
2010 年 10 月	《中共中央关于制定国民经济和社会发展第十二个五年规划的建议》	增强产品配套能力，淘汰落后产能，发展先进装备制造业

为加速智能制造行动的具体落地，国务院发布了“中国制造 2025”“互联网 +”“1 + X”规划体系，鼓励工业创新。其中，“1”是指《中国制造 2025》，“X”是指 11 个配套文件，包括国家制造业创新中心建设、工业强基、智能制造、绿色制造、高端装备创新五大工程实施指南，发展服务型制造和装备制造业质量品牌 2 个专项行动指南，以及新材料、信息产业、医药工业和制造业人才 4 个发展规划指南。工信部推进智能制造试点示范项目，2015 年已达到 46 项，2016 年达到了 63 项，2017 年达到了 98 项，2018 年达到了 99 项；同时推进智能制造综合标准化与应用新模式，2016 年达到 144 项，2017 年达到 165 项，2018 年达到了 157 项。同时，推进智能制造中德合作示范项目，2016 年达到 15 项，2017 年达到 17 项，2018 年达到 9 项。科技部积极推进增材制造（3D 打印）重点专项、科技创新 2030 重点项目、政府间国际科技创新合作、港澳台科技创新合作项目。

地方上，各省纷纷出台行动纲要，上海、江苏、浙江、广东、甘肃、湖北、四川等省市都已经有相应政策，具体内容如表 1-3 所示。

表 1-3　我国各省市智能制造政策

（来源：前瞻产业研究院）

时　间	政策文件
2018 年 2 月	《浙江省智能制造行动计划（2018—2020 年）》
2017 年 10 月	《江西省人民政府办公室印发关于加快推进人工智能和智能制造发展若干措施的通知》
2017 年 8 月	《四川省推进智能制造发展的实施意见》
2017 年 5 月	《江苏省“十三五”智能制造发展规划》
2017 年 5 月	《山西省智能制造发展实施意见（2016—2020 年）》
2016 年 8 月	《山东省智能制造发展规划（2017—2022 年）》
2015 年 7 月	《福建省人民政府关于加快发展智能制造九条措施》
2015 年 7 月	《广东省智能制造发展规划（2015—2025 年）》

1.4.4　其他国家

日本工业向来以精细化和高品质著称，其中汽车、机床、机器人和电子电器是日本工业的“四大支柱”。但是，由于企业文化僵化、创新脱离市场，日本制造业出现了持续的业绩下滑。日本政府已经感受到了强大的竞争压力，并非常担忧在智能制造变革中落后于美国和德国。随着在黑色和白色家电及小电器市场的溃败，日本制造业正在进行产业结构调整，试图逐步离开终端消费市场，转型至需要更高技术门槛且竞争并不激烈的商用市场。2015 年 1 月，日本政府发布了《机器人新战略》，选择机器人领域作为突破口，在这个领域，日本长期以来保持着优势地位，未来的目标是将工业机器人进一步升级为智能机器人，试图达成三大目标：建立世界机器人创新基地，成为世界第一的机器人应用国家，引领物联时代迈向机器人时代。2016 年 1 月，日本政府在《第 5 期科学技术基本计划》中，提出了“超智能社会 5.0 战略”，并在同年 5 月底颁布的《科学技术创新战略 2016》中对其做了进一步的阐释：该战略的主要意图是最大限度地应用信息和通信技术（Information and Communication Technology，ICT），通过网络空间与物理空间的高度融合，建立给人带来富裕的“超智慧社会”。

韩国以重化工产业立国，打造了汉江奇迹。在 20 世纪 70 年代，依靠重化工业的快速发展，韩国跨入了新兴工业化国家的行列。政府大力扶持，并推行大企业集团化战略，大力发展资本密集型产业，扶持了一批财团，提高了资本集中度。通过启动“世界化战略”，推动大企业财阀的进一步扩张。与我国相同，韩国的制造业最初也处于价值链的低端，但是其在核心技术和原材料等产业力争上游，不断实现产业升级。从价值链低端向上游切入，通过设计、研发、制造并举的方式，使得三星、LG 等品牌，无论是在核心技术、供给侧还是需求侧，都一举超越索尼、夏普、松下等企业。但是随着产业升级的加速，对各类创新速度要求越来越高，由于韩国财阀形成的产业垄断带来的效率低下、过度多元化经营等畸形发展已经对韩国产业结构转型带来了阻碍作用。2015 年 3 月，韩国政府发布了经过进一步补充和完善的《制造业创新 3.0 战略实施方案》，标志着韩国版“工业 4.0”战略正式确立，促进制造业和信息技术相融合，从而创造出新产业，提升韩国制造业竞争力和开发新的经济增长点。

在世界范围内大力发展智能制造的潮流之下，一些其他国家也希望以此为抓手，大力发展国内经济。2014 年，印度发布“印度制造”计划，以基础设施建设、制造业和智慧城市为经济改革战略的三根支柱，通过智能制造技术的广泛应用将印度打造成新的“全球制造中心”。2017 年，习近平总书记提出了“中国制造 2025”与瑞士“工业 4.0”的对接，瑞士将充分发挥其机械、纺织、工具、手表等传统精细制造的优势，大力推动智能制造，将机器、原材料和产品通过“物联网”传递信息，协力完成生产任务，并通过与我国合作，加快产业转型的步伐。

参考文献

[1] 陈明，梁乃超. 智能制造之路：数字化工厂 [M]. 北京：机械工业出版社. 2016.

[2] 周济，李培根，周艳红，等. 走向新一代智能制造 [J/OL]. Engineering：1-20 [2018-07-05]. http://kns.cnki.net/kcms/detail/10.1244.N.20180321.1606.002.html.

[3] 中国电子技术标准化研究院. 信息物理系统白皮书（2017）[EB/OL].（2017-03-02）[2018-08-03]. http://www.cesi.cn/201703/2251.html.

[4] 国务院. 中国制造 2025 [Z]. 2015.

[5] 周佳军，姚锡凡. 先进制造技术与新工业革命 [J]. 计算机集成制造系统，2015，21（8）：1963-1978.

[6] 王天然，刘海波．自动化制造系统的产生与发展［J］．信息与控制，2000，29（6）：481-487.
[7] 茉莉．世界先进制造系统的演进路径及体系结构［J］．兵工自动化，2013，32（11）：1-7.
[8] 王媛媛．智能制造领域研究现状及未来趋势分析［J］．工业经济论坛，2016，3（5）：530-537.
[9] 李健旋．美德中制造业创新发展战略重点及政策分析［J］．中国软科学，2016（9）：37-44.
[10] 康金城．把握德国制造业的未来 实施“工业 4.0”攻略的建议［EB/OL］．(2013-09-01)[2018-08-22]. https://doc.mbalib.com/view/3a447da3247684d8c66bc5e9b35567a9.html.
[11] 左延红．现代制造系统的研究现状及发展趋势［J］．现代制造工程，2014（4）：132-136.
[12] 陈文科．中国制造业现状与国际竞争力分析［J］．对外经贸，2013（7）：7-10.
[13] 张世昌．先进制造技术［M］．天津：天津大学出版社，2004.
[14] 王隆太．先进制造技术［M］．北京：机械工业出版社，2015.

“两弹一星”功勋
科学家：最长的一天

第 2 章 信息物理系统

随着信息技术的发展，网络世界与物理世界的联系越来越紧密，互联网逐渐向物联网的演化就是其中最好的例子。作为物联网的演进，信息物理系统（Cyber Physical System，CPS）已经引起了国内外政府、各领域科研机构的重视，将其列为未来发展的重中之重。

CPS 体现了互联网与千万用户的密切联系，它以计算机为基础，提供不同粒度的控制算法，最终使得物理空间实体和信息空间的软件组件深度融合，而用户可以在广大的时空尺度上进行丰富的操作，满足用户的多种需求模式。在信息社会中，CPS 的身影无处不在，比如机器人、航空驾驶系统、智能电动汽车、智能电网等。

目前，国内对 CPS 的研究规模不断扩大，其成果正由计算机领域逐渐向工业制造系统领域拓展，电力、石油化工等系统是 CPS 特征集中体现的领域。本章从分析 CPS 系统的内涵入手，结合典型工业场景应用的需求，提出建设和应用的方案。

2.1 信息物理系统的内涵

2.1.1 CPS 的概述

制造系统是关于设计、运作、生产具体产品的定制化系统，它需要执行带有特定要求的预定义任务，而嵌入式系统用于控制特定设备运行、监视其工作状态或辅助工厂运作等，前者的需求和后者的功能不谋而合，因此嵌入式系统一直是制造系统领域应用最广泛的、直面信息与物理（控制）交互问题的特殊（定制化）计算机系统。当我们看到和体会到互联网、云计算、大数据等信息技术的强大能力时，信息技术与制造技术的深度和广泛结合就变成一个既有巨大吸引力，同时也充满巨大挑战的问题集。这些“问题”从嵌入式系统在制造技术中如何成功应用，经过泛在计算、普适计算以及环境智能计算等阶段的逐步发展，演进为如何应用综合计算、网络和物理环境的多维复杂系统，实现大型工程系统的动态感知、精准控制和实时服务。智能制造系统即是“大型工程系统”的一个实例，“多维复杂”的信息物理系统正是这一实例的实现基础。因而，我们有必要首先对后者进行基本的探讨。

CPS 是通过计算核心（嵌入式系统）实现感知、控制、集成的物理、生物和工程系统。

在系统中，CPS 的功能由计算和物理过程交互实现，计算被“深深嵌入”到每一个相互连通的物理组件中，甚至可能嵌入到物料中。CPS 将机电一体化、控制论、设计和过程科学融合，应用跨学科方法解决大型工程应用中更为复杂的计算、通信和控制问题。CPS 的本质是构建一套基于数据自由流动的状态感知、实时分析、科学决策、精准执行的闭环赋能体系。

广义地看，CPS 是具有综合性、融合能力的复杂巨系统，它体现了互联网与千万用户的密切联系，它以计算机为基础，提供不同类型的控制算法，最终使得物理空间实体和信息空间的软件组件深度融合，而用户可以在广大的时空尺度上进行丰富的操作，满足用户的多种需求模式。在当今信息社会中，CPS 的身影无处不在，在能源、医疗、制造、航空航天等领域中都可以找到 CPS 的实际案例，比如机器人、航空驾驶系统、智能电动汽车、智能电网等。

1. CPS 的来源

（1）术语来源　CPS 的概念是在不断变化的过程中成熟的，如图 2-1 所示。其中，“Cyber”一词最早可追溯至自希腊语单词“Kubernetes”，意思是“掌舵人”。1948 年，诺伯特 · 维纳在《控制论》中创造并使用了“Cybernetics”一词，这一名词在工程设计和实验应用领域中的使用最早可见于钱学森于 1954 年所著的《Engineering Cybernetics》一书中。在 1958 年发布的该书的中文版中，钱学森将“Cybernetics”翻译为了“控制论”。“Cyber”一词还容易被人联想到“Cyberspace（赛博空间）”，该词最早由美国作家威廉 · 吉布森（William Gibson）在 1982 年发表的短篇小说《燃烧的铬合金（Burning Chrome）》中创造并使用，并且在其小说《神经漫游者（Neuromancer）》发表后得到普及，公众得以熟知该词。如今“Cyber”常作为前缀，代表与自动控制、信息技术、互联网或计算机相关的事物，即采用电子或计算机进行的控制。CPS 这一术语最先是由美国国家航空航天局（National Aeronautic and Space Administration，NASA）在 1992 年提出的。2006 年，国际上举行了第一个信息物理系统的研讨会（NSF Workshop on Cyber Physical Systems），美国国家科学基金会（National Science Foundation，NSF）科学家海伦 · 吉尔（Helen Gill）在该会议上对 CPS 这一概念作了详细的描述。CPS 的概念除被翻译为“信息物理系统”外，还被国内部分专家学者翻译为“信息物理融合系统”“赛博物理系统”“网络实体系统”或“赛博实体融合系统”。

（2）技术来源　CPS 的相关底层理论技术源于对嵌入式技术的应用与提升。随着新一代生产装备信息化和网络化需求的加剧，工业化与信息化的深度融合，传统嵌入式系统中用以解决物理系统相关问题所采用的单点解决方案将被淘汰，急需一种在更深程度上与控制、通信、感知与计算等技术相融合的新的解决方案。而当今的智能控制、更先进的通信机制、新型传感、云计算、雾计算等新一代信息技术的提出与发展顺势推动了 CPS 的出现。

（3）需求来源　党的十九大报告明确指出，“我国经济已由高速增长阶段转向高质量发展阶段，正处在转变发展方式、优化经济结构、转换增长动力的攻关期”，这个攻关期很难熬，要跨越这个难关，需要建设现代化的经济体系。而建设现代化经济体系，必须以 CPS 为支撑，加快推进我国制造业的智能制造，实现质量效应提升、增长动力增强、产业结构优化、发展方式转变。CPS 的出现还源于工业生产环境下诸多现实问题亟需解决的新需求，例如我国当前的工业生产正面临产能过剩、成本增加、供需失衡、环境复杂等问题。工业与制造业急需转型升级，淘汰那些不能满足广大用户新需求的传统的研发设计、生产制造、应用服务、经营管理等的方式，同时提高资源配置利用效率。生产环节中的企业也需要 CPS 来

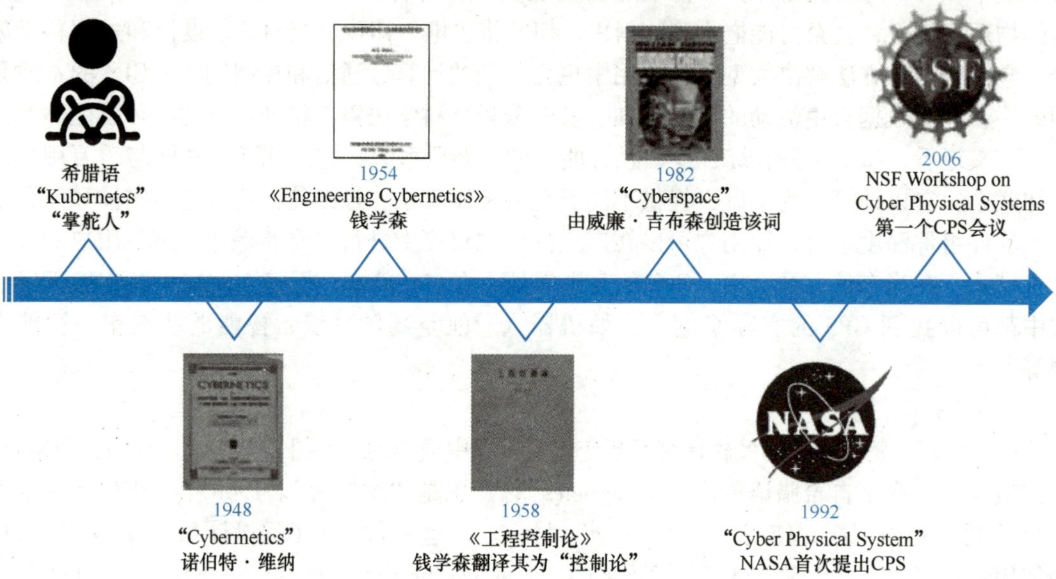

图 2-1　CPS 术语来源历程

提供个性化定制等各种服务与关键技术，来辅助实现个性化生产、极少量生产、服务型制造和云制造等新型生产模式。工业互联网、工业 4.0 和两化深度融合是工业生产走出困境的主要途径，它们的理论和技术支持就是 CPS。在以上实际应用需求的拉动下，CPS 应势出现，为诸多需求提供了一种强有力的解决方案。

2. CPS 的不同定义与理解

CPS 的发展时间较短，但已引起了国际社会的广泛关注与讨论，国际社会的一些相关机构及专家对 CPS 系统具有如下理解与认识：

（1）NIST CPS PWG（Public Working Group，公共工作组）　CPS 将计算、通信、感知和驱动与物理系统相结合，并通过与环境（包含人）进行不同程度的交互，以在期望的时间内实现。

（2）NSF　CPS 是通过计算核心（嵌入式系统）实现感知、控制、集成的物理、生物和工程系统。在系统中，计算被嵌入到每一个相互连通的物理组件中，甚至可能嵌入到物料中。CPS 的功能由计算和物理过程交互实现。

（3）acatech（Deutsche Akademic der Technikwissenschaften，德国国家科学与工程院）　CPS 是指使用传感器直接获取物理数据并以执行器作用于物理过程的嵌入式系统、物流、协调与管理过程及在线服务。CPS 通过数字网络连接使用来自世界各地的数据和服务，并配备了多模态人机界面。CPS 开放的社会技术系统使整个主机的新功能和服务远远超出了当前嵌入式系统具有的控制能力。

（4）FP7（7th Framework Programme，欧盟第七框架计划）　CPS 包含计算、通信和控制，它们与不同物理过程，如机械、电子、化学紧密融合在一起。

（5）Smart America　CPS 是物联网与系统控制相结合的产物。CPS 不仅能够“感知”某物位置，还具有控制某物与其周围物理世界互动的能力。

（6）美国加利福尼亚大学伯克利分校 Edward A. Lee 教授　CPS 是计算过程和物理过程的集成系统，利用嵌入式计算机和网络对物理过程进行监测和控制，并通过反馈环实现计算过程和物理过程的相互影响。

（7）美国辛辛那提大学 Jay Lee 教授　CPS 以多元数据的建模为基础，以智能连接（Connection）、智能分析（Conversion）、智能网络（Cyber）、智能认知（Cognition）和智能配置与执行（Configuration）的 5C 体系为构架，建立虚拟与实体系统的关系性、因果性和风险性的管理体系，持续优化决策系统的可追溯性、预测性、准确性和强韧性，实现对实体系统活动的全局协同优化。

（8）中国科学院何积丰院士　从广义上理解，CPS 就是一个在环境感知的基础上，深度融合了计算、通信和控制能力的可控、可信、可扩展的网络化物理设备系统，它通过计算进程和物理进程相互影响的反馈循环实现深度融合和实时交互来增加或扩展新的功能，以安全、可靠、高效和实时的方式监测或控制一个物理实体。

综上，分析可得他们在 CPS 的定义和理解上的共同点有：物理空间与信息空间的相互映射、交互与协同，先进感知与控制技术，自动控制技术，系统内部的资源配置与运行状态调整。

2.1.2　CPS 的特征和面临的挑战

1. CPS 的基本特征

CPS 作为支撑信息化和工业化深度融合的一套技术综合型体系，构建了物理空间与信息空间通路，它由纷繁复杂的感知数据驱动，智能地实现资源的优化配置。数据是这套系统的关键所在，在系统正常工作过程中，数据的获取和数据规范化，计算（解析）数据的物理意义等都是极其重要的系统环节。想要了解 CPS 的特征、进而明确 CPS 的独到之处，不能单独分析某个具体案例或具体问题，这样未免过于片面，而是应当结合 CPS 的层次分析，在不同层次中体会其基本特征和不同于其他系统的独特魅力。CPS 的六大基本典型特征分别为数据驱动、软件定义、泛在连接、虚实映射、兼容异构、系统自治。

（1）数据驱动　工业生产中存在着大量的数据，并且大部分都是隐藏的，未被充分挖掘利用。通过构建状态感知、实时分析、科学决策、精准执行的数据自动流动的闭环赋能体系，CPS 将隐性的数据从物理空间中显性地转化到信息空间上，进而迭代更新汇集成知识库。在转化过程中，实时感知、分析状态数据根据数据做出科学的判断和决策精准执行后，将数据作为输出结果，展示出来。因此，数据是 CPS 的重中之重。CPS 运行过程中伴随着数据的生成、传输、分析及计算。在数据不断迭代优化的过程中，系统能够积累经验，进行细微调整，不断提升数据质量，最终实现对外部环境资源的优化配置。

（2）软件定义　传统的网络、存储、设备等基础环节随软件、芯片、传感器与控制设备等的综合应用而被重新定义，工业控制领域也受此影响。工业应用软件是对各类工业生产过程在代码层面的抽象描述，支撑了绝大多数的生产制造过程的实现。对制造业中的 CPS 而言，软件就成为了实现其功能的一个核心组成。CPS 会全面应用到研发设计、生产制造、管理服务等方方面面，渗透进生产过程的各个环节，全面感知和控制人员、设备、物理环境，实现各类资源的优化配置。这一步骤需要具备丰富软件开发经验的技术人员将不同工业技术划分为若干技术模块，以便于后期代码实现。除此以外，软件还可以控制产品和设备运行，把产品和设备运行的状态实时地展现出来。

(3) 泛在连接　网络通信是 CPS 的基础保障，是实现 CPS 内部不同节点之间，及多个 CPS 之间相互通信的基础。在工业生产应用场景下，CPS 对网络连接的可靠性、时延等网络性能和组网灵活度、功耗有特性化需求，同时还对异构网络融合、业务支撑的智能性和高效性等具有较高要求。

泛在网络连接，是指系统中的设备置身于无所不在的网络之中，能够实现在任何时间、地点，使用任何网络与任何其他设备的信息交换。随着无线宽带、射频识别、信息传感及网络业务等信息通信技术的发展，网络通信将会更加全面深入地融合信息空间与物理空间，表现出明显的泛在连接特征。

(4) 虚实映射　CPS 搭建起信息空间与物理空间的数字映射，能够实现物理空间实体设备和信息空间数字模型的联动功能。采用数字孪生技术，为系统中的生产设备构建数字孪生体，通过监控其孪生体来达到监控物理设备的作用，将在信息空间中对物理空间中的物理实体进行全要素重建，提供一种高效、低成本的管理模式。借助信息空间对数据的处理能力，应对外部无法预知的物理变化，进行相应的有效决策。

(5) 兼容异构　当今任何大型系统都必须面对不同平台的软件、硬件、网络结构所带来的兼容性问题。在 CPS 或高层次的 CPS 中，同样存在大量不同种类的软件、硬件、数据和网络。具体来讲，CPS 能将不同结构的处理单元和传统 IT 网络、工业以太网、现场总线集成起来，兼容形态各异的数据格式，让数据在 CPS 系统中按照需求正常流动，进而达到信息技术和工业技术强强联合、两化融合的目的。因此，CPS 必须具备兼容异构的能力，为其各个环节深度融合打造互通信道，提供可靠保障。

(6) 系统自治　不同于普通控制系统，CPS 能够感知外部环境变化，收集可用数据，并进行处理分析和计算，最终对外部变化提出自适应应对方案。在多个单元级 CPS 进一步构成更复杂的 CPS 的过程中，为了解决 CPS 的系统自治问题，必须攻克多个单元级 CPS 之间网络互联的问题。将多个单元级 CPS 统一管理调度，按照预计方案，统一生产和运行。然后，将多个系统级 CPS 联入统一的智能服务平台中，在企业层面调配运营生产，管理企业经营、相应供应链的变化等。CPS 将收集大量现场数据，存入系统，组织形成大规模数据、模型和知识库，为系统自我学习和提升提供充足资源，实现 CPS 的系统自优化和自配置，增强系统环境适应性。

2. CPS 面临的主要挑战

CPS 体现了工业技术和信息技术的跨界融合，涉及硬件、软件、网络及平台等多方面的集成，以及不同环节、不同模式下的复杂应用。CPS 是空间分布广、时间敏感强和多尺度融合的网络化嵌入式系统，通过传感器和执行器将物理世界连接到网络世界。预计到 2020 年，全球的 CPS 网络中将接入 500 亿台设备，几乎所有大型工业企业都在为此投入大量资源。这些现实情况及 CPS 本身具有的创新性、复杂性将给 CPS 的实现和广泛应用带来诸多挑战。

(1) CPS 标准　首先国内外对 CPS 标准的研究还处于起步阶段，CPS 设计、实现、应用等多方面的标准化过程需要整体布局和分段实施，并且需要统一的 CPS 标准化语言以减少理解和认识的差异性等；其次 CPS 需解决互联互通、异构集成、互操作等复杂技术标准问题，同时要规范 CPS 应用模式，营造良好的应用氛围；然后是构建 CPS 安全标准，这在集成度高、系统关联频繁、操作多样的 CPS 中显得尤为重要。

（2）数学理论支持　当计算机系统与现实世界互动时，我们必须处理计算机离散化处理过程中不断变化的环境。这需要我们构造反映环境持续变化的模型，可能是一种用有限状态量表达无限多状态的离散计算系统的模型。为应对这种情况，就需要一种突破离散-连续二元性的新数学方法。物理学中已经出现了这样一种情况，即粒子波的对偶性，表明原子和光的基本成分不是单纯的粒子或波，而是兼具两者的性质，即同时具有离散性和连续性。在这种情况下，通过使用概率方法在量子力学中进行协调，应用离散概率分布公式对离散性进行描述与建模，应用连续概率分布公式为连续性进行描述与建模。CPS 将面临的问题是当这些无限状态、离散-连续的对偶性等问题进入计算机科学领域时，我们准备了哪些数学理论或模型来支撑 CPS 的实现。

（3）架构　由于 CPS 中彼此交互的设备是海量存在的，同时各种设备的功能也在不断增加，目前针对有限网络设备的结构化方法将不足以应对 CPS 复杂网络产生的问题。因此，我们需要探索设备应用程序构建的新方法，以应对 CPS 网络规模带来的复杂性和设备功能的动态变化。此外，我们还需要特殊的操作系统来管理新型的设备应用程序。

（4）开放性　CPS 将允许与可能进入系统的新设备进行交互，以实现共同的计算、通信、控制目标。对于 CPS 中具有冗余资源或空闲资源的设备，它们可以处理自身可接受程度内的来自 CPS 中其他设备的任务分担请求。

（5）安全性　对 CPS 而言，“安全”将是一种融合了“信息安全（Security）”和“功能安全（Safety）”的概念。CPS 将会进入到社会生活的各种场景中，可以说未来的生活将高度依赖于它。因此，必须从信息安全和功能安全两个方面确保 CPS 的系统行为符合安全预期。当我们考虑安全关键型应用及其影响时，比如自动驾驶的 CPS 应用，这一点尤为重要。

（6）隐私　隐私将会是 CPS 中的一个普遍问题。如果在多个传感器节点之间交换个性化数据或将其聚合以供进一步分析，则不可能将收集的数据映射到特定人员。虽然在许多情况下，能够将信息映射到特定人员是很重要的，但在 CPS 中，这需要以匿名方式进行，以保护社会个体的隐私。

（7）可扩展性和发现能力　CPS 允许新设备加入网络，以更快达到共同目标，而新设备需要被网络中已连接的设备自主发现。此外，网络必须能够了解这些新加入的设备的功能，以便将其作为新资源使用。同时，新设备必须能够获得有关网络中已有功能的知识。

（8）可靠性　CPS 的可靠性应保证从应用程序中删除设备时系统的性能不受影响。如果应用程序或进程依赖于特定的设备，则网络必须能够使用各自的机制来处理故障或移除这些设备。

（9）自我维护　CPS 的自我维护性能应确保在标准及不确定情况下功能的实现，这包括处理内存或电池电量等资源，也包括能达到预期结果的一系列操作。如果这个结果没有实现，这个过程可能会相应地进行调整，这种调整可能通过自动适应来实现，也可能通过协调软件更新来实现

（10）自我意识　系统中的各设备必须意识到自己的能力及自己的行为对环境和其他设备的相应影响。此外，它们需要能够处理网络中其他设备对其执行的操作，无论这些操作对它们自己的目标是有利的还是不利的。

（11）智能化　CPS 需要完成各种类型、各种复杂程度的计算、通信和控制任务，这对

CPS 中运行的大量设备，如传感器和执行器等，提出了更多智能化的要求，例如自我定位、自我组织、协同工作、自我配置、自我修复、自我感知和自我学习能力。同时，协同和组织能力将在未来 CPS 中显得非常关键，因为单个设备可能只具有某一方面的能力（这种能力可能从简单的发现和自我定位机制到更复杂的学习、信息交换和整合及应对不断变化的环境的自适应能力等），但与其他设备协作时，系统表现出的将会是它们的合力。

下面，我们讨论一些当前 CPS 研究领域中正在解决的理论和实际应用场景中的问题，例如汽车和医疗系统。

近年来，传感器网络和计算能力与汽车系统的广泛整合促使开发的各种驾驶系统能够在单调驾驶的条件下帮助驾驶员并保护乘客免受危险情况的影响。这一趋势将激发未来市场对自动驾驶汽车的需求。为了可靠地感知交通并规划行动，这些车辆需要具有容错感知能力的传感器（以实现 CPS 感知环节）。此外，车辆到车辆（Vehicle to Vehicle，V2V）和车辆到基础设施（Vehicle to Infrastructure，V2I）通信技术（也称为 V2X 通信）将被集成到未来的汽车系统中。V2X 通信允许在车辆和路边单元之间交换关于车辆的位置和速度、特定道路驾驶条件、事故等信息。因此车辆可以根据自身对环境的感知数据和 V2V 的交换数据，迅速对道路行驶、速度控制等做出分析和决定，并根据数据的动态变化实时调整。这充分体现了 CPS 系统在环境感知、实时分析和决策、精准执行上的特征。图 2-2 示意了汽车内由传感器网络组成的汽车系统的不同层次以及更高系统级别上的交互。

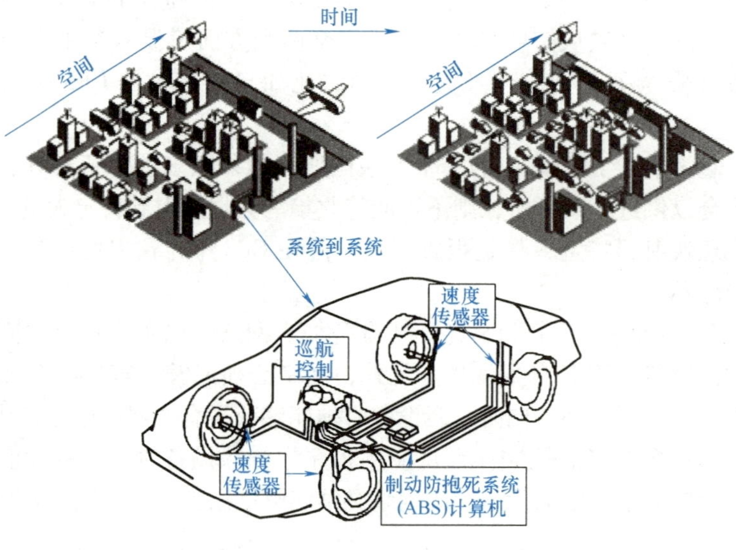

图 2-2　汽车领域的多层次 CPS

医疗 CPS 指的是在现代医疗技术中利用具有网络通信功能的先进嵌入式系统负责监控和控制患者身体的物理状态，例如质子治疗机器、电解剖映射和干预、生物兼容和可植入装置及机器人修复术，而这些设备的故障可能会对患者的健康产生不利影响。考虑到这种相互作用的复杂性，医疗 CPS 的可靠性和安全性的确定和验证是非常重要且仍具有挑战性的任务。对患者的生命和病理特征的建模及高效仿真将在医疗 CPS 的设计和验证及个性化治疗策略的开发中发挥关键作用。使用 GPU 技术的普通台式机的运算速度就可以实现近乎实时获得指示心律失常状态的复杂空间模式的模拟，而不需要超级计算机来进行器官的实时模拟，这有助于基于模型的临床诊断和治疗计划的实现。在医疗 CPS 中，从对患者身体物理状态数据的感知、患者生命和病理特征建模验证，到机器治疗与修复干预，均反映了 CPS 的闭环赋能过程特征，即状态感知、实时分析、科学决策和精准执行。

3. CPS 的本质与关键环节

CPS 的本质就是构建一套信息空间与物理空间之间基于数据自动流动的状态感知、实时分析、科学决策、精准执行的闭环赋能体系，解决生产制造、应用服务过程中的复杂性和不确定性问题，提高资源配置效率，实现资源优化。

实现数据的自动流动具体来说需要经过四个环节，分别是：状态感知、实时分析、科学决策、精准执行。大量蕴含在物理空间中的隐性数据经过状态感知被转化为显性数据，进而能够在信息空间中进行计算分析，也就是将显性数据转化为有价值的信息。不同系统的信息经过集中处理形成对外部变化的科学决策，也就是将信息进一步转化为知识。最后以更为优化的数据作用到物理空间，构成一次数据的闭环流动。

（1）状态感知　状态感知是对外界状态的数据获取。生产制造过程中蕴含着大量的隐性数据，这些数据暗含在实际过程的方方面面中，如物理实体的尺寸、运行机理，外部环境的温度、液体流速、压差等。状态感知环节通过传感器、物联网等一些数据采集技术，将这些蕴含在物理实体背后的数据不断传递到信息空间，使得数据“可见”，变为显性数据。状态感知环节是对数据的初级采集加工，是一次数据自动流动闭环的起点，也是数据自动流动的源动力。

（2）实时分析　实时分析是对显性数据的进一步理解。是将感知的数据转化为认知信息的过程，是对原始数据赋予意义的过程，也是发现物理实体状态在时空域和逻辑域的内在因果性或关联性的过程。大量的显性数据并不一定能够直观地体现出物理实体的内在联系，这就需要经过实时分析环节，利用数据挖掘、机器学习、聚类分析等数据处理分析技术对数据进一步分析、估计，使得数据“透明”，将显性数据进一步转化为直观可理解的信息。此外，在这一过程中，人的介入也能够为分析提供有效的输入。

（3）科学决策　科学决策是对信息的综合处理。所谓科学的决策 ，就是根据积累的经验、对现实的评估和对未来的预测，为了达到明确的目的，在一定的条件约束下，所做的最优决定。在这一环节，CPS 能够权衡当前时刻获取的所有来自不同系统或不同环境的信息，形成最优决策来对物理空间实体进行控制。分析决策并最终形成最优策略是 CPS 的核心关键环节。这个环节不一定在系统最初投入运行时就能产生效果，而往往在系统运行一段时间之后逐渐形成一定范围内的知识。对信息的进一步分析与判断，使得信息真正地转变成知识，并且不断地迭代优化，形成系统运行、产品升级、企业发展所需的知识库。

（4）精准执行　精准执行是对决策的精准物理实现。在信息空间形成的决策最终将会作用到物理空间，而物理空间的实体设备只能以数据的形式接收信息空间的决策。因此，执行的本质是将信息空间产生的决策转换成物理实体可以执行的命令，进行物理层面的实现。这一环节输出更为优化的数据，使得物理空间设备运行更加可靠，资源调度更加合理，企业运营更加高效，各环节智能协同效果逐步优化。

2.1.3　横向对比

CPS 是一个具有复杂性与综合性的概念，为促进对 CPS 的理解，本节将对比 CPS 和物联网、嵌入式系统、混成系统这三个概念，比较它们的差别与各自的优势。

1. CPS 与物联网

CPS 虽然在概念上与物联网有所相似，但却有着本质上的区别。以下将从工作原理、工作环境与工作重点三个方面介绍它们的相异之处。

1）在工作原理上，物联网及传感网络是基于无线连接实现感知的，其中控制与计算的成分占的并不多。它往往是一个物理实体通过传感器感知某项活动后，将状态信息交给其他物理实体去决策与执行的过程。但 CPS 在完成这种信息传递的功能之外，还要负责物理实体之间的协调工作，并且其本身的计算能力也更加强大，从而最终能够实现自治的目标。

2）在工作环境上，CPS 对硬件的要求比物联网高。CPS 要负责协调与计算工作，因此其硬件应能够收集信息并在本地执行信息的分析过程。这就要求了 CPS 工作环境中的物理硬件较之物联网中的硬件具有更强大的计算能力，且能够去适应实时性要求更高、数据与指令更丰富的运算场景。

3）在工作的重点上，CPS 强调的是物理世界和信息世界之间实时的、动态的信息回馈和循环的过程，而物联网则强调的是物物相连与信息传输。

2. CPS 与嵌入式系统

1）在概念的角度上的不同，CPS 是一个信息物理的混合系统，是一个跨学科跨领域的概念，而嵌入式系统只是用于嵌入式微电脑的操作系统。

2）在工作的范围上，CPS 是一个应用广泛的、包含虚拟信息与多种硬件设备的系统，它将传感器、执行器、交互设备等物理实体集成于一体，而嵌入式系统则是较为单一地工作在特定的嵌入式环境当中，并且更加偏向于软件的概念。

3）在复杂程度上，CPS 要远远复杂于嵌入式系统，因为 CPS 不仅要监控一个嵌入式设备的运作，还要负责不同嵌入式设备间的交互，并根据它们之间的交互信息进行工作上的协调，除此之外，CPS 内部还需要快速迭代和动态优化的特性来维持系统的按需响应。

3. CPS 与混成系统

CPS 和混成系统极为相近，二者都是集成了大量组件的智能制造系统。混成系统一般是由离散分离组件和连续组件并行或串行组成，而组件之间的行为由计算模型进行控制。因此混成系统更加强调组件之间的运行模式（并行或串行）及位于其上的计算控制模型。也就是说，混成系统中的组件间是以固定的计算模式进行协调的，而不存在过多的感知、迭代与优化的技术，这不满足 CPS 的要求。CPS 要求形成一个以状态感知、实时分析、科学决策和精准执行为主线的数据闭环，即拥有自我感知与自治的能力。因此，相比基于特定计算模型的混成系统，CPS 将更加智能。除智能程度的差别以外，CPS 还包含了监视控制与数据采集（Supervisory Control And Data Acquisition，SCADA）系统，使得 CPS 不仅能够介入人力的监控与调整，更重要的是还能够实现工业生产系统的信息化。

2.1.4 HCPS 概述

2017 年 12 月 7 日，在南京举办的“世界智能制造大会”上，中国工程院院长周济院士发表了题为《关于中国智能制造发展战略的思考》的报告，系统地阐述了对我国智能制造发展的看法。报告中周济院士提到了一个观点，即随着智能制造战略的持续推进，传统制造过程中的人与物理系统之间的关系正在由人-物理系统（Human Physical System，HPS）二元体系向人-信息-物理系统（Human Cyber Physical System，HCPS）三元体系转变，该观点的提出引发了业界专家的普遍思考。

1. 对 HCPS 的理解

传统的制造系统主要包含人和物理系统两个部分，机器直接由人控制完成工作任务。此外，人类需要依靠人体感知变化，并利用大脑学习相关知识和分析决策。这一阶段的物理系统有助于人类完成大量简单而重复的体力劳动，提高了制造的效率和质量。

第一代和第二代智能制造系统在传统结构的 HPS 中间增加了信息系统（Cyber System），信息系统帮助人类完成部分原有感知、分析、决策任务，人进而可以通过控制信息系统来间接地操纵物理系统。在这一阶段，制造系统从单纯由人和物理设备组成发展至人-信息-物理的有机整体。在 HCPS 中，CPS 是其关键所在。CPS 这一概念由美国在 21 世纪初提出，德国将其列为实现工业 4.0 的关键技术。CPS 通过数字孪生技术，将信息系统和物理系统紧密地结合在一起，成为一、二代智能制造的理论基础。

新一代智能制造系统又在信息系统中加入了认知和学习的功能。由此，信息系统不仅能够感知外部变化，计算和分析数据，还具备了自我学习和提升的能力。人工智能技术将使一、二代智能制造系统发生翻天覆地的变化，借助信息系统的学习能力，人类可以把部分简单、枯燥的学习任务分配给信息系统。因此，人类可以从繁重的体力劳动和脑力劳动中解放出来，从而投入到更高层面的统筹调度、管理工作中，同时，人类还可以利用更多的时间思考创新途径。如图 2-3 所示，在新一代智能制造系统中，人类担当整个系统的管理者的角色，主要负责协调各个部分的正常运行，保证系统整体运转流畅。

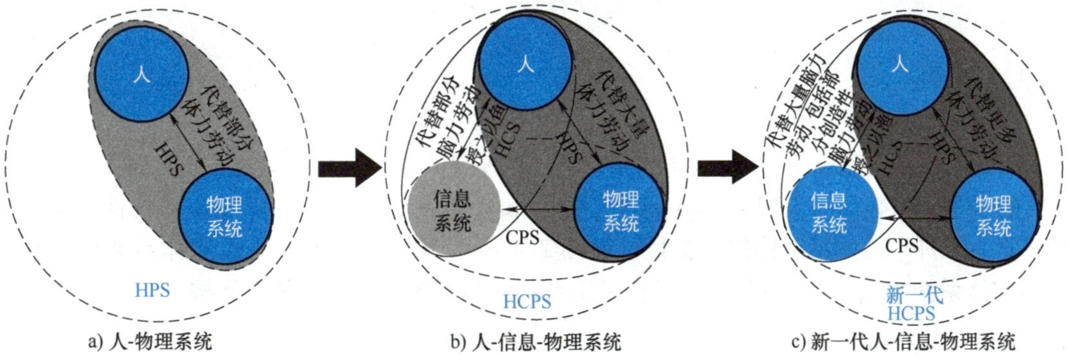

图 2-3　从 HPS 到新一代 HCPS 的演变

2. HCPS 的系统集成

HCPS 涉及面广，包容量大，涵盖近年来备受关注的人工智能技术。整个系统需要包含智能产品、智能生产和智能服务三个基本功能模块，这三个模块需要被搭建在工业智联网和智能制造云平台中。后者作为 HCPS 的支撑系统，承载三个功能模块，服务于智能制造行业。

（1）智能产品与生产设备　智能产品与生产设备是整个工业 4.0 智能制造蓝图的体现。智能产品是智能制造的最终成果，生产设备是生产的基石。近年来备受关注的人工智能技术为智能产品提供理论背书，为进一步提升产品质量和使用体验、降低生产成本提供新思路、新方法。当然，具有创新性的设计思维也是十分重要的，跟随市场主流、市场趋势的同时，还应大胆尝试新奇想法，勇于开辟新模式，为智能制造产品注入新血液。

（2）智能生产　智能生产是 HCPS 的主线，也是目前急需攻克的关键一环。智能车间、智能流水线、智能供应链是智能生产这一概念的具体体现。近年来，随着工业数字化的广泛推进，机器人自动化生产已经在生产车间中随处可见，数字化改造的实施在一定程度上消除了车间中的信息孤岛。但是，目前的生产车间、供应链和流水线仅满足了前面提到的第二代智能制造的要求，生产设备还没有认知和学习的能力，因此无法替代人类简单的学习型任务。新一代 HCPS 应首先解决复杂系统精准建模、实时优化决策等关键问题，尽快实现自学习、自适应、自控制的目标。

（3）智能服务　以智能技术支撑，面向用户的服务是 HCPS 的主题。企业应当从以产品为中心，逐步转向以用户服务为中心，深化供给侧改革。智能生产为工厂提供了并行生产更多种类产品的可能，同时，未来大数据智能的深度应用将提高用户对产品定制化、个性化的需求。因此，企业应当高度重视提高满足用户个性化需求的能力，落实以用户需求为中心的基本要求。另外，还应重视从生产型到服务型制造的过渡，在巩固现有生产水平、产品质量的同时，发展、运用最新的人工智能技术，力求针对自家产品提供创新服务。

（4）工业智联网和智能制造云　工业智联网和智能制造云作为基础，支撑智能产品、智能生产、智能服务三个主要环节。工业智联网和智能制造云由智能网络系统、智能平台和智能安全体系组成，一起为 HCPS 保驾护航。

2.2 信息物理系统的实现

2.2.1 从水滴到大海的视角

1. CPS 框架

CPS 体系结构是研究和开发 CPS 的基础。正所谓“万丈高楼平地起”，要想开发出满足需要的 CPS，就必须深入理解 CPS 的核心技术和骨架灵魂，充分了解 CPS 的特性。而这些都需要一个科学的体系结构作为支撑。如图 2-4 所示为一个 CPS 最小单元体系架构（单元级 CPS 体系架构），以此为基础，可扩展出系统级与系统之系统级体系架构。

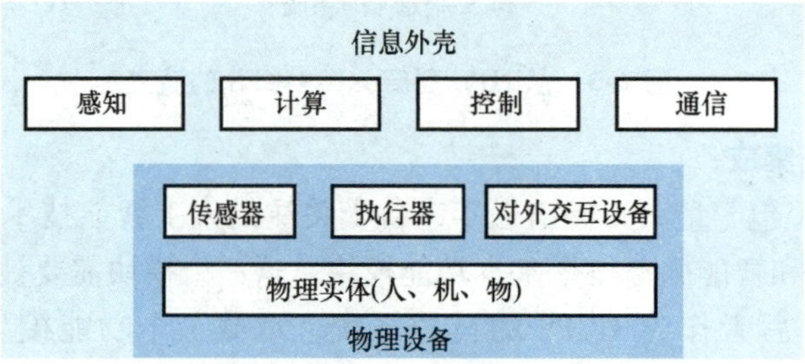

图 2-4　单元级 CPS 体系架构

（1）物理设备　物理设备包含传感器、执行器、对外交互设备和人、机、物等物理实体，物理设备是实际存在的。物理设备可以通过传感器感知外部信号，如声、光、电、烟雾等，执行器能够接收控制指令并对物理实体进行控制。

(2) 信息外壳 信息外壳具有感知、计算、控制和通信功能，是物理设备与信息世界通信的接口与桥梁，能够实现物理实体的“数字化”，信息世界可以通过信息外壳和物理设备进行感知和交互。

2. 单元级与系统级

CPS 的运行过程是人、机、物共同参与的结果。例如在制造业中，实际生产过程中的冲压可能是经过传送带传送、工业机器人调整，最后再由冲压机床完成冲压的一个过程，是多种智能产品共同协作的结果。众多的智能设备协同合作生产出满足实际需求的产品。

多个单元级 CPS 之间的交互是通过工业网络（如工厂现场总线、工业以太网）来实现的，由此实现数据的大范围、宽领域的自动流动。通过引入网络，实现了多个单元级 CPS 间的协同调配，进而提高了制造资源配置优化的广度、深度和精度。

系统级 CPS 基于多个单元级 CPS 的状态感知、信息交互、实时分析，实现了局部制造资源的自组织、自配置、自决策、自优化。在单元级 CPS 功能的基础之上，系统级 CPS 增加了互联互通、边缘网关、数据互操作、即插即用、协同控制、监视与诊断等功能。其中互联互通、边缘网关与数据互操作主要实现单元级 CPS 的异构集成；即插即用主要实现系统级 CPS 的组件管理，包括单元级 CPS 组件识别、配置、更新和卸载等功能；协同控制指对多个单元级 CPS 进行联动与协同控制；监视与诊断是对单元级 CPS 的状态实时监控并判断其是否具备应有的能力。

3. 系统之系统级

系统之系统（System of Systems，SoS）级 CPS 由多个系统级 CPS 有机组合构成。例如多个工序（系统级 CPS）构成一个车间级 CPS，进而构成整个工厂的 CPS。单元级与系统级 CPS 共同构成的 SoS 级 CPS 体系架构如图 2-5 所示。

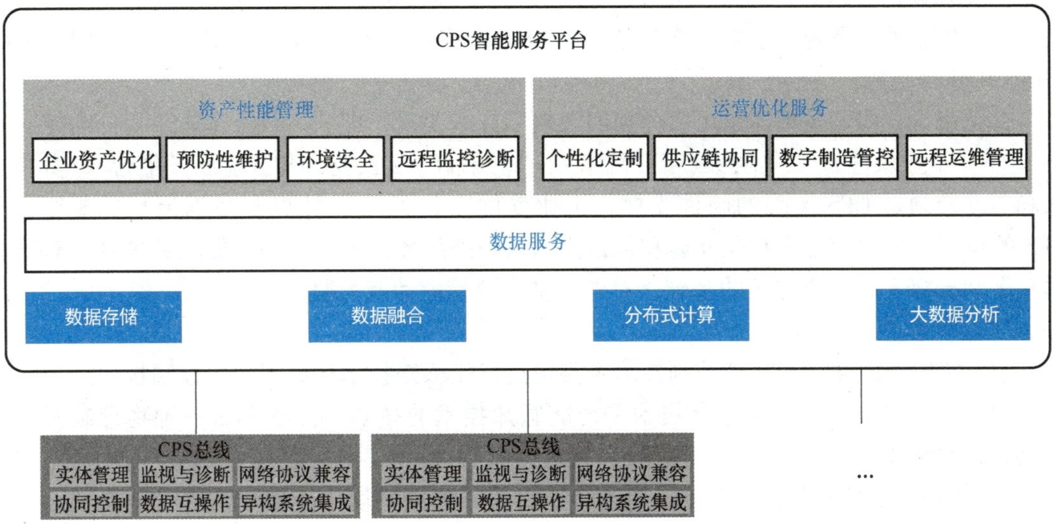

图 2-5 SoS 级 CPS 体系架构

SoS 级 CPS 的主要功能是实现数据整合，从而对内进行资产优化，对外形成运营优化服务。其围绕数据服务的主要功能有数据存储、数据融合、分布式计算和大数据分析，并在数据服务的基础上形成资产性能管理与运营优化服务。

SoS 级 CPS 通过大数据平台实现跨系统、跨平台的互联、互通与互操作，促成多源异构数据的集成、交互与共享的闭环自动流动，实现信息的全面感知、深度分析、科学决策和精准执行。这些数据部分存储在 CPS 智能服务平台，部分分散在各组成的组件内。SoS 级 CPS 对数据的统一管理和整合、分布式计算和大数据分析的能力是这些数据能够提供数据服务、有效支撑高级应用的基础。

资产性能管理主要包括企业资产优化、预防性维护、工厂资产管理、环境安全和远程监控诊断等方面。运营优化服务主要包括个性化定制、供应链协同、数字制造管控和远程运维管理。通过智能服务平台的数据服务，能够对 CPS 内的每一个组成部分进行操控，对各组成部分的状态数据进行获取，对多个组成部分进行协同优化，实现资产和资源的优化配置。

2.2.2 技术生态体系

1. 生态体系构成

CPS 容纳了单元级、系统级、SoS 级 CPS 所需的自动控制技术、智能感知技术、计算（软件）技术、通信技术、互联技术、协同控制技术、分布式终端管理技术、数据存储和处理技术、云服务技术等，再结合 CPS 所需当前已较为成熟的嵌入式软件、通信、大数据等技术，是一个囊括了众多技术的复杂综合系统。不同的技术组合形成了不同的 CPS 生态体系，在中国电子技术标准化研究院组织编写的《信息物理系统白皮书（2017）》提出了一个典型的 CPS 技术体系。

CPS 技术体系主要分为 CPS 总体技术、CPS 支撑技术、CPS 核心技术。CPS 总体技术主要由系统架构、异构系统集成、安全技术、试验验证技术等构成；CPS 支撑技术是基于 CPS 应用的支撑，主要由智能感知、嵌入式软件、数据库、人机交互、中间件、软件定义网络、物联网、大数据等组成；CPS 核心技术是 CPS 的基础技术，主要由虚实融合控制、智能装备、基于模型的工程定义、数字孪生技术、现场总线、工业以太网、CAX\MES\ERP\PLM\CRM\SCM 等组成。

总结来说，CPS 技术体系可以分为四大核心技术要素，即“一硬”（感知和自动控制）、“一软”（工业软件）、“一网”（工业网络）、“一平台”（工业云和智能服务平台）。其中感知和自动控制是 CPS 实现的硬件支撑；工业软件固化了 CPS 计算和数据流程的规则，是 CPS 的核心；工业网络是互联互通和数据传输的网络载体；工业云和智能服务平台是 CPS 数据汇聚和支撑上层解决方案的基础，对外提供资源管控和能力服务。

2. 感知和自动控制

CPS 使用到的感知和自动控制技术主要包括智能感知技术和虚实融合控制技术。

（1）智能感知技术　传感器技术是智能感知技术的核心。传感器是一种物理装置或生物器官，能够探测、感受外界的信号、物理条件（如光、热、湿度）或化学组成（如烟雾），并将探知的信息传递给其他装置。传感器用于侦测环境中所发生的事件或变化，并将此消息发送至其他电子设备（如中央处理器），通常由敏感组件和转换组件组成。RFID 就是一种最常用的传感器，主要包括感应式电子晶片或近接卡、感应卡、非接触卡、电子标签、电子条码等，现在已经广泛应用于我们的日常生活当中。RFID 系统一般由电子标签（Tag）、读写器（Reader）和计算机网络及数据处理系统（也称“RFID 中间件”或“应用软件”）三大部分组成。

（2）虚实融合控制技术　CPS 虚实融合控制是多层的“感知-分析-决策-执行”循环，建立在状态感知的基础上，感知往往是实时进行的，向更高层次同步或即时反馈。包括嵌入控制、虚体控制、集成控制和目标控制四个层次。

1）嵌入控制主要是利用嵌入式系统对物理实体进行操控。通过嵌入式软件，从传感器、仪器、仪表或在线测量设备中采集被控对象和环境的参数信息从而实现“感知”，通过数据处理来“分析”被控对象和环境的状况，通过控制目标、控制规则或模型计算来进行“决策”，向执行器发出控制指令来“执行”操作。然后不停地进行“感知-分析-决策-执行”的循环，直到完成操作目标。

2）虚体控制是指在信息空间进行的控制计算，主要针对信息虚体进行控制。虚体控制并不是必需的，但往往是非常重要的。其原因主要有以下两点：一是在嵌入式软硬件上实现复杂计算远不如在“大”计算环境（如云计算）下的计算成本低、效率高；二是我们需要通过控制目标、控制逻辑或模型计算向嵌入控制层发出控制指令，则必须同步跟踪物理实体的状态（感知信息）。

3）集成控制。在物理空间内，一个生产系统往往由多个物理实体构成，比如一条生产线会有多个物理实体，并通过物流或能流连接在一起。在信息空间内，主要通过 CPS 总线的方式进行信息虚体的集成和控制。

4）目标控制。对于生产而言，产品数字孪生的工程数据提供实体的控制参数、控制文件或控制指示，是“目标”级的控制，通过即时比对实际生产的测量结果或追溯信息收集到产品数据，判断生产是否达成目标。

3. 工业软件

工业软件是指专用于工业领域，为提高工业企业研发、制造、生产、服务与管理水平及工业产品使用价值的软件。工业软件是智能制造领域最为重要的一环，长期以来，许多核心工业软件都被国外巨头（如西门子等公司）垄断，却是我国智能制造领域的“无人区”，需要我们踏踏实实、坚定不移地去攻关。工业软件通过应用集成能够使机械化、电气化、自动化的生产系统具备数字化、网络化、智能化特征，从而为工业领域提供一个面向产品生命周期的网络化、协同化、开放式的产品设计、制造和服务环境。常见的 CPS 应用的工业软件技术主要包括嵌入式软件技术和基于模型的工程定义（Model Based Definition，MBD）技术等。

（1）嵌入式软件技术　嵌入式软件技术是把软件嵌入在工业装备或工业产品之中的技术。按实现功能划分，嵌入式软件通常可以分为嵌入式应用软件、嵌入式系统软件和嵌入式支撑软件三大类，它们被植入硬件产品或生产设备的嵌入式系统之中，从而达到自动化、智能化地控制、监测、管理各种设备和系统运行的目的，实现采集、控制、通信、显示等功能。嵌入式软件技术是实现 CPS 功能的载体，在 CPS 的控制、通信、计算、感知等各个环节随处可见嵌入式软件技术的身影。

（2）MBD 技术　MBD 技术是在 3D CAD 软件中使用 3D 模型（例如实体模型）、3D 产品制造信息（Product Manufacturing Information，PMI）和相关元数据来定义单个部件和产品组件的方法。所包含的信息类型包括几何尺寸和公差、组件级材料、装配级材料清单、工程配置、设计意图等，改变了传统的以工程图纸为主、以三维实体模型为辅的制造方法。通过 MBD 技术，CPS 的产品数据得以贯穿整个生产制造流程。

在 MBD 制造模式下，产品工艺数据、检验检测数据的形式与类型会发生很大变化。通过 MBD 技术，产品模型串联起了工业软件。工艺部门通过三维数字化工艺设计与仿真，依据基于 MBD 的三维产品设计数字模型建立三维工艺模型，生成零件加工、部件装配动画等多媒体工艺数据。检验部门通过三维数字化检验，依据基于 MBD 的三维产品设计数字模型、三维工艺模型，建立三维检验模型、制定检验计划。

（3）CAX/MES/ERP 软件技术　CAX（Computer Aided technologies，计算机辅助技术）是利用计算机技术来辅助产品的设计、分析和制造。CAX 合并了产品生命周期管理（Product Lifecycle Management，PLM）的许多不同方面，包括设计、有限元分析（Finite Element Analysis，FEA）、制造、生产计划、产品，实际上包括了 CAD、CAM、CAE、CAPP、CAS（Computer Aided Styling，计算机辅助造型）、CAT（Computer Aided Translation，计算机辅助翻译）、CAI（Computer Aided Instruction，计算机辅助教学）等各项技术。CAX 软件是 CPS 信息虚体的载体，信息虚体的原始要素定义和信息虚体之间接口的定义都是通过 CAX 软件来实现的。通过 CAX 软件，CPS 的信息虚体融入生产制造流程之中，从供应链管理、产品设计、生产管理、企业管理等多个维度，提升物理世界中的工厂/车间的生产效率，优化生产流程。

（4）MES 技术　MES 是用于制造、跟踪和记录原材料到成品的转换的信息化系统。MES 提供的信息有助于制造决策者了解如何优化工厂现有条件以提高产量，MES 可以实时工作进而控制生产过程的多个要素（例如输入、人员、机器和支持服务）。MES 的主要操作对象是 CPS 信息虚体，通过对信息虚体的操控，以网络化和扁平化的形式对企业的生产计划进行“再计划”，指令生产设备协同或同步动作，对产品生产过程进行及时的响应，使用当前的数据对生产过程进行及时调整、更改或干预等处理。同时信息虚体的相关数据通过 MES 收集整合，形成工厂的业务数据，通过工业大数据的分析整合，使其全产业链可视化，达到企业生产最优化、流程最简化、效率最大化、成本最低化和质量最优化的目的。

（5）ERP 技术　ERP 是核心业务流程的集成管理，通常是实时的。ERP 利用由数据库管理系统维护的通用数据库实现核心业务流程的集成，且不断更新。ERP 跟踪现金和原材料等业务资源、生产能力及采购订单和工资单等业务状态。组成系统的应用程序，在提供数据的各个部门（制造、采购、销售、财务等）之间共享数据，促进所有业务职能部门之间的信息流动，并管理与外部的利益相关者的联系。

4. 工业网络

信息从现场设备层向上经由多个层级流入企业层，这是经典的工业控制网络的金字塔层次模式。尽管这一模式得到了业界的广泛认同，但其中各层次之间的数据流动并不顺畅。金字塔每层的功能性要求不尽相同，所以各层往往采用不同的网络技术，使得不同层级之间的兼容性较差。此外，由于 CPS 对开放互联和灵活性的要求更高，金字塔模式已经成了制约 CPS 发展的障碍之一。CPS 中的工业网络技术将颠覆传统的基于金字塔分层模型的自动化控制层级，转而寻求基于分布式的全新范式。由于各种智能设备的引入，设备可以相互连接从而形成一个服务网络。每一个层面都可以进行基于嵌入式智能和响应式控制的预测分析，每一个层面都可以使用具有虚拟化控制和工程功能的云计算技术。CPS 不再像传统智能系统一样严格基于分层结构，高层次的 CPS 由低层次 CPS 互连集成、灵活组合而成。

从技术角度来看，CPS 网络主要涉及工业异构异质网络的互联互通和即插即用，但是异构异质网络的融合具有高度的复杂性，不同的网络在传输速率、通信协议、数据格式等方面具有很大差异。因此需要一些设备作为边缘网关，发挥连接异构网络的作用，将数据融合在 IP（Internet Protocol，互联网协议）网络中传输和控制。同时还需要统一的通信机制与数据互操作机制，使数据在不同网络间传输和交换，实现设备的互联互通。此外，为了适应柔性制造、小批量定制的需求，CPS 必须是灵活组合的，相应地，工业网络也必须是柔性的，即插即用的，从而实现资源的合理配置及生产效率的极大提高。在接入技术上，CPS 网络的实现主要通过有线网络，例如现场总线技术和工业以太网技术，以及无线网络和基于有线无线网络形成的柔性灵活的工厂网络；从网络类型来分，既有各种智能设备组成的专用协议局域网，也有基于通用 TCP/IP（Transmission Control Protocol，传输控制协议/IP）协议的公共互联网。

（1）现场总线技术　现场总线技术是自动化领域中的底层数据通信网络技术，是计算机、网络通信、超大规模集成电路、仪表和测试、过程控制和生产管理等现代科技迅猛发展的综合产物，主要解决工业现场的智能化仪器仪表、控制器、执行机构等现场设备间的数字通信及这些现场控制设备和高级控制系统之间的信息传递问题。现场总线作为工厂数字通信网络的基础，建立了生产过程现场与控制设备之间的联系及其与更高的控制管理层之间的联系。现场总线不止包含了一种通信线路或通信标准，而是囊括了多种通信标准。在 2003 年 4 月，IEC61158 Ed. 3 现场总线标准第 3 版正式成为国际标准，规定了 10 种类型的现场总线。总线在运动控制中的应用使得工业自动化控制技术在向智能化、网络化和集成化的方向发展，为自控设备与系统开拓了更为广阔的领域。现场总线的控制系统的特点主要有全数字化通信、开放型的互联网络、互可操作性与互用性、现场设备的智能化、系统结构的高度分散性、对现场环境的适应性。

（2）工业以太网技术　工业以太网源于以太网而又不同于普通以太网，要在继承和部分继承以太网原有核心技术的基础上，应对工业环境适应性、通信实时性、各节点间的时间同步性、网络的功能安全与信息安全性等问题，给出相应的解决方案，并添加控制应用功能；还要应对某些特殊的工业应用场合的网络供电、本安防爆等要求，给出解决方案。工业以太网使制造企业与多媒体世界无缝集成工业以太网的特色技术有应对环境适应性的特色技术、应对通信非确定性的缓解措施、实时以太网、网络供电、本质安全等。目前以太网收发器的功耗较高，低功耗以太网设备的设计还存在一些难点，真正符合本质安全要求的工业以太网还有待进一步发展。

（3）无线技术　无线局域网络（Wireless Local Area Network，WLAN），是一种利用无线技术进行数据传输的系统，该技术的出现能够弥补有线局域网络的不足，达到网络延伸的目的。由于其节省线路布放与维护成本，组网简单（常支持自组网且不需考虑线长、节点数等制约），已广泛应用于工业生产，如基于 IEEE 802. 15. 4 的 WirelessHART 与 ISA100. 11a 技术已有一些在资产管理、过程测量与控制、人机接口等方面的应用。此外，在某些高温、腐蚀等不适宜有线布放的环境下，无线网络几乎是唯一选择。常见的无线局域网有 WiFi 和 Zigbee，它们常用于工厂内非生产环境中，前者侧重于高速率，后者侧重于低功耗。此外，移动宽带技术 LTE、eLTE，低功率广域无线技术 NB-IoT、LTE-M、LoRa 等也在工业企业中有所应用。

5. 关键技术之工业云和智能服务平台

工业云和智能服务平台是高度集成、开放和共享的数据服务平台，是跨系统、跨平台、跨领域的数据集合中心、数据存储中心、数据分析中心和数据共享中心。工业云和智能服务平台能够推动专业软件库、应用模型库、产品知识库、测试评估库、案例专家库等基础数据和工具的开发集成和开放共享，实现生产全要素、全流程、全产业链、全生命周期管理的资源配置优化，以提升生产效率、创新模式业态，构建全新产业生态。这将使产品、生产机器、人、业务从封闭走向开放，从独立走向系统，将重组消费者、供应商、销售商及企业内部组织的关系，重构生产体系中信息流、产品流、资金流的运行模式，重建产业价值链和竞争格局。国际巨头正加快构建工业云和智能服务平台，向下整合硬件资源、向上承载软件应用，加快全球战略资源的整合步伐，抢占规则制定权、标准话语权、生态主导权和竞争制高点。与人体类比，工业云和智能服务平台构成了决策器官，可以像大脑一样接收、存储、分析数据信息，并形成决策。

工业云和智能服务平台通过边缘计算技术、雾计算技术、大数据分析技术等技术进行数据的加工处理，形成对外提供数据服务的能力，并在数据服务基础上提供个性化和专业化智能服务。

（1）边缘计算　边缘计算指在靠近物或数据源头的网络边缘侧，融合网络、计算、存储、应用核心能力的开放平台，就近提供边缘智能服务，满足行业数字化工程在敏捷连接、实时业务、数据优化、应用智能、安全与隐私保护等方面的关键需求。对于 SoS 级 CPS，其每一个 CPS 组成均具有计算和通信功能，通过每一个 CPS 的边缘计算，数据在边缘侧就能被解决，这更适应实时数据分析和智能化处理的需求。边缘计算聚焦实时、短周期数据的分析，具有安全、快捷、易于管理等优势，能更好地支撑 CPS 单元的实时智能化处理与执行，满足网络的实时需求，从而使计算资源更加有效地得到利用。此外，边缘计算虽靠近执行单元，但同时也是云端所需高价值数据的采集单元，可以更好地支撑云端的智能服务。

（2）雾计算　雾计算（Fog Computing）是云计算（Cloud Computing）的延伸概念，是由思科（Cisco）提出的。这个因“云”而“雾”的命名源自“雾是更贴近地面的云”这一名句。在该模式中，数据、数据处理和应用程序集中在网络边缘的设备中，而不是几乎全部保存在云中。雾计算是新一代的分布式计算，CPS 应用分布式的雾计算，通过智能路由器等设备和技术手段，在不同设备之间组成数据传输带，可以有效减少网络流量，数据中心的计算负荷也相应减轻。雾计算可以作为产品 CPS 或系统 CPS 之间的计算处理手段，以应对网络产生的大量数据。雾计算不仅可以解决联网设备自动化的问题，更关键的是，它对数据传输量的要求更小。

（3）大数据分析　大数据分析是指对规模巨大的数据进行分析。大数据分析技术将给全球工业带来深刻的变革，创新企业的研发、生产、运营、营销和管理方式，给企业带来了更快的速度、更高的效率和更深远的洞察力。工业大数据的典型应用包括产品创新、产品故障诊断与预测、工业企业供应链优化和产品精准营销等诸多方面。工业云和智能服务平台所支持的 CPS 技术可以通过大数据分析来实现上述创新。

2.2.3 CPS 关键技术

实现 CSP 的关键技术包括数字孪生技术和数字纽带技术。数字孪生技术是 CPS 的虚实映射特点的基础，为实现 CPS 提供了清晰的思路、方法和实施途径。数字纽带技术则构筑了信息空间与物理空间数据交互的闭环通道，以物理实体建模产生的静态模型为基础，通过实时数据采集、数据集成和监控，动态跟踪物理实体的工作状态和工作进展（如采集测量结果、追溯信息等），将物理空间中的物理实体在信息空间进行全要素重建，形成具有感知、分析、决策、执行能力的数字孪生，能够实现物理实体与信息虚体之间交互联动。借助信息空间对数据综合分析处理的能力，形成对外部复杂环境变化的有效决策，并通过以虚控实的方式作用到物理实体。

1. 数字孪生

数字孪生也称数字镜像、数字化映射、数字双胞胎，是指物理资产（物理双胞胎）的数字复制品，可用于各种目的的过程和系统。这一概念在制造领域上的使用最早可以追溯到美国国家航空航天局（NASA）的阿波罗项目，用于解决未来复杂服役环境下航空航天飞行器的维护问题及寿命预测问题，在数字空间建立虚拟的飞机模型。由美国空军研究实验室（U. S Air Force Research Laboratory，AFRL）在 2011 年正式提出。2015 年，美国通用电气公司（General Electric Company，简称 GE）计划基于数字孪生体，并通过其自身搭建的云服务平台 Predix，采用大数据、物联网等先进技术，实现对发动机的实时监控、及时检查和预测性维护。

数字孪生将人工智能、机器学习和软件分析与数据相结合，创建了生动的数字仿真模型，随着对应物理实体的变化而更新和更改。数字孪生不断从多个来源学习和更新，以表示其近实时状态、工作条件或位置，还可以将机器使用的历史数据整合到其数字模型中。数字孪生的概念模型包括三个主要部分：物理空间的实体产品、虚拟空间的虚拟产品、物理空间和虚拟空间之间的数据和信息交互接口。数字孪生以数字化方式为物理对象创建虚拟模型，来模拟其在现实环境中的行为。通过搭建整合制造流程的数字孪生生产系统，实现从产品设计、生产计划到制造执行的全过程数字化。数字孪生是一种超越现实的概念，可以被视为一个或多个重要的、彼此依赖的装备系统的数字映射系统。以飞行器为例，可以包含机身、推进系统、能量存储系统、生命支持系统、航电系统及热保护系统等，将物理世界的参数重新反馈到数字世界，从而可以完成仿真验证和动态调整。

数字孪生是智能制造系统的基础，其最为重要的启发意义在于实现了现实物理系统向信息空间数字化模型的反馈。这是一次工业领域中，逆向思维的壮举。人们试图将物理世界发生的一切，塞回到数字空间中。只有带有反馈回路的全生命跟踪，才是真正的全生命周期概念，这样就可以在全生命周期范围内，真正保证数字世界与物理世界的协调一致。大数据、物联网、移动互联网、云计算等新一代信息与通信技术的快速普及与应用，大规模计算、高性能计算、分布式计算等计算机科学技术的快速发展，以及机器学习、深度学习等智能优化算法的不断涌现，使得动态数据的实时采集、可靠与快速传输、存储、分析、决策、预测等成为可能，为信息空间和物理空间的实时关联提供了重要的技术支撑，确保了数字孪生与现实物理系统的适用性。

2. 数字孪生体

一般来讲，数字孪生体是指与现实世界中的物理实体完全对应为一致的虚拟模型，其可实时模拟其在现实环境中的行为和性能，也称为数字孪生模型。也就是说，数字孪生体是对象、模型和数据，而数字孪生是技术、过程和方法。因此需要注意，数字孪生不是指在数字虚体空间中的两个一模一样的虚拟事物，更不是物理复制或山寨。数字孪生是指在数字虚体空间中所构建的虚拟事物，与物理实体空间中的实体事物对应的、在形态和举止上都相像的虚实精确映射关系。

3. 数字纽带

伴随着数字孪生的发展，美国空军研究实验室和 NASA 也同时提出了数字纽带（Digital Thread，也译为数字主线、数字线程等）的概念。数字纽带是一种通信框架，它连接制造过程中传统的孤立元素，并在整个制造生命周期中提供资产的集成视图。我们将其更一般地定义为资产或资产的所有内容的集成视图。制造中数字纽带策略的最终目标是在降低成本的同时提高生产率和产品质量。通过深入了解产品生命周期的各个方面，进而可以在整个产品开发过程中做出更明智的决策。在设计与生产的过程中，依靠数字纽带，可以将仿真分析模型的参数传递到产品来定义全三维几何模型，再传递到数字化生产线来加工成真实的物理产品，再通过在线的数字化检测/测量系统反映到产品定义的模型中，进而又反馈给仿真分析模型。数据模型依靠数字纽带进行双向沟通，使 CPS 生命周期中各个环节的数字化模型保持一致。

数字纽带与数字孪生相互关联，相辅相成。数字孪生体现的是物理实体与虚拟信息的映射关系，数字纽带连接的是各具体环节的数字化模型。数字纽带集成了生命周期全过程的模型，这些模型与实际的智能制造系统和数字化测量检测系统进一步与 CPS 进行无缝地集成和同步，从而使我们能够从数字化产品看到实际物理产品可能发生的情况，预测和解决未来可能会出现的问题。

2.2.4 国内外 CPS 标准化情况

标准与技术同步是推动产业发展的有效模式。CPS 是推动行业发展、增强行业社会影响的新领域，其技术体系和应用方案有待完善，用标准助推创新发展是必要的手段。

目前美国 NIST、IEEE Institude of Electrical and Electronics Engineers，电子电气工程师协会及我国的一些机构均已开展了 CPS 标准的研究工作。NIST 于 2014 年 6 月成立了 CPS 公共工作组（CPS-PWG），联合相关高校和企业专家共同开展 CPS 标准研究，并于 2016 年 5 月发布了《信息物理系统框架》。该框架分析了 CPS 的起源、应用、特点和相关标准，并从概念、实现和运维三个视角给出了 CPS 在功能、商业、安全、数据、实时、生命周期等方面的特征。

IEEE 于 2008 年成立了 CPS 技术委员会（TC-CPS），致力于 CPS 领域的交叉学科研究和教育。TC-CPS 每年都举办 CPS Week 等学术活动及关于 CPS 各方面研究的研讨会。

中国电子技术标准化研究院于 2016 年 9 月发起联合国内百余家企事业单位并成立了信息物理系统发展论坛，共同研究 CPS 发展战略、技术和标准等。现已形成《信息物理系统白皮书（2017）》，以及两部成功立项的国家标准，即《信息物理系统参考体系架构》和《信息物理系统-术语和概念》，这两项标准正在制定过程中。

2.3　信息物理系统的建设和应用

2.3.1　CPS 在工业领域的应用

CPS 的受关注程度在与之相关的应用领域就可以体现出来，在《信息物理系统白皮书(2017)》发布后，相关产业逐渐发展。根据《信息物理系统白皮书（2017)》，CPS 在工业领域的应用主要有设计、生产、服务、应用四个方面，如图 2-6 所示。CPS 技术正处于发展时期，其中的内容会随着产业链的发展而不断完善，相关的应用体系也会不断扩充。

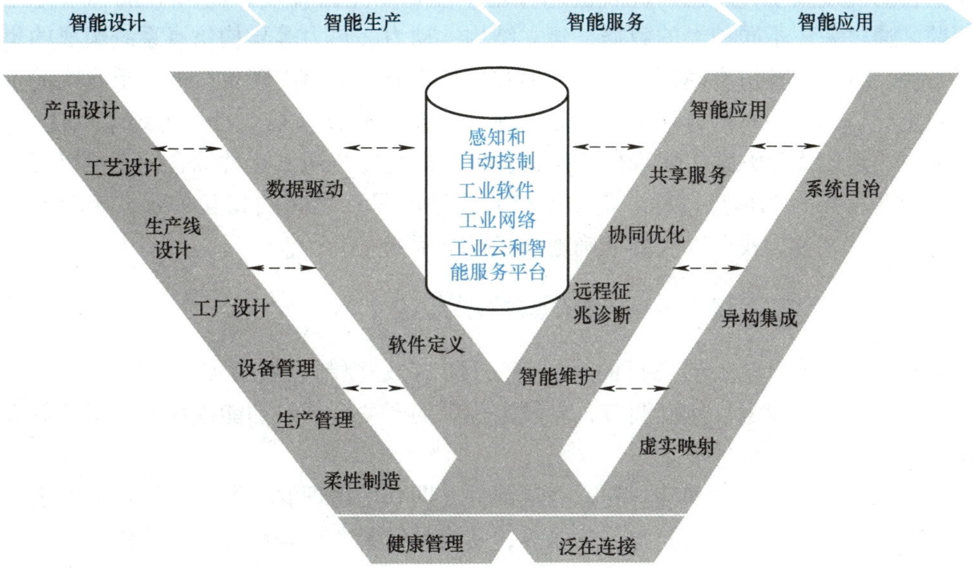

图 2-6　CPS 应用场景概览

2.3.2　CPS 功能视角

CPS 是面向未来的物理系统，正朝着柔性、自主、高效、可靠和安全的方向发展，并将自身发展成为可移植的模块，在未来的工业系统中，CPS 将成为大型工业体系的基础模块。CPS 是在物理的基础上通过计算和经济优化使系统成为综合系统，具体来说 CPS 需要具有 4 个方面的功能。

（1）资源数据的采集、整合、共享与应用　CPS 将大量的底层信息通过不同渠道传递到控制中心，数据的来源将会多种多样，数据量也会十分巨大，CPS 需要将采集到的大量数据进行有效的整合并划分为不同模块，为不同功能的实现提供数据基础。而数据的来源渠道往往不统一，它们之间又往往需要数据共享，因此 CPS 就要将采集到的数据进行处理，实现数据在不同场景中的应用。

（2）大量资源的控制与处理　CPS 需要实现对资源的协调使用，其工作效率对于整个系统具有至关重要的影响。从物理系统中获得的资源信息冗杂，若要在 CPS 控制中心实现对全部资源的处理会使得工作量过大，则工作效率会降低。这种情况下我们可以在分布式物理系统中加入嵌入式控制设备，使得数据可以在分布式物理系统中预处理一部分，并且各个分布式物理系统可以和 CPS 控制中心通信，实现局部或整体的优化。

(3) CPS 控制系统的管理　在物理系统中设置的嵌入式通信系统使 CPS 控制中心可以获得各分布式控制系统的信息，并且可以通过传输信号对各部分实现局部控制。这就使得设备在进行自我调节的同时也可以进行局部控制和总体控制，CPS 控制系统由此获得了对整个系统的管理优化。

(4) CPS 的综合仿真　CPS 通过通信对大量的传感器实时反映的数据不断进行收集，但与传统的物理方式不同的是，CPS 不仅可以收集物理系统传感器中的信息而且可以收集相关的信息系统的信息，例如分布式系统中的嵌入式系统的信息和通信信息。传统的仿真系统各自独立，在仿真过程中，系统的综合应用环境不能得到完整描述，而 CPS 能够很好地解决这个问题。通过采集不同种类的数据，建立结构、动力、热力等异构仿真系统组成的集成综合仿真平台，将数据及仿真模型以软件的形式进行集成，从而实现更全面、更真实的生产或产品使用工况仿真，同时结合知识库、专家库等信息，形成以某一目标为约束的优化算法，通过数据驱动形成优化方案，实现生产制造各环节的高度协同。这种综合仿真可以表达出物理过程（收集信息）和信息过程（信息系统的处理过程）之间的相互关系，相较于传统的物理信息系统，这种方式可以更加准确地描述 CPS 系统的行为。

2.3.3 CPS 典型应用场景——航天器控制系统

航天器控制系统是航天器飞行的最关键一环，它是控制着航天器的飞行轨道、动力单元、飞行形态、方向设定、速度调节、导航定位等的至关重要的功能模块，它保证航天器能够正确地完成复杂的飞行任务。

组成航天器控制系统的基础首先是测量部件，即利用物理源获取航天器信息的装置，如引力传感器、光传感器、惯性姿态传感器等；其次是航天器控制系统进行控制时需要的中心控制器，其一般是由中心控制器、模拟控制器和时钟组成；最后是执行机构，用于保持和改变航天器的姿态、轨道状态，这种执行机构包括推力器、动量轮及其他驱动装置等。

航天器控制系统需要具有三个基础模块指导其正常工作，它们恰好对应 CPS 的三个关键环节，分别是通信模块（CPS 感知环节）、计算模块（CPS 分析与决策环节）和控制模块（CPS 执行环节）。

首先是在通信方面，航天器控制系统首先需要接受来自地面的信号，并且能够将自身的数据传输到地面控制中心，另外需要自身各部分的信息能够有效传输，比如在航天器控制系统布置的各个传感器的信息要经过传输传递到控制中心，并且为了航天器的稳定安全，这种传输对时效性的要求很高。系统的运行建立在通信、计算和控制的交互协作上，突出了 CPS 的状态感知环节特征。

其次在计算方面，航天器控制系统既要执行各个局部单元的分布式计算，又要处理这些局部单元的协同计算。各类繁杂的计算工作，大到航线的规划，小到磁场的计算都对计算的精度、速度和一致性有着很高的需求，其中的基础就是各类传感器数据的处理和融合。在一些局部单元中，局部模块内嵌的计算处理器可以预先对数据进行计算，这些分布式计算与协同计算将共同处理。这种分布加协同的计算特点也契合了 CPS 的分析与决策环节特征。

最后是在控制方面，航天器控制系统的本质就是航天器控制的执行和反馈，通俗易懂地说，控制就是让航天器在不同状态间切换、不同运行模式的调整、自适应调节等。这种自适应调节的能力也契合了 CPS 的执行环节特征。

总之，航天器控制系统中的三个模块相互配合，各种通信信号的交互为计算和控制打下了基础，计算为控制提供了来源，而控制可以是人为控制，也可以是计算机通过校准定义后的自主控制。

参考文献

[1] 周济，李培根，周艳红，等. 走向新一代智能制造 [J/OL]. Engineering: 1-20 [2018-07-05]. http://kns.cnki.net/kcms/detail/10.1244.N.20180321.1606.002.html.

[2] 中国电子技术标准化研究院. 信息物理系统白皮书（2017）[EB/OL].（2017-03-02）[2018-08-03]. http://www.cesi.cn/201703/2251.html.

[3] 李必信，周颖. 信息物理融合系统导论 [M]. 北京：科学出版社，2016.

[4] 克勒德马赫，嵌入式系统安全 [M]. 北京：机械工业出版社，2015.

[5] 汉加尼. 物联网设备安全 [M]. 北京：机械工业出版社，2017.

[6] 康金城. 把握德国制造业的未来——实施“工业 4.0”攻略的建议 [EB/OL].（2013-09-01）[2018-08-22]. https://doc.mbalib.com/view/3a447da3247684d8c66bc5e9b35567a9.html,2018.08.22.

“两弹一星”功勋
科学家：王大珩

第 3 章

智能制造系统架构及参考模型

伴随着机械技术、电力技术和电子信息技术的几次革命性发展，制造业经历了蒸汽机时代、电气化时代和自动化时代，目前正逐步与 CPS 融合，向工业化与信息化融合的智能化模式转型。因此，产业资源虚拟化、制造过程信息化和制造产业服务化成为当前面向智能制造的重点研究方向。在制造模式转型的过渡期，已经涌现出了一批先进制造的技术，如制造资源计划（Manufacturing Resources Planning，MRPII）、企业资源计划（Enterprise Resource Planning，ERP）、产品数据管理（Product Data Management，PDM）、柔性制造系统（Flexible Manufacturing System，FMS）、计算机集成制造系统（Computer Integrated Manufacturing System，CIMS）、精益生产（Lean Production，LP）、虚拟制造系统（Virtual Manufacturing System，VMS）、全能制造系统（Holonic Manufacturing System，HMS）、敏捷制造系统（Agile Manufacturing System，AMS）、网络化制造（Networked Manufacturing，NM）及智能制造系统（Intelligent Manufacturing System，IMS）。

制造模式主要集中于分布式、网络化、虚拟化的制造框架。为提高制造系统的自治性和协同性，多智能体技术和人工智能技术被引入制造系统的设计研究中。近年来，云制造作为面向服务的新型制造模式，进一步将智能制造系统及关键技术研究的焦点移至服务领域，将生产决策、管理、控制等功能的智能化研究，以及不同产业智能制造的应用模式研究与面向服务的产业模式相结合。制造模式逐渐转型升级为智能制造新模式，其本质是关注智能机器与人在生产过程中的融合，旨在使机器具备自动识别、计算分析、构思推理、主动服务和决策判断能力，进而构成智能工厂。

3.1 智能制造的定义、内涵和特征

3.1.1 智能制造的定义

推动智能制造，能够有效缩短产品研制周期、提高生产效率和产品质量、降低运营成本和资源能源消耗，并促进基于互联网的众创、众包、众筹等新业态、新模式的孕育发展。

1. 美国“工业互联网”中的智能制造

美国“工业互联网”的主要含义是在现实世界中，机器、设备和网络能在更深层次与信息世界的大数据和分析连接在一起，带动工业革命和网络革命两个革命性的转变。三个核心元素是智能机器、先进分析方法及工作中的人。在华盛顿举办的“21世纪智能制造研讨会”指出，智能制造是对先进智能系统的强化应用，使得新产品的迅速制造、产品需求的动态响应及对工业生产和供应链网络的实时优化成为可能。

2. 德国“工业4.0”中的智能制造

德国“工业4.0”的概念包含了由集中式控制向分散式增强型控制的基本模式转变，目标是建立一个高度灵活的个性化和数字化的产品与服务的生产模式。在这种模式中，传统的行业界限将消失。核心内容可以总结为：建设一个网络（CPS），研究两大主题（智能工厂、智能生产），实现三大集成（纵向集成、横向集成、端到端集成），推进三大转变（生产由集中向分散转变、产品由趋同向个性转变、用户由部分参与向全程参与转变）。

3. “中国制造2025”的智能制造

2015年工信部相关文件中给出了“智能制造”的一个描述性的概念：智能制造是基于新一代信息技术，贯穿设计、生产、管理、服务等制造活动的各个环节，具有信息深度自感知、智慧优化自决策、精准控制自执行等功能的先进制造过程、系统与模式的总称。具有以智能工厂为载体、以关键制造环节智能化为核心、以端到端数据流为基础、以网络互联为支撑等特征，可有效缩短产品研制周期、降低运营成本、提高生产效率、提升产品质量、降低资源能源消耗。

从对智能制造的表述上看，德国一直用Smart Factory和Smart Manufacturing来表述智能工厂和智能制造；美国GE用的是Intelligent，强调智能装置、智能系统、智能决策；而我国强调信息深度自感知、智慧优化自决策、精准控制自执行。从战略手段上看，虽然美国、德国和中国对智能制造的表述方式不同，但三个国家的主要目的却是相同的。德国充分利用信息技术和信息物理系统等手段，将制造业向智能化转型；美国打破技术壁垒，促进物理世界和数字世界的融合；中国则以加快新一代信息技术与制造业深度融合为主线。主旨均是以CPS为核心的智能制造。

3.1.2　智能制造的内涵和特征

1. 内涵

关于智能制造，其内涵是实现整个制造业价值链的智能化和创新，是信息化与工业化深度融合的进一步提升。智能制造融合了信息技术、先进制造技术、自动化技术和人工智能技术。目前，智能制造的“智能”还处在“Smart”的层次，就是智能制造系统具有数据采集、数据处理、数据分析的能力，能够准确执行指令，能够实现闭环反馈，而智能制造的趋势是真正实现“Intelligent”的高级阶段，智能制造系统能够实现自主学习、自主决策，不断优化。目前，大部分国家开展的智能制造还处在数字化网络化阶段，其智能也只是在“Smart”阶段。

从智能制造的内涵可以得出图3-1所示的智能制造金字塔，其中，智能产品与智能服务可以帮助企业实现商业模式的创新，智能装备、智能产线、智能车间和智能工厂可以帮助企业实现生产模式的创新，智能研发、智能管理、智能物流与供应链可以帮助企业实现运营模式的创新，而智能决策则可以帮助企业实现科学决策。

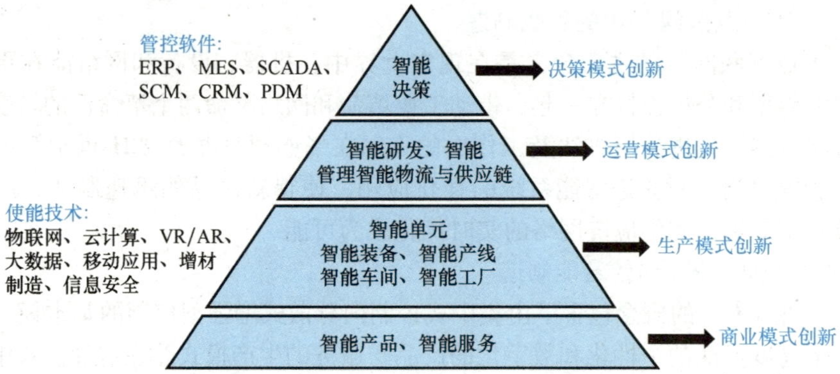

图 3-1　智能制造金字塔

SCM—Supply Chain Management，供应链管理　CRM—Customer Relationship Management，客户关系管理

（1）智能产品（Smart Product，SP）　智能产品通常包括机械、电气产品和嵌入式软件等，具有记忆、感知、计算和传输功能。典型的智能产品包括智能手机、智能可穿戴设备、无人机、智能汽车、智能家电、智能售货机等，智能装备也是一种智能产品。企业应该思考如何在产品上加入智能化的单元，提升产品的附加值。比如，在图 3-2 所示的智能汽车上添加车用智能感知系统，可对车辆自身、车辆行驶的周围环境和驾驶员状态等各种信息进行监测，如车速和加速度、发动机转速和温度等、前后车辆的间距、驾驶员疲劳度等信息，利用智能感知系统的信息进行决策规划，给驾驶员提出行驶建议或部分替代驾驶员对车辆进行自主控制操作。必要时，智能感知系统还会发出预警信息，主要包括碰撞预警、盲点预警、十字路口预警和行人检测预警等。预警对实现智能驾驶的发展起着重要作用，且传感器的增多及智能化也能够有效地提高自动驾驶技术的安全性。

图 3-2　智能汽车产品

（2）智能服务（Smart Service，SS）　智能服务的基础是传感器和物联网（Internet of Things，IoT）。传感器可以感知产品的各种状态，产品供应商可通过物联网实时查看产品的状态信息，并对产品进行预防性维护维修，及时帮助客户更换备品备件。还可以采集产品运营大数据，辅助企业进行市场决策。此外，企业通过开发面向客户服务的 APP，可以针对客户购买的产品提供有针对性的服务，从而锁定用户，开展精准服务营销。如图 3-3 所示，传感器网可收集各种设备的数据，APP 可根据检测的数据获取设备所需的服务或存在的问题，并通过知识库和库存选择服务或零件，并安排相关的工程师去现场开展服务使设备恢复到正常运行状态。

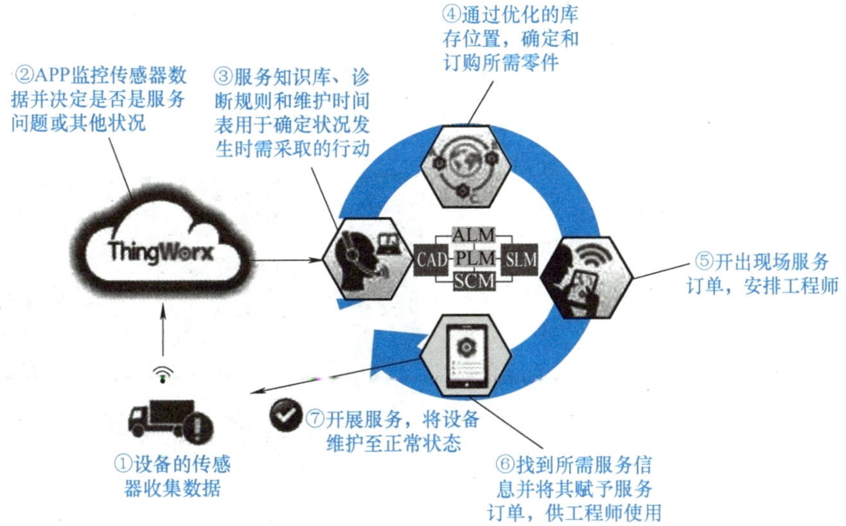

图 3-3　物联网驱动智能服务

（3）智能装备（Smart Equipment，SE）　制造装备经历了机械装备到数控装备，目前正在逐步发展为智能装备。智能装备具有检测功能，可以实现在机检测，从而补偿加工误差，提高加工精度，还可以对热变形进行补偿。以往一些精密装备对环境的要求很高，现在由于有了闭环的检测与补偿功能，可以降低对环境的要求。智能装备一个最基本的要求，就是要提供开放的数据接口，能够支持设备联网，国外叫作机器与机器（Machine to Machine，M2M）互联。

DMG MORI（德玛吉森精机）推出最新的复合加工中心 LASERTEC 65 如图 3-4 所示，该产品通过智能感知系统实时监测和测量机床部件的状态信息和特征参数，将测定的信息与规定的正常值进行比较，可实时判断机床的工作状态是否正常，如出现异常，可自行诊断机床的故障类型、严重程度和故障发生的部位及原因等，进而为现场的工作人员对设备的管理、控制及维修提供参考依据。而且该产品的数控系统具有标准的开放式数据接口，在智能化信息制造平台下，实现设备之间的通信和资源共享，便于实现统一化管理的功能。

图 3-4　DMG MORI 的复合加工中心

（4）智能产线（Smart Production Line，SPL）　很多企业需要通过自动化生产线来实现零件的自动化加工、装配和检测，比如钢铁、化工、制药、食品饮料、烟草、芯片制造、电子组装、汽车整车和零部件制造等。一些机械标准件生产企业也应用了自动化生产线，比如轴承、紧固件等。因此，自动化生产线、装配线和检测线是很多企业技术改造的重点。美国波音公司的飞机总装厂已建立了 U 形的脉动式总装线，脉动装配生产线可以设定缓冲时间，对生产节拍要求不高，当生产的某个环节出现问题时，可以不移动整个生产线，而留给下个站位去解决，当飞机的装配工作全部完成时，生产线就脉动一次。自动化生产线可以分为刚性自动化生产线和柔性自动化生产线。为了提高生产效率，工业机器人和吊挂系统在自动化生产线上应用越来越广泛。

目前，智能产线在我国制造企业的应用还处于起步阶段，但必然是发展的方向。智能产线的特点是：在生产和装配的过程中，能够通过传感器或 RFID 自动进行数据采集，并通过电子看板显示实时的生产状态；能够通过机器视觉和多种传感器进行质量检测，自动剔除不合格品，并对采集的质量数据进行统计过程控制（Statistical Process Control，SPC）分析，找出质量问题的成因；能够支持多种相似产品的混线生产和装配，灵活调整工艺，适应小批量、多品种的生产模式；具有一定柔性，如果生产线上有设备出现故障，能够调整到其他设备生产；针对人工操作的工位，能够给予智能的提示。如图 3-5 所示西门子成都电子工厂的总装线已经具有一定的智能水平。

图 3-5　西门子成都电子工厂的智能总装线

（5）智能车间（Smart Workshop，SW）　一个车间通常有多条生产线，这些生产线要么生产相似零件或产品，要么有上下游的装配关系。要实现车间的智能化，需要对生产状况、设备状态、能源消耗、生产质量和物料消耗等信息进行实时采集和分析，进行高效排产和合理排班。因此，无论什么制造行业，MES 成为许多企业的选择。

MES 是一个车间级的综合管理系统，可以帮助企业显著提升设备利用率，提高产品质量，实现生产过程可追溯和上料防错，提高生产效率。智能车间须建立工业物联网，能够实现生产指令的自动下达和设备与生产线信息的自动采集。很多企业可以通过分布式数控（Distributed Numerical Control，DNC）技术实现设备状态信息和加工代码的上传下达。另外，车间无纸化也是智能车间的重要标志，企业可以应用三维建模技术，将设计和工艺文档传递到工位。

应用数字孪生技术可以将 MES 采集到的数据在虚拟的三维车间模型中实时地展现出来，不仅提供车间的虚拟现实（Virtual Reality，VR）环境，而且还可以显示设备的实际状态，实现虚实融合。如图 3-6 所示的海尔胶州工厂的虚实融合智能车间应用，视频监控系统不仅记录视频，还可以对车间的环境、人员行为进行监控、识别与报警。如果工人未戴安全帽进入了特定的区域或意外滑倒等，都可以触发自动报警。该车间在温度、湿度、洁净度的控制和工业安全（包括工业自动化系统的安全、生产环境的安全和人员安全）等方面已达到智能化水平。

图 3-6　海尔胶州工厂的虚实融合智能车间应用

（6）智能工厂（Smart Factory，SF）　一个工厂的多个车间之间要实现信息共享、准时配送、协同作业。建立生产指挥中心，对整个工厂进行指挥和调度，及时发现和解决突发问题，这是智能工厂的重要标志之一。智能工厂必须依赖无缝集成的信息系统支撑，主要包括 PLM、ERP、CRM、SCM 和 MES 五大核心系统。大型企业的智能工厂需要应用 ERP 制订多个车间的生产计划（Production Planning，PP），并由 MES 根据各个车间的生产计划进行详细排产（Production Scheduling，PS），MES 排产的粒度是天、小时，甚至分钟。

如图 3-7 所示，某公司的智能工厂 SMT（Surface Mount Technology，表面组装技术）生产线主要包括 SMT 自动上板机、全自动锡膏印刷、在线 3D SPI（Solder Paste Inspection，锡膏厚度检测仪）、高速 SMD 零件贴装机、SMT 多功能贴片机、回流焊接、在线 AOI（Automated Optical Inspection，自动光学检测仪）、维修等重要工艺。在智能工厂中，机器人、SMT 贴片机和异形件插件机等负责全自动化的生产过程，MES 和 PLM 等负责生产线的管理，各种传感器负责产品的智能监测，搬运机器人负责生产物流，物联网和大数据负责整个工厂的透明化、可视化管理。这些先进的自动化生产设备及技术，从产品设计、物料配送、生产制造、包装入库和服务等一系列流程实现高度智能化的工厂生产操作。

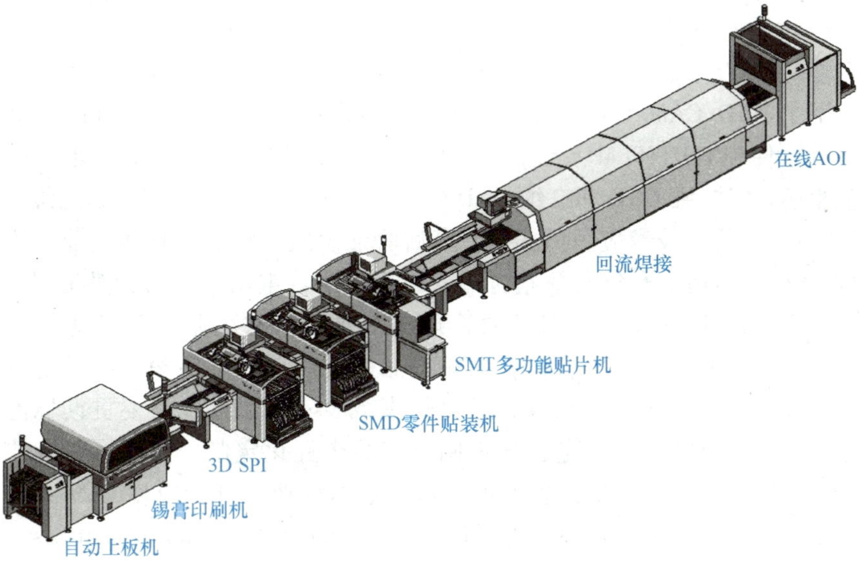

图 3-7　配备 SMT 生产线的智能工厂

另外，还有一些企业的生产环节也体现智能化。如图 3-8 所示，在三星移动工厂（Mobile Plant，MP）的智能管理和控制系统中，工人利用移动终端（智能手机）可以查询工单、开视频会议，遇到疑难问题时可以通过手机视频寻求专家解答。智能手机还配备了 RFID 和条码扫描的接口，可以进行数据的采集和控制，这是智能工厂的一个创新实践。一些企业的生产加工环节实现了刀具管理的智能化，通过在刀柄上植入 RFID 芯片，对刀具的全生命周期进行管理，从而提高刀具的使用寿命。一些企业实现了检测环节的智能化，依靠智能的检测仪器，检测结果能够直接进入信息系统，无须人工干预。展望未来，增强现实（Augmented Reality，AR）技术也将在智能工厂中大显身手。工人带上 AR 眼镜，就可以“看到”需要操作的工作位置，如需要拧紧螺栓的地方，当拧紧力矩达到应有值时，AR 眼镜会有相应提示，从而提高作业人员的工作效率。

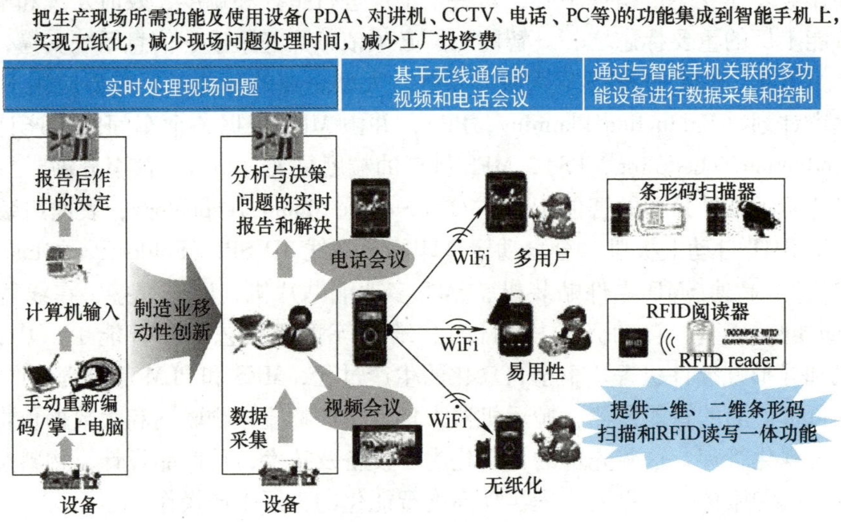

图 3-8　三星的移动工厂的智能管理和控制系统

（7）智能研发（Smart Research and Development，SRD）　离散制造企业在产品研发方面，已经应用了 CAD/CAM/CAE/CAPP/EDA（Electronics Design Automation，电子设计自动化）等工具软件和 PDM/PLM 系统，但是很多企业对这些软件的应用水平并不高。比如，很多企业还处于二维 CAD 和三维 CAD 软件混用的阶段，存档依然是二维，没有实现全三维 MBD 设计；仿真技术应用仍然处于事后验证阶段，没有实现仿真驱动设计；虽然应用了 PDM 系统，但还没有建立企业内部的通用件库，重用率不高；对工程、制造、服务物料清单（Bill of Materials，BOM）的管理还不到位等。企业要开发智能产品，需要机、电、软件等多学科的协同配合；要缩短产品研发周期，需要深入应用仿真技术，建立虚拟数字化样机，实现多学科仿真，通过仿真减少实物试验；需要贯彻标准化、系列化、模块化的思想，以支持大批量客户定制或产品个性化定制；需要将仿真技术与试验管理结合起来，以提高仿真结果的置信度。流程制造企业已开始应用 PLM 系统实现工艺管理和配方管理，实验室信息管理系统（Laboratory Information Management System，LIMS）应用比较广泛。

目前，在产品研发方面，已经出现了一些智能化的软件系统，成为智能研发的具体体现。Geometric 的 DFMPro 软件可以自动判断三维模型的工艺特征是否可制造、可装配、可拆卸，如图 3-9 所示；Autodesk 公司的 CAD Doctor 软件可以自动分析三维模型中存在的问题；天喻的协调设计软件用于依靠互联网实现客户、供应商和合作伙伴的协同设计；Altair 的拓扑优化软件可以在满足产品功能的前提下，减轻结构的重量；达索、西门子的系统仿真软件可以在概念设计阶段，分析与优化产品性能；西门子的 Teamcenter Manufacturing 软件用于工艺结构优化，可以更好地实现典型工艺的重用；开目软件公司的装配 CAPP 和机加工 CAPP 软件可用于三维参数化智能设计，华天软件、湃睿软件也有类似产品；此外，索为高科和金航数码合作，开发了面向飞机机翼、起落架等大部件的快速设计系统，也是一种智能研发应用软件，可以大大提高产品设计效率。

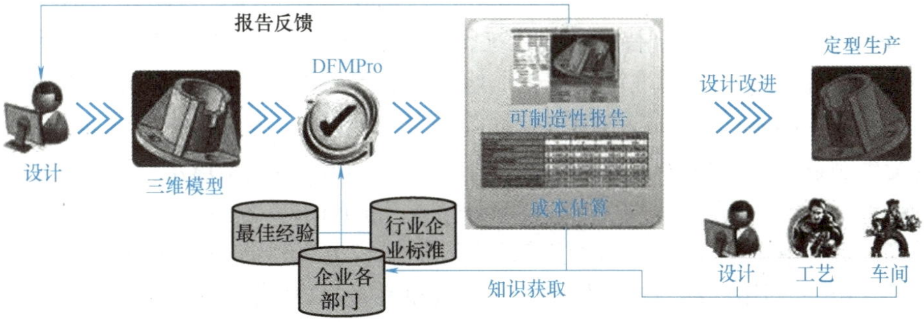

图3-9 DFMPro软件进行可制造性分析

（8）智能管理（Smart Management，SM） ERP是从MRP（Material Requirement Planning，物料需求计划）发展而来的新一代集成化管理信息系统，它扩展了MRP的功能。以销定产是其最基本的思想，供应链管理（Supplier Relationship Management，SRM）是其核心思想。ERP是集成人力资源管理（Human Capital Management，HCM）、企业资产管理（Enterprise Asset Management，EAM）、客户关系管理（Customer Relationship Management，CRM）等为一体化的企业管理软件。制造企业核心运营管理系统结构如图3-10所示，国内企业也把办公自动化（Office Automation，OA）作为一个核心信息系统。为了统一管理企业的核心主数据，近年来主数据管理（Master Data Management，MDM）也在大型企业开始部署应用。实现智能管理和智能决策，最重要的条件是基础数据准确和主要信息系统无缝集成。

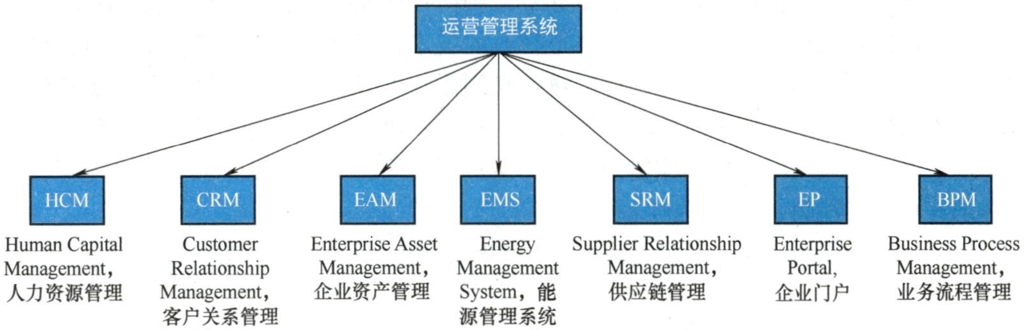

图3-10 制造企业核心运营管理系统结构

智能管理主要体现在管理方式与移动应用、云计算和电子商务的结合。例如，移动版的CRM系统可以自动根据位置服务确定销售人员是否按计划拜访了特定客户；许多消费品制造企业实现了全渠道营销，实现了多个网点系统与ERP系统的无缝集成，从而实现自动派单。此外，主流电梯制造企业纷纷研发了销售配置器软件系统，可以让销售人员根据客户的需求灵活地进行产品配置，快速进行报价，美国主流管理软件Epicor也包含了配置器功能。戴尔公司是基于互联网实现在线选配的先驱，宝马汽车也提供了在线选配的功能，海尔也开始了这方面的实践。BPM软件可以实现对业务流程的建模，实现业务流程的可视化、模拟与优化，这也是一个典型的智能管理应用。

（9）智能物流与供应链管理（Smart Logistics and Supply Chain Management，SL&SCM） 制造企业内部的采购、生产、销售流程都伴随着物料的流动，因此，越来越多的制造企业在重视生产自动化的同时，也越来越重视物流自动化。自动化立体仓库、自动导引运输车（Automated Guided Vehicle，AGV）、智能吊挂系统得到了广泛的应用。而在制造企业和物流企业的物流中心，智能分拣系统、堆垛机器人、自动辊道系统的应用日趋普及。仓储管理系统（Warehouse Management System，WMS）和运输管理系统（Transport Management System，TMS）也受到制造企业和物流企业的普遍关注。其中，TMS 涉及全球定位系统（Global Positioning System，GPS）和地理信息系统（Geographic Information System，GIS）的集成，可以实现供应商、客户和物流企业三方的信息共享。例如，上海科箭公司在 2015 年推出的运输云服务，其 TMS 云利用移动与社交技术，通过提供移动 APP 或公众号全程连接货主、承运商、司机与客户，实现多方实时协同。不仅能满足复杂的计费需求，还能为货主、客户、承运商一键生成同一本账单，节省大量人力物力。基于预设规则与约束条件，结合路径优化引擎，自动匹配车源，计划运输路线，节省物流运输费用。

实现智能物流与供应链的关键技术包括自动识别技术，例如 RFID 或条码、GIS/GPS 定位、电子商务、电子数据交换（Electronic Data Interchange，EDI），以及供应链协同计划与优化技术。其中，EDI 技术是企业间信息集成（Business to Business Integration，B2BI）的必备手段，其最重要的价值就是可以通过信息系统实现供应链上下游企业之间的通信，使得整个交易过程无须人工干预且不可抵赖。历经多年发展，主流的 EDI 技术已经可以基于互联网来传输数据。而我国很多大型企业建立的供应商门户，实际上只是一种 Web EDI，不能够与供应商的信息系统集成，供应商只能手工查询。德国 Seeburger 公司的 B2BI 平台支持各种 EDI 标准，通过 EDI/B2BI 报文给供应商自动发送需求信号，供应商根据报文发送紧急补货，或者提供按日或小时的消耗批量发运，不必登录到门户网站去查看生产厂发送的拉动信号。

供应链协同计划与优化是智能供应链最核心的技术，通过细分供应链和实时监控供应链数据等方式，实现从客户到供应商的供应链信息同步，可以实现供应链同步化，真正消除供应链的牛鞭效应，帮助企业及时应对市场波动。JDA 公司是该领域的重要厂商，IBM 也有优秀的解决方案。三星已实现了供应链同步化，通过厂商间的计划共享，减少多余库存，提高供应链的客户应对能力，如图 3-11 所示。

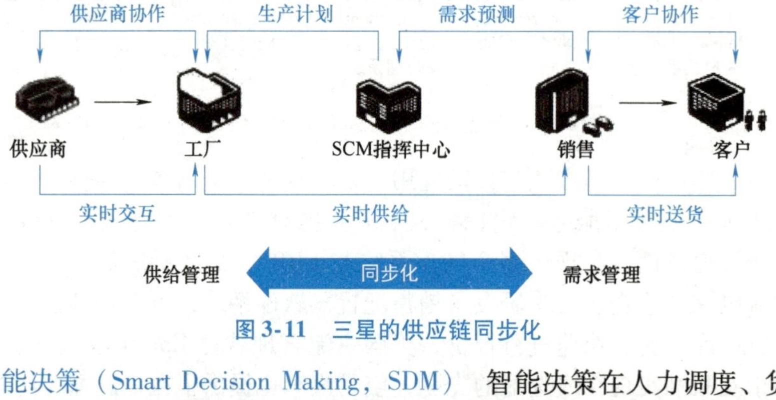

图 3-11 三星的供应链同步化

（10）智能决策（Smart Decision Making，SDM） 智能决策在人力调度、货物分配、资源优化等场景中扮演着重要的角色。它是基于数据和预测，量化相关的成本和收益，确定最优化的决策，从而实现数据再增值，最大程度地降低成本和提高效率。从数据到决策分为两个阶段：第一个阶段是由数据发现信息；第二个阶段是预测用户的需求，并做最优的决策，最大程度地降低成本和效率。例如，在计算资源的智能决策中，基于数据而非长期的人工观察，来了解该系统的当前乃至未来的状态。基于算法学习出适应这个系统的最优策略，而非基于运营经验来设计规则。这里的决策包括三个方面：时序预测，使用预测，实时监控市场及资源需求的变化；资源调度，如何用合理的策略调度资源，用最少的资源满足需求；智能运维，进行异常检测和根因分析。

资源调度优化应用在调度（dispatching）、均衡（balancing）、伸缩（scaling）等方面，需要在稳定性、利用率和可操作性等方面进行优化。但是资源（Physical/Logical/Sequential）和规则（Match/Exclusive）会约束调度的优化。比如某个应用来了之后，如何选择容器。如果容器不能放下，如何去做迁移，比如一个容器比较闲，一个比较忙，需要做负载均衡。还有如果资源超出负荷，如何根据伸缩，满足资源需求。资源调度面对的挑战是 NP 问题，它面向多个目标；实际中也有多种多样的约束（比如禁止迁入和迁出，打散，互斥等），而且资源调度需要处理上亿变量。

2. 特征

智能制造基于信息技术、自动化技术、传感技术、网络技术、自动化技术、人工智能技术等先进技术，通过智能化的感知、人机交互、决策和执行，实现产品设计、生产、管理、服务等制造活动的智能化，使得制造过程能够去中心化、自适应、自组织、自维护、具有高度柔性，是信息技术、智能技术与装备制造技术的深度融合与集成。因此，智能制造的典型特征是“状态感知——实时分析——自主决策——高度集成——精准执行”，如图 3-12 所示，即利用传感系统获取企业、车间和设备的实时运行状态信息和数据，通过高速网络实现数据和信息的实时传输、存储和结构化处理，根据分析的结果，按照设定的规则做出判断和决策，再将处理结果反馈到现场调整执行状态。智能制造技术实现了从人工智能到机器智能、从机器智能再到系统智能的进步和发展，其前提是产品和制造过程的数字化模型、数字化控制的工艺装备、网络化集成的制造系统、基于传感网络或知识库的智能化处理。

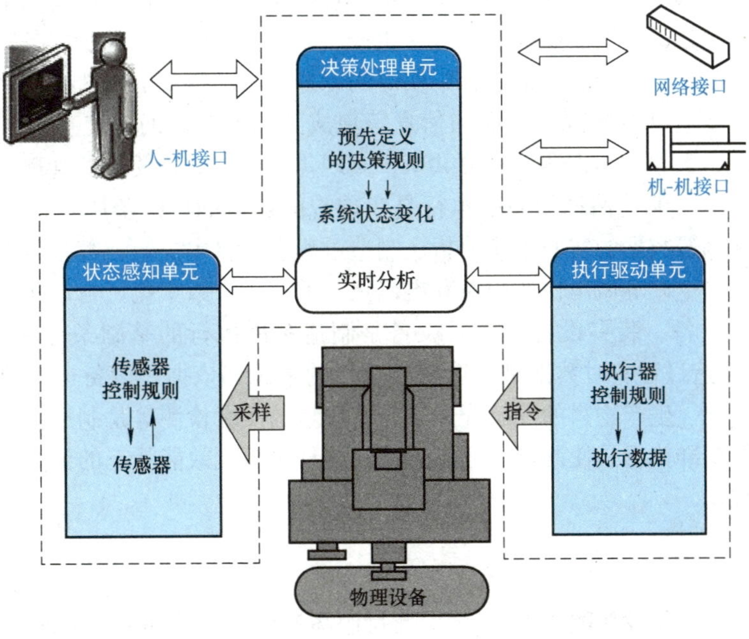

图 3-12　智能制造的特征

（1）状态感知　对制造车间人员、设备、工装、物料、刀具和量具等多类制造要素进行全面感知，完成制造过程中的物与物、物与人及人与人之间的广泛关联，是实现智能制造的基础。针对要采集的多源制造数据，通过配置各类传感器和无线网络，实现物理制造资源的互联、互感，从而确保制造过程多源信息的实时、精确和可靠获取，智能制造系统的感知互联覆盖全部制造资源及制造活动全过程。

（2）实时分析　制造数据是进行一切决策活动和控制行为的来源和依据。基于制造过程的感知技术获得各类制造数据，对制造过程中的海量数据进行实时检测、实时传输与分发、实时处理与融合等是数据可视化和数据服务的前提。因此，对制造数据进行实时分析，将多源、异构、分散的车间现场数据转化为可用于精准执行和智能决策的可视化制造信息，是智能制造的重要组成部分，对制造过程的自主决策及精准控制起着决定性的作用。

（3）自主决策　智能是知识和智力的总和，知识是实现智能的基础，智力是获取知识和运用知识求解的能力。智能制造不仅仅是利用现有的知识库指导制造行为，同时具有自学习功能，能够在制造过程中不断地充实制造知识库，更重要的是还有搜集与理解制造环境信息和制造系统本身的信息，以及自行分析判断和规划自身行为的能力。在传统的制造系统中，人作为决策智能体支配各类制造资源的制造行为，制造设备、工装等并不具备分析、推理、判断、构思和决策等高级的行为能力。而智能制造系统是一种由智能机器和人类专家共同组成的人机一体化系统，其制造资源具有不同程度的感知、分析与决策功能，能够拥有或扩展人类智能，使人与物共同组成决策主体，促使信息物理融合系统中更深层次的人机交互与融合的实现。

（4）高度集成　在实现制造业自动化、数字化和信息化的过程中，集成已成为制造系统的重要表现形式，涵盖了硬件设备和控制软件的集成、研发设计和制造的集成、管理和控制的集成、产供销的集成，以及 PDM、ERP、CAPP、MES 等企业信息系统的综合集成。对于智能制造而言，集成的覆盖面更加广泛，不仅包括制造过程硬件资源间的集成、软件信息系统的集成，还包括面向产品研发、设计、生产、制造、运营、管理、服务等产品全生命周期所有环节的集成，以及产品制造过程中实时的制造数据、丰富的制造知识之间的集成。智能制造将所有分离的制造资源、功能和信息等集成到相互关联的、统一的、协调的系统之中，使所有资源、数据、知识达到充分共享，实现集中、高效、便利的管理。

（5）精准执行　制造活动的精准执行是实现智能制造的最终落脚点，车间制造资源的互联感知、海量制造数据的实时采集分析、制造过程中的自主决策，都是对外部需求、企业运行状态、研发和生产等做出快速应对和准确执行的过程。数字化、自动化、柔性化的智能加工设备、测试设备、装夹设备、储运设备是制造精准执行的基础条件和设施，传感器、RFID 等获取的制造过程实时数据是制造精准执行的来源和依据，设备运行的监测控制、制造过程的调度优化、生产物料的准确配送、产品质量的实时检测等是制造精准执行的表现形式。制造过程的精准执行是使制造过程及制造系统处于最优效能状态的保障，也是实现智能制造的重要体现。

3.1.3　三大集成

智能制造的三个集成如图 3-13 所示。通过服务互联网对分布式的智能生产资源进行高度整合的横向集成，从产品生产制造角度的贯穿于企业底层的生产制造单元、MES 到上层

ERP 等的纵向集成，面向产品整个流程的从原料供应、研发设计、生产制造、销售服务等多个生产环节的端到端集成。端到端集成是客户价值的实现途径，横向集成和纵向集成则是这种价值最大化实现的保障，它们共同组成了智能制造体系。MES 是智能制造三个维度集成的交叉点和关键点。无处不在的传感器、嵌入式终端系统、智能控制系统、通信设施通过 CPS 形成智能的物联网络和务联网络，使人与人、人与机器、机器与机器以及服务与服务之间能够互联，从而实现横向、纵向和端对端的高度集成。集成是实现智能制造的重点也是难点。

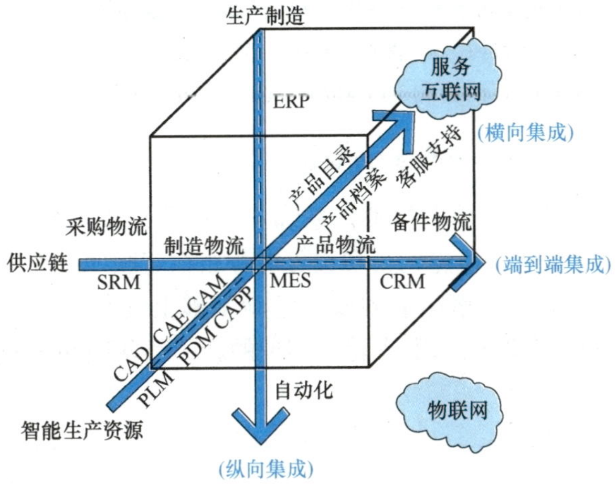

图 3-13　智能制造的三大集成

1. 横向集成

横向集成是企业之间通过价值链及信息网络所实现的一种资源整合，是为了实现各企业间的紧密合作，实时提供产品与服务。横向集成将企业内部的业务信息向企业外拓展，即拓展至供应商、销售商、用户等，进而实现企业与企业、企业与产品之间的协同，并形成相互协调的智能虚拟企业网络，推动企业间的研产供销、经营管理与生产控制、业务与财务全流程的无缝衔接和综合集成，实现产品开发、生产制造、经营管理和销售与售后服务等环节的不同企业间的信息共享和业务协同。在市场竞争牵引和信息技术创新驱动下，企业追求生产过中的信息流、资金流、物流的无缝衔接与有机协同，在过去这一目标主要集中在企业内部，但现在远远不够了，企业要实现新的目标：从企业内部的信息集成向产业链的信息集成发展，从企业内部的协同研发体系到企业间的研发网络发展，从企业内部的供应链管理向企业间的协同供应链管理发展，从企业内部的价值链重构向企业间的价值链重构发展。得益于互联网基础设施的完善，企业间的横向集成将在全球范围内进行。智能产品的价值网络横向地集成了各个智能工厂的相关信息，为智能制造服务，实现全球化智能生产的资源保障。

制造业普遍存在的工程变更协同流程就是一个典型的横向集成应用场景，通过横向集成，智能制造将激发技术发展和商业潜能，改变价值链，最终导致新商业模式的出现。如图 3-14 所示，横向集成是将不同的上下游企业集成在一起形成一个价值网络，企业可根据成本、质量等选择供应商，假如某一个供应商缺货，完全不影响产品的继续生产。客户也可通过横向集成实现个性化定制，根据自己的喜好、资金等选择供应商，并能实时查看产品的生产过程。通过横向集成，智能制造消除了中间环节，形成了一个新的商业模式。

图 3-14　智能制造的横向集成

IT（Information Technology，信息技术）系统和企业计划也许是跨洲越洋的，分布在互联网所在的任何地方。价值网络所连的公司也可能分布在互联网所在的任何地方。CPS 价值网络的横向集成是在世界范围网络制造的成功经验基础上（如 A380 飞机的制造），在 IoT 和 IoS（Internet of Service，务联网）的支持下实现的新的互联网网络制造，其机理如图 3-15 所示。

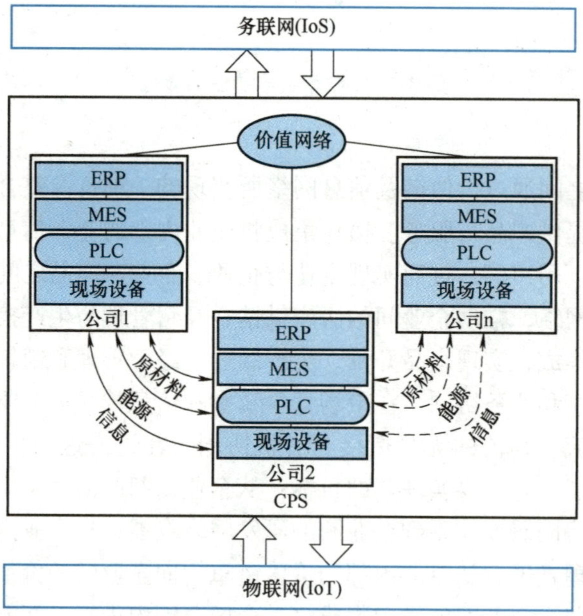

图 3-15　价值网横向集成

价值网络也包含了所连接的实体间的商业价值链。横向集成还有一些需要解决的问题，包括商业模式、不同公司间的合作形式、商业活动的持续发展、价值链连接的公司间的商业秘密保护、标准化策略、中长期的职工培训计划等。

2. 纵向集成

如图 3-16 所示，在传统的自动化金字塔结构的制造模式下，许多企业已经实现了信息化和自动化，但是这些企业上层的 IT 和 OT（Operation Technology，操作技术）之间是处于断开状态的，只是通过人来实施上下级之间的连接，且底层设备之间无法联网通信，导致工作效率低下。要想完全实现智能制造系统功能，必须改变制造系统结构中的基于金字塔分层模型的控制范式。现在智能制造的纵向集成需要建立一个基于 CPS 的网络结构，这是一个去中心化的新制造服务范式。由于各种智能设备的引入，设备可以相互连接从而形成一个网络服务。每一个相互连接的层面，都拥有更多的嵌入式智能和响应式控制的预测分析能力，也都可以使用虚拟化控制和工程功能的云计算技术，有了这些能力，使用新的方法来控制跨层级的更广泛的自动化操作就变为了可能。原先处于孤岛状态的管控软件也形成了网状结构，能很快响应生产过程中出现的各种问题，实现了生产过程的去中心化控制，提高了工作效率。

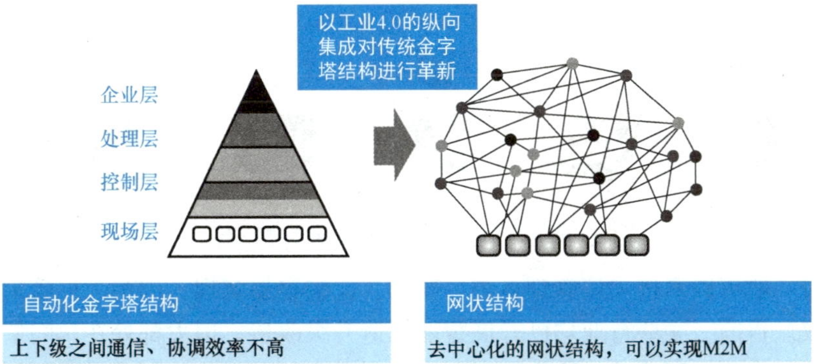

图 3-16　智能制造的 CPS 网状结构

如图 3-17 所示，对于传统的汽车生产线，虽然自动化和信息化水平都很高，但是产品的生产过程需要按照工艺流程进行，某一工位出现故障将导致生产停顿，无法体现智能制造过程。而未来的汽车生产线是非固定的，每一个工位具备多种功能，产品能根据实际的生产状况（如生产成本、工作负荷和设备状态等）动态地选择加工工位，假如某一工位出现故障，生产线不会停顿，且能实现个性化生产。

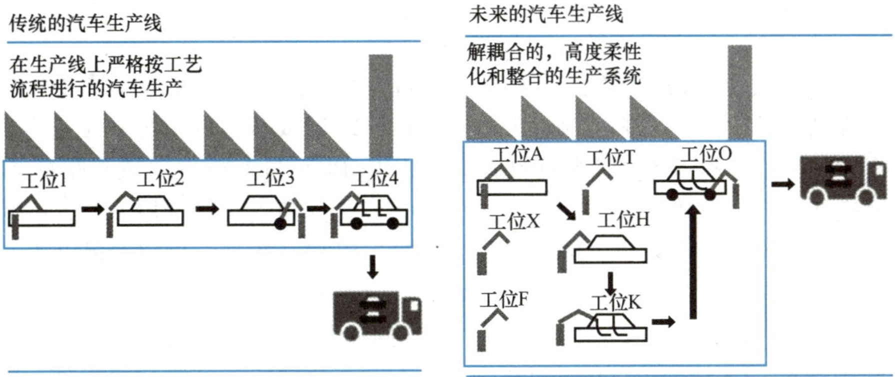

图 3-17　智能制造的网络化制造

纵向集成主要解决企业内部的集成，即解决信息孤岛的问题，解决信息网络与物理设备之间的连通问题。智能制造所追求的就是在企业内部实现所有环节信息的无缝连接，这是所有智能化的基础。纵向集成是基于未来智能工厂中网络化的制造体系，实现个性化定制生产，替代传统的固定式生产流程（如固定流水线）的关键实现，如图3-18所示。

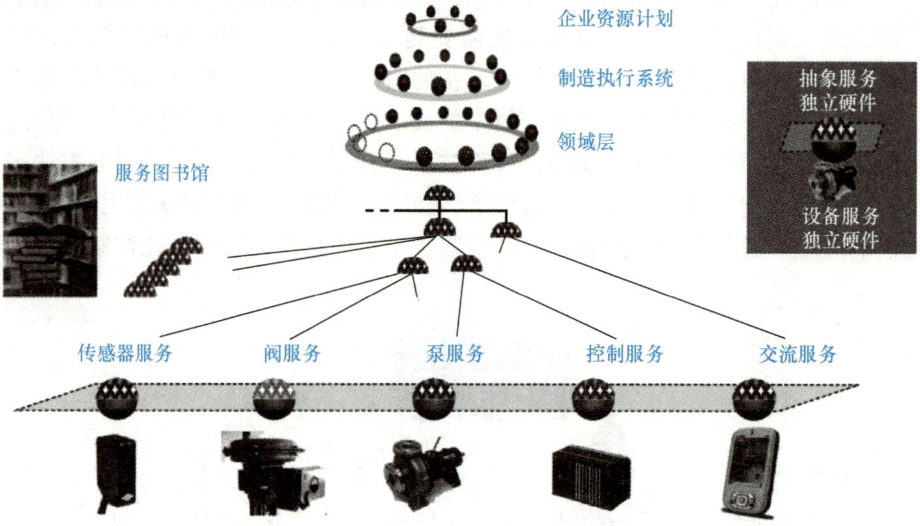

图3-18　智能制造的纵向集成

纵向集成一般可以通过工厂管理者统一要求，比较容易实现，因为工厂管理者拥有较大的资源调动权。目前，某些行业均已开展智能制造升级改造，但大都处在车间层面，即所谓的智能工厂或数字化工厂改造，这主要因为目前制造业的主要价值创造过程仍然在工厂，所以企业可以通过提升工厂的数字化水平来提升生产效益。另外，基于工厂边界的模式变革相对容易实现，产生的边界效应也容易获得管理层的认可。

如果一个企业能够高度纵向集成，则其可以完全控制从原材料到产品零售的整个生产过程。有些专家认为高度纵向集成可以提高企业网络化水平，可以使组织在交易市场中将交易成本降到最低，同时也可以更好地控制物流、促进信息交流。但这样也有不利的一面，比如高度的纵向集成并不能保证企业能为消费者提供最好的服务，以及有效地作出响应外界需求的变化。此外，高度纵向集成的企业往往组织庞大，管理机构相对复杂，对市场的反应速度相对较慢。

在企业纵向集成的信息化系统中，ERP、PDM、MES这三者都承担了重要的角色和任务，有利于提高企业运营过程中的执行力和减少信息滞留或截留的情况，为企业的信息共享、资源合理的配置和利用提供了有效的工具。ERP、PDM与MES三者既有联系又有区别，同时又相互交叉融合。总体上，在企业中的分工是，业务和生产管理用ERP，产品设计用PDM，与设备交互的生产现场作业用MES。若能把三者进行集成，即将产品开发与生产管理甚至仓储管理等打通，将有效缩短产品形成周期，加速产品设计到制造领域的转化，从而从根本上促进企业的智能化进程，对企业生产活动具有十分重要的现实意义。

ERP与MES集成系统的信息传递过程为：自上而下的信息流传递ERP系统的驱动数据（主要来源于客户订单和销售预测两个方面）至MES层，在MES层进行处理后将生成采购件的采购订单和自制件的工作订单；自下而上的信息流将底层控制系统的相关信息实时传送到MES层，再经MES处理后传送到ERP层。

将 PDM 与 MES 实现集成，则 PDM 系统的设计数据与 MES 的相应管理模块同步，即可直接将产品要求、设计和制造信息与车间执行系统连接。PDM 系统将完整的产品数据包通过内部通道传递给 MES，MES 内部的各个模块分别负责接收和存储不同类型的产品设计数据。PDM 与 MES 的集成解决方案是一种无缝连接的途径，不仅可以提高生产灵活性，还可以提高生产速度，提供创新的产品设计和优化的方法。PDM 与 MES 之间可以实现紧密地系统集成，如 Teamcenter 与 SIMATICIT 之间的数据同步并非传统意义上的通过中间文件方式实现，而是通过底层函数互调实现的，全盘考虑数据传输的效率和完整性，保证企业是在一个统一数据源的基础上实现。

3. 端到端集成

端对端集成是指贯穿整个价值链的工程化数字集成，是在所有终端数字化的前提下实现的基于价值链的不同公司之间的一种整合，这将最大限度地实现个性化定制。

所谓端到端就是围绕产品全生命周期，流程从一个端头（点）到另外一个端头（点），中间是连贯的，不会出现局部流程或片段流程，没有断点。从企业层面来看，ERP 系统、PDM 系统、组织、设备、生产线、供应商、经销商、用户、产品使用现场（汽车、工程机械使用现场）等围绕整个产品生命周期的价值链上管理和服务都是整个 CPS 网络需要连接的端头（点）。

端到端集成就是把所有该连接的端头（点）都集成互联起来，通过价值链上不同企业资源的整合，实现产品设计、生产制造、物流配送、使用维护的产品全生命周期的管理和服务，它以产品价值链来集成供应商（一级、二级、三级等）、制造商（研发、设计、加工、配送）、分销商（一级、二级、三级等），以及客户信息流、物流和资金流，在为客户提供更有价值的产品和服务同时，重构产业链各环节的价值体系。

由于整个产业生态圈中的每一个端头所使用的语言（通信协议）都不一样，数据采集格式、采集频率也不一样，要让这些异构的端头都连接起来，实现互联互通、相互感知，就需要一个能够实现“同声翻译”的平台，这个同声翻译平台就是企业服务总线，在这样一个平台上实现“书同文”“车同轨”，这样就可以解决集成的最大障碍最终实现互联互通。

端到端的集成即可以是内部的纵向集成，也可以是外部的企业与企业之间的横向集成，重点在于流程的整合，比如用户订单的全程跟踪协同流程就是将用户、企业、第三方物流、售后服务等产品全生命周期服务的端到端集成，如图 3-19 所示。

目前我国大部分制造企业在信息化建设的过程中，普遍存在信息孤岛的问题。所谓信息孤岛就是各个独立的系统，系统间未打通，信息很难及时、准确、有效地传递和共享，阻碍了各生产单元之间信息的有效传递，从而对整个生产系统带来了负面影响。系统集成就是要联通各个孤岛，实现信息的传递与共享。

整个工业生产过程中需要实现端到端的数字集成，使现实世界和数字世界在产品的整个生命周期所包含的价值链的各个环节之间实现整合，如图 3-20 所示。所谓智能制造的端到端的数字化集成，就是用户可以通过互联网参与产品的研发与制造的各个环节。智能制造中的端到端的集成更强调各生产阶段的终端设备的数字化集成。端到端的智能制造业务场景为：①不可能有哪一个 IT 厂商能够提供所有的 IT 系统，以支撑整个制造业的业务；②制造业的 4 个大环节中随时有信息的交换，需要协同，互联互通、相互感知；③业务场景模型中间的圆环是一个主系统模型，实现了与各个信息系统的关联。

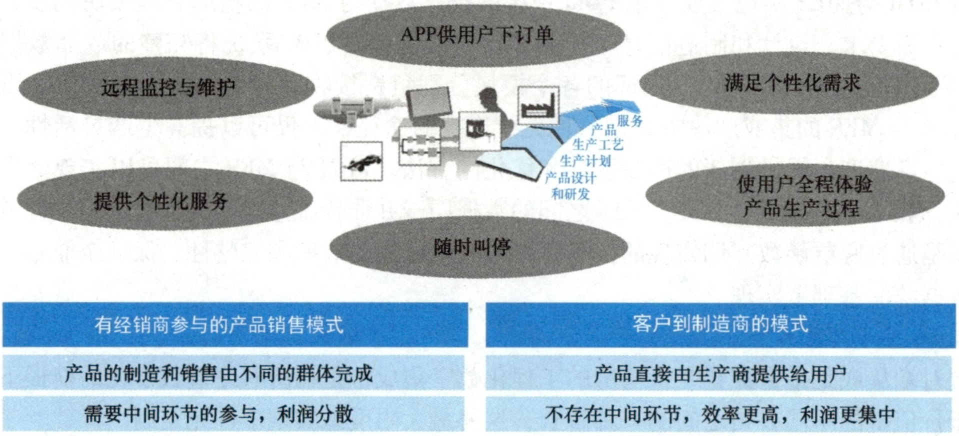

图 3-19　智能制造的端到端集成

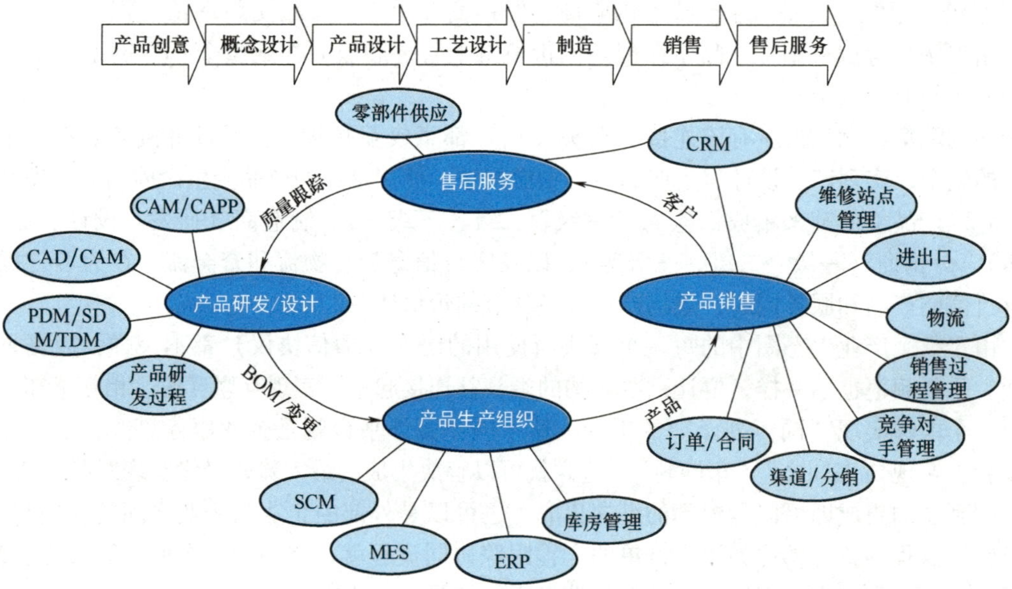

图 3-20　端到端的智能制造业务场景模型

在智能制造模式下，理想的状态是智慧工厂的下游都有共有的云，在云端集成了整个的供应链，实现物和物、服务和服务、人和人的对话。跨越全价值链的端到端的数字化集成是指通过部署 CPS，实现从产品需求到最终产品交付的全流程覆盖。通过数字化建模等方法，在一个端到端工程的工具链中，使得用户的所有需求信息与各个程序之间的相互依存关系能够标准化、准确、清晰、数字化、高效地描述、确认和传递，最终完成制造过程并输出结果，且输出结果与最初输入的需求完全一致，不产生任何偏差。把 CPS 技术应用于基于模型的开发的设计生产过程中，通过端到端集成，应用模拟、数值等方法，可以实现从客户需求定义到产品设计加工，再到成品完成出库等各个方面的配置。

3.2 智能制造系统架构

3.2.1 智能制造系统架构概述

智能制造是各国全面推进实施制造强国的重要途径，推进制造过程智能化的关键在于智能制造系统架构的建设。智能制造涉及多企业、多领域、多地域信息集成、应用集成和价值集成，其核心技术之一就是参考模型，它对统一智能制造认识和理解、实施智能化车间的建设和推广具有重要指导意义。

智能制造参考模型是公认且普遍使用的对象描述模型，定义了系统的基本概念和属性，描述了在其环境中元素、关系及其设计和演化的规则。智能制造参考架构的编制目标是使应用架构的各方达成统一认知，探索创新需求，建立可持续发展的生态系统。智能制造参考模型是一个适用于智能制造全价值链的所有合作伙伴公司的产品和服务，提供智能制造相关技术系统的构建、开发、集成和运行等方面的参考的一个框架，建立智能制造参考模型可以将现有标准（如工业通信、工程、建模、功能安全、信息安全、可靠性、设备集成、数字工厂等）和拟制定的新标准（如语义化描述和数据字典、互联互通、系统能效、大数据、工业互联网等）一起纳入一个新的全球制造参考体系。

1. 建立智能制造参考模型目的

（1）界定智能制造概念及范围　智能制造处于不断发展过程中，不同工程技术人员、专家学者和企业经营者等都对智能制造有不同理解。智能化车间是实施智能制造的主要载体，通过定义智能化车间参考模型可形成对智能制造的统一理解，确定智能化车间的边界范围，指导后续的实施工作。

（2）推广行业工作　智能制造参考模型具有行业特点，结合体有行业特点和业务工作的智能制造模型，可有效指导智能化车间的具体实施工作，并有助于形成体现行业特色的智能制造新模式，可在行业企业中快速复制和推广。

（3）指导智能制造相关标准的梳理和布局　标准工作是智能制造实施的主要保障之一。需要建立标准体系、研制核心关键标准以指导行业、企业实施智能制造。建立智能制造参考模型并基于参考模型对现有标准进行梳理，确定应补充建立的核心标准，对于智能制造的总体布局具有重要意义。

2. 智能制造参考模型特点

（1）行业特性　制造业生产复杂，覆盖不同行业的不同产品，如机械加工行业、电子制造行业、装备制造行业、铸造行业等。不同行业的生产工艺、制造装备、生产管理流程完全不同。因此数字化车间参考模型要真正发挥其指导意义，应具有鲜明的行业特性。

（2）多维度模型　智能制造涉及的内容广泛，包括车间运行管理、车间生产装备、人员管理、车间级通信集成等多个层面。智能制造参考模型偏宏观，可覆盖各个层面，但对智能化车间实施指导意义有限。体现业务的智能化车间模型，很难实现通过一个数字化车间参考模型覆盖所有内容。因此多维度智能化车间模型结合宏观智能制造参考模型可更好地指导企业有效实施智能制造。

3.2.2 智能制造相关参考架构模型

与智能制造标准化相关的国际组织有国际标准化组织（International Organization for Standardization，ISO）、国际电工委员会（International Electrotechnical Commission，IEC），以及各国家标准化机构、各行业技术组织等，如国家标准化管理委员会（Standardization Administration of the People's Republic of China，SAC）、国际自动化学会（International Society of Automation，ISA）、PLCopen（致力于促进控制软件编程方法、效率、规范等相关方面的独立于生产商和产品的国际组织）、开放设备网供货商协会（Open DeviceNet Vendor Association，ODVA）、OPC（OLE for Process Control，用于过程控制的OLE[⊖]）基金会等。国际电工委员会工业过程测量、控制和自动化技术委员会（IEC/TC65）和国际标准化组织自动化系统与集成技术委员会（ISO/TC184）是智能制造的两个核心技术委员会。ISO和IEC成立了多个特别工作组或战略咨询组，对智能制造参考架构进行分析和标准梳理，如国际电工委员会智能制造系统评估组（IEC SEG7）、国际标准组织工业4.0战略咨询工作组（ISO/SAG/I 4.0）等。目前已有多个国家、技术组织、标准化机构提出了智能制造相关的参考模型，见表3-1。比较有代表性的是德国工业4.0参考架构模型（Reference Architecture Model Industrie 4.0，RAMI 4.0）、中国智能制造系统架构（Intelligent Manufacturing System Architecture，IMSA）、美国NIST的智能制造生态系统模型（Smart Manufacturing Ecosystem，SME）、美国工业互联网联盟（Industrial Internet Consortium，IIC）的工业互联网参考架构（Industrial Internet Reference Architeture，IIRA）等。

表3-1 与智能制造相关的现有参考模型

序号	模型名称	制定组织
1	工业4.0参考架构模型	德国电工电子与信息技术标准化委员会
	Reference Architecture Model Industrie 4.0，RAMI 4.0	Deutsche Kommission Elektrotechnik Elektronik Informationstechnik，DKE
2	智能制造生态系统模型	美国国家标准与技术研究院
	Smart Manufacturing Ecosystem，SME	National Institute of Standards and Technology，NIST
3	工业互联网参考架构	美国工业互联网联盟
	Industrial Internet Reference Architeture，IIRA	Industrial Internet Consortium，IIC
4	中国智能制造系统架构	中国国家标准化管理委员会 智能制造总体组
	Intelligent Manufacturing System Architecture，IMSA	Standardization Administration of the People's Republic of China，SAC
5	物联网概念模型	国际标准组织/国际电工委员会 物联网战略咨询工作组
		ISO/IEC JTC1/WG10
6	IEEE 物联网参考模型	美国电气和电子工程师协会 物联网工作组
		IEEE（Institute of Electrical and Electronics Engineers）P2413

⊖ OLE是Object Linking and Embedding的简称，其含义为对象连接与嵌入。

（续）

序号	模型名称	制定组织
7	ITU 物联网参考模型	国际电信联盟 物联网和智慧城市研究组
		ITU（International Telecommunication Union）T SG20
8	OneM2M 物联网架构参考模型	物联网领域国际标准化组织
		OneM2M
9	全局三维模型	国际标准化组织 自动化系统与集成技术委员会
		ISO/TC184
10	智能制造标准路线图框架	法国未来工业联盟
		Arbeitsgemeinschaft Industrieller Forschungsvereinigungen，AIF
11	工业价值链参考架构	日本工业价值链计划
	Industrial Value Chain Reference Architecture，IVRA	Industrial Value Chain Initiative，IVI

1. 德国工业 4.0 参考架构模型（RAMI 4.0）

2015 年 4 月，德国在汉诺威工业博览会上第一次介绍了 RAMI 4.0，对模型的各层级关系和细节进行了规范，是工业 4.0 概念落地实施的指导性文件，架构的提出对标准化和应用等工作提供了参考。

在对工业 4.0 的讨论中需要考虑不同的对象和主体。其对象既包括工业领域不同标准下的工艺、流程和自动化过程也包括信息领域方面的信息、通信和互联网技术等。为了形成对标准、实例和规范等工业 4.0 内容的共同理解，需要制定统一的框架模型作为参考。RAMI 4.0 是从产品生命周期与价值流、系统级别和活动层次三个维度对工业 4.0 进行多角度描述的一个框架模型，代表了德国对工业 4.0 所进行的全局式的思考。有了这个模型，各个企业（尤其是中小企业）就可以在整个体系中寻找到自己的位置。

如图 3-21 所示，RAMI 4.0 的三个维度可以充分体现智能制造的核心要素，这种表现形式会给人一种每个要素都彼此耦合的假象，但实际情况是部分要素彼此之间仅弱相关或无关。

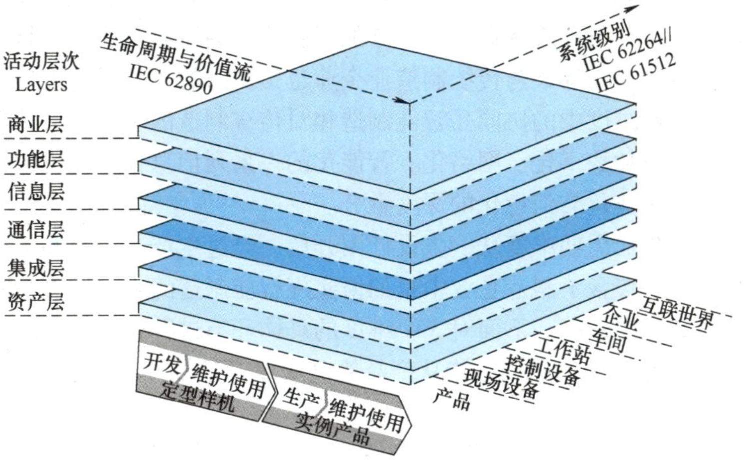

图 3-21 德国工业 4.0 参考架构模型示意图

工业 4.0 参考架构模型具有如下特征：

1）基于欧洲标准化委员会（European Committee for Standardization，CEN）和欧洲电工标准化委员会（European Committee for Electrotechnical Normalization，CENELEC）制定的智能电网架构模型（Smart Grid Architecture Mode，SGAM）。

2）具有三个维度，分别是生命周期和价值流、系统级别和活动层次。

3）强调三个集成，分别是企业内网络化制造体系纵向集成、企业间横向集成、全生命周期端到端工程数字化集成。

4）智能工厂是实现 RAMI 4.0 的最小单元。

5）依靠嵌入式智能。所有制造单元都是带有本地软件的嵌入式设备或系统，所有制造单元都具有自组织的计算和通信功能，大量部署各类传感元件实现信息的大量采集，利用自动化技术实现智能制造单元间的集成。

6）应用智能产品。产品上的电子标签具有制造过程中各阶段所必需的全部信息，如标识、位置、状态、路线等。

7）实现制造系统自治。能够实现互联制造单元的自组织（自组织生产），以及制造步骤根据订单情况的灵活定制（自组织工艺）。

2. 中国智能制造系统架构（IMSA）

2015 年 12 月，中国国家标准化管理委员会智能制造总体组发布了智能制造系统架构，为智能制造的十大重点领域的应用提供了参考。

在智能制造系统中，机器智能和人的智能将紧密地集成在一起协同工作。首先，智能制造系统中的所有要素均处于同一 CPS 世界，完备的虚拟世界与全自动化的物理系统深度交融；同时，人作为智能制造系统的重要因素，与系统中其他因素间的交互方法与交互信息量也获得了极大的丰富。这些大量、深度而有序的信息交互使得制造系统中的各因素相互依托，共同构成具有自循环、自优化特性的制造环节。其次，基于开放平台架构的智能制造系统提供了良好的系统集成与拓展功能。若干低层级的智能制造系统、辅助制造装备及附着于其上的应用系统共同构成高层级的智能制造系统，并最终构成统一的智能制造生态环境。

智能制造系统架构如图 3-22 所示。在产品生命周期维度，智能制造与传统制造业是类似的，但是在设计等环节与传统制造业相比增加了企业间的协同合作，实行了横向集成。系统层级从设备到企业的 4 个环节与传统制造业企业也是类似的，只是每个环节的内涵和外延都有了相应的扩展，此维度中的协同是智能制造相对传统制造的一个新的特点。智能功能维度则是让产品和工厂更加数字化、网络化、智能化的一系列信息技术的集中体现。整个智能制造系统架构体现了工业化与信息化的深度融合。

总体来讲，产品生命周期维度从一张设计图开始，经过生产、物流和销售，最后被消费者使用；系统层次维度包含了制造企业中是如何实施智能制造的；而智能功能维度则给产品和制造企业插上了智能的翅膀。下面对 3 个维度的具体环节进行详细介绍。

（1）生命周期维度　生命周期是指从产品原型研发开始到产品回收再制造的各个阶段，包括设计、生产、物流、销售、服务等一系列相互联系的价值创造活动。生命周期的各项活动可进行迭代优化，具有可持续发展等特点，不同行业的生命周期构成大致相同，如图 3-23 所示。

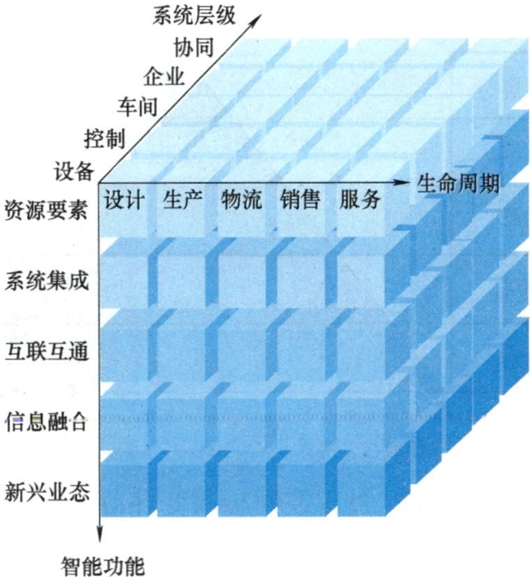

图 3-22 智能制造系统架构

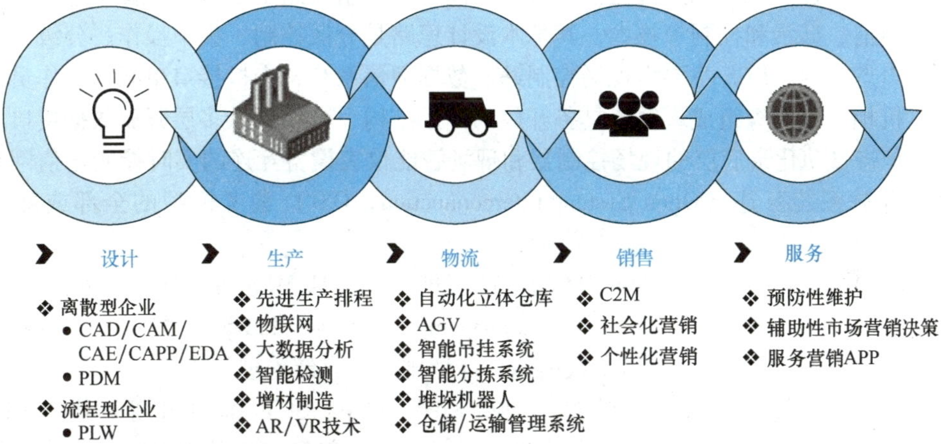

图 3-23 生命周期维度

（2）系统层级维度 系统层级维度自下而上共 5 层，分别为设备层、控制层、车间层、企业层和协同层，如图 3-24 所示。智能制造的系统层级体现了装备的智能化和 IP 化，以及网络的扁平化趋势。

1）设备层是制造的物质技术基础，它包括传感器、仪器仪表、条码、射频识别、机械、机器、装置等。

2）在控制层中，各种类型的控制系统被囊括在一起，它包括 PLC、SCADA、DCS（Distributed Control System，分布式控制系统）和 FCS（Fiedbus Control System，现场总线控制系统）等。

PLC 是采用可编程的存储器，用于其内部存储程序，执行逻辑运算、顺序控制、定时、计数与算术操作等面向用户的指令，并通过数字或模拟式输入/输出控制各种类型的机械或生产过程的控制设备。从实质上来看，PLC 是一种专用于工业控制的计算机，其硬件结构与微型计算机基本相同。

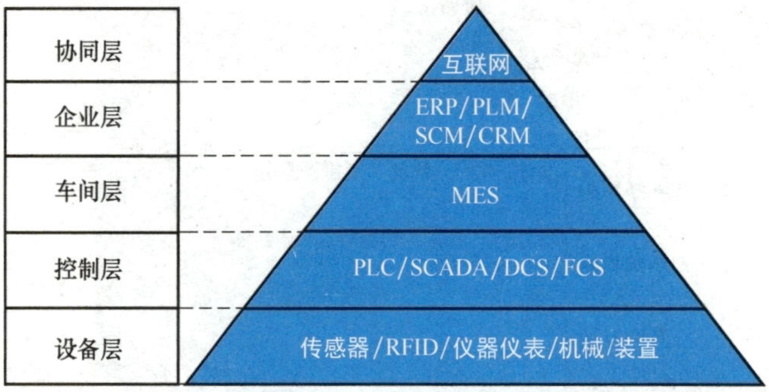

图 3-24　系统层级维度（1）

SCADA 是以计算机为基础的生产过程控制与调度自动化系统，它可以对现场的运行设备进行监视和控制。SCADA 系统中涉及组态软件、数据传输链路、工业隔离安全网关等。其中工业隔离安全网关用于防止病毒入侵，保证工业数据和信息的安全，工业上大多数场合都需要用到这种安全防护性的网关。

DCS 是由过程控制级和过程监控级组成的以通信网络为纽带的多级计算机系统，综合了计算机、通信、显示和控制等技术，其基本设计思路是分散控制、集中操作、分级管理、配置灵活、组态方便。DCS 主要由现场控制站、数据通信系统、人机接口单元、操作员站、工程师站、机柜、电源等组成。系统具备开放的体系结构，可以提供多层开放数据接口。

FCS 是将自动化最底层的现场控制器和现场智能仪表设备互连的实时控制通信网络，遵循 ISO 的开放系统互连（Open System Interconnection，OSI）参考模型的全部或部分通信协议。

3）车间层体现了面向工厂和车间的生产管理，它包括 MES 等。MES 又可进一步分为工厂信息管理系统（Process Information Management System，PIMS）、先进控制系统（Advanced Process Control，APC）、历史数据库、计划排产、仓储管理等。

4）企业层是面向企业的经营管理，包括 ERP、PLM、SCM 和 CRM 等。其中，ERP 最早由美国 Gartner Group 公司于 1990 年提出，是指建立在信息技术基础上，以系统化的管理思想，为企业决策层及员工提供决策运行手段的管理平台。

5）协同层是智能制造相对传统制造的特点，体现了企业之间的协作过程。它是由产业链上不同企业通过互联网络共享信息，实现协同研发、智能生产、精准物流和智能服务等。协同层超出了传统企业的范畴，包括产业链上下游，以及大型企业的不同子公司等，通过互联网进行全方位的协同和信息分享。

同国际上其他相关的系统层级维度，例如 IEC 62264 国际标准中提出的传统制造过程的五层架构，以及德国的 RAMI 4.0 相比，我国提出的系统层级架构体现了当今智能制造发展的趋势，即装备智能化、IP 化、网络扁平化和系统的云端化，如图 3-25 所示。

（3）智能功能维度　在智能功能维度，自上而下包括资源要素、系统集成、互联互通、信息融合、新兴业态。特别的，以互联互通为目标的工业互联网作为一个重要的基础支撑，实现了物理世界和信息世界的融合，与业界广泛讨论的 CPS 不谋而合，如图 3-26 和图 3-27 所示。

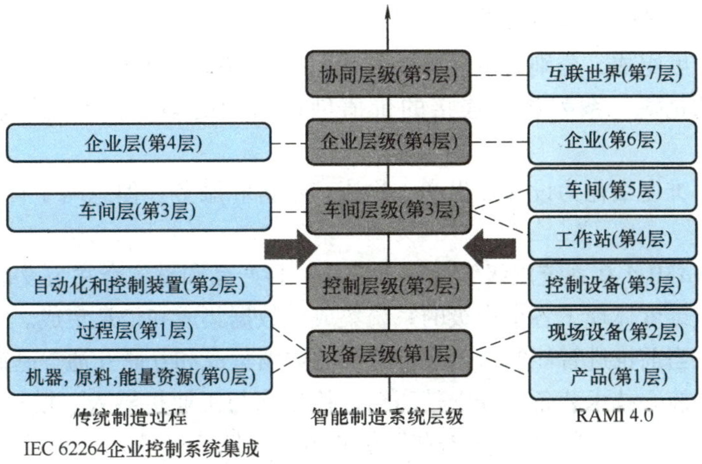

图 3-25　系统层级维度（2）

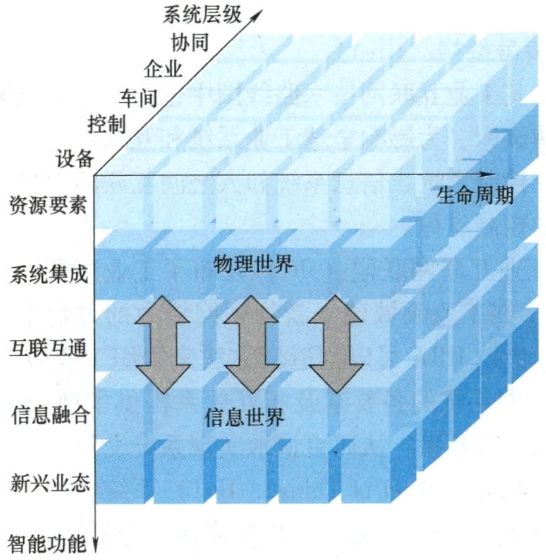

图 3-26　智能功能维度（1）

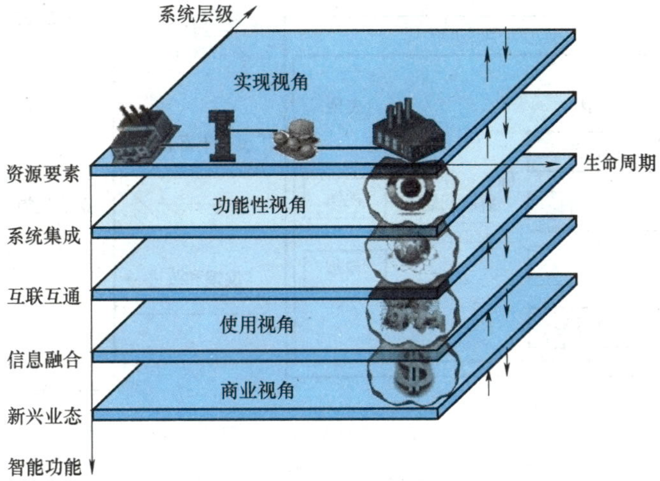

图 3-27　智能功能维度（2）

中国智能制造系统架构具有如下特征：

1）由三个维度组成，分别是生命周期、系统层级和智能功能。

2）生命周期是指一系列相互连接的价值创造活动的集成，不同行业有不同的生命周期。

3）生命周期维度细化为设计、生产、物流、销售和服务，但忽略了样品研制和产品生产的区别。

4）相对于 RAMI 4.0 系统层级维度作了简化，将产品和设备合并为设备层级。

5）智能功能维度体现了各个层级的系统集成、数据集成和信息集成。

6）重点解决当前推进智能制造工作中遇到的数据集成和互联互通等基础瓶颈问题。

7）强调五种核心技术装备，分别是高档数控机床与工业机器人、增材制造装备、智能传感与控制装备、智能检测与装配装备和智能物流与仓储装备。

8）强调五种新模式，分别是离散制造、流程制造、网络协同制造、大规模个性化定制和远程运维服务。

3. 美国工业互联网参考架构（IIRA）

与德国类似，美国在其工业互联网技术路线图中也提出了系统架构和应用案例，并计划建立工业应用案例库和测试床，为影响全球工业系统和互联网的全球标准制定奠定基础。工业互联网是机器、物品、控制系统、信息系统和人之间互联的网络，为智能制造提供信息感知、传输、分析、反馈和控制支撑。

2015 年 6 月，美国工业互联网联盟（IIC）发布了工业互联网参考架构（IIRA），其结构和应用如图 3-28 所示。在工业领域建立新物联网能力的过程中，IIRA 是重要的第一步，将帮助开发者更快反应。借助 IIRA 可以创造新方法来组织工业应用，从设计主导向实用主导转变。IIRA 为工业互联网系统的各要素及相互关系提供了通用语言。在通用语言的帮助下，开发者可为系统选取所需要素，从而更快地实现系统交付。它首先确定并强调了不同产业领域工业互联网（Industrial Internet of Things，IIoT）系统中最重要的架构关注点，并且将其和各自的利益相关者分类为不同的视图。IIRA 描述、分析并指导解决了互操作性和连通性等问题，得出了一个抽象的架构表现，是工业互联网架构参考和实施的重要视图。

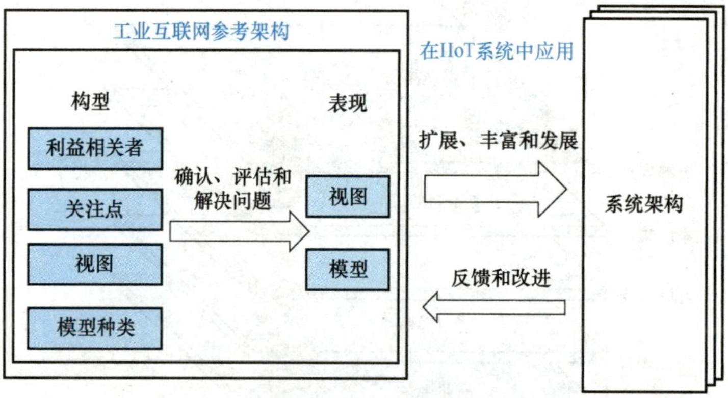

图 3-28 IIRA 结构和应用

为实现各层级的功能，需要 9 个共性能力，包括：①生产安全；②信息安全、隐私保护；③适应性（可恢复性）；④集成性、互操作性、可组合性；⑤可连接性；⑥数据管理；⑦先进数据处理和分析；⑧智能弹性控制；⑨动态组合灵活调整。

IIRA 中视图应用范围和系统生命周期的关系如图 3-29 所示，业务、使用、功能和实施视图有助于系统地确定 IIoT 系统关注点和利益相关者，汇聚相似或相关的关注点，进而有效地分析和解决关注点，通常在关注点所属的视图内对其进行研究。但是，这并不表明系统关注点一直在视图内解决，与其他视图无关。几个视图的排序反映了各视图之间的一般互动模式，一般来说，高层次视图的决策能够指导下级视图，并对其提出要求。另一方面，下层视图中对关注点的思考能够验证甚至修改上层视图的分析和决策。IIRA 以通用框架为开端，寻找普通架构模型来确保通用的应用范围，且架构关注点不仅局限于系统设计阶段，还需要在整个生命周期予以考虑和关注，参考架构通过不同的视图为 IIoT 系统生命周期流程的概念设计提供指导。

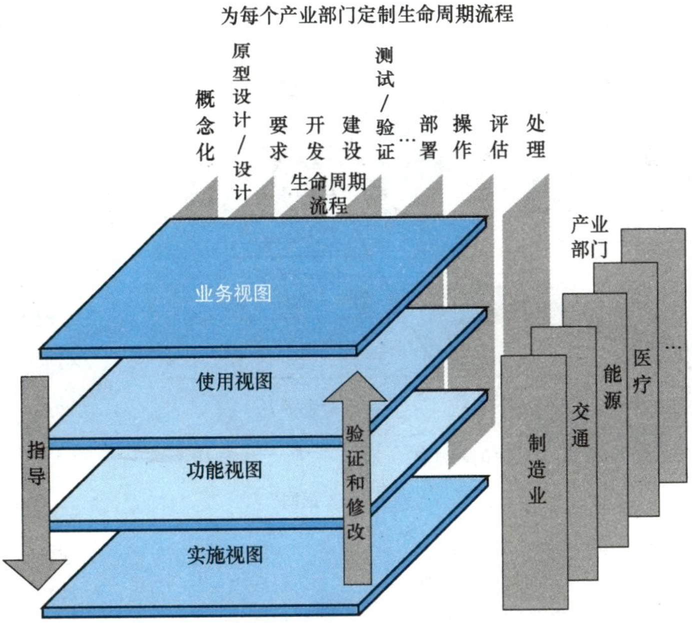

图 3-29 IIRA

美国工业互联网参考架构具有如下特征：

1）按照工业互联网系统的关注点，IIRA 可分为四个视图，分别是业务、使用、功能和实施。

2）功能视图表示系统功能元件间的相互关系、结构、接口、交互及与外部的相互作用，该视图确定了五个功能域组成，分别是商业、运营、信息、控制、应用。

3）建立了垂直领域应用案例分类表，在参考架构下体系化推进应用。

4）以工业互联网为基础，通过软件控制应用和软件定义机器的紧密联动，促进机器间、机器与控制平台间、企业上下游间的实时连接和智能交互，最终形成以信息数据链为驱动，以模型和高级分析为核心，以开放和智能为特征的工业系统。

5）具有九大系统特性，包括系统安全、信息安全、弹性（容错、自修复、自组织等）、互操作性、连接性、数据管理、高级数据分析、智能控制、动态组合。

4. 美国 NIST 智能制造生态系统模型（SME）

2016 年 2 月，美国 NIST 工程实验室系统集成部门，发表了《智能制造系统现行标准全景图》，形成的智能制造生态系统如图 3-30 所示。NIST 智能制造生态系统模型涵盖了制造系统的广泛范围，包括业务、产品、管理、设计和工程功能。给出了智能制造系统中显示的三个维度，每个维度代表独立的全生命周期。制造业金字塔（Manufacturing Pyramid）是其核心，三个维度都与制造业金字塔密切相连。这里潜在包含了一种非常传统的思想，那就是产品的价值是在一个标准工厂模型下得以实现并开始延展的。

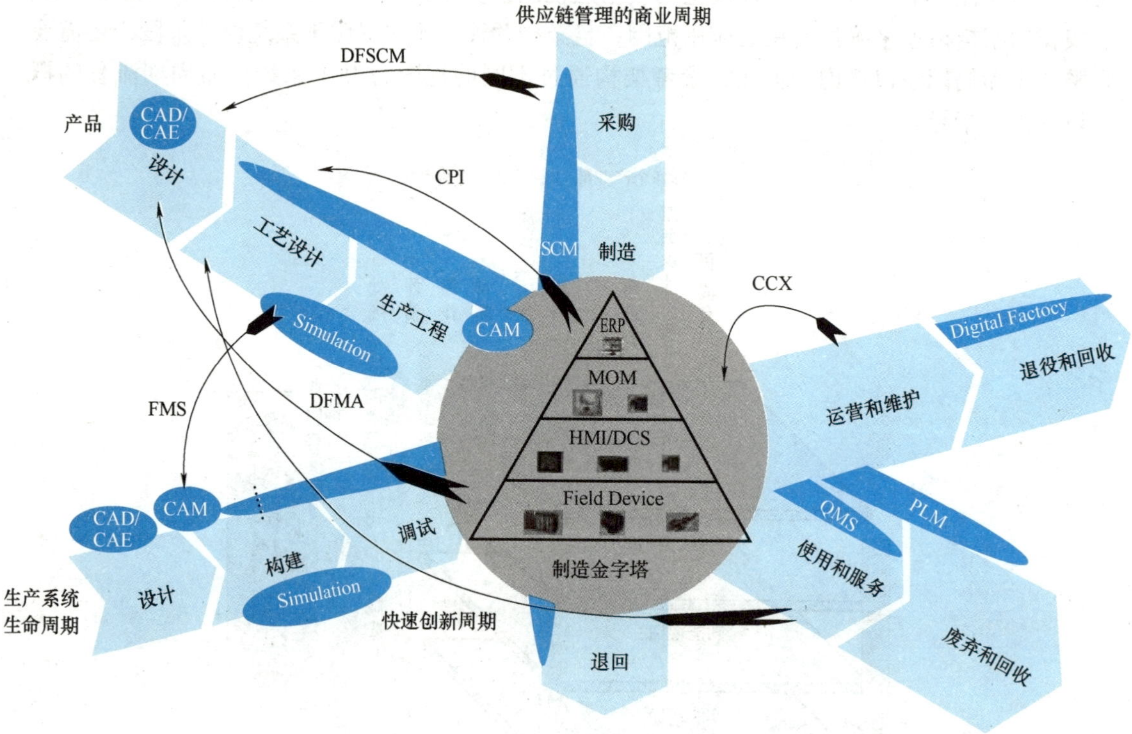

图 3-30　NIST 智能制造生态系统

HMI-Human Machine Interface，人机接口

下面从四个方面进行分析：

（1）第一维度：产品维度　产品维度涉及信息流和控制，从产品设计的早期阶段开始，一直到产品的退市。SME 下的产品生命周期管理包括六个阶段，分别是设计、工艺设计、生产工程、制造、使用和服务、废弃和回收。

（2）第二维度：生产系统生命周期维度　该维度关注整个生产设施及其系统的设计、部署、运行和退役。生产系统可通过各种集合的机器、设备和辅助系统来组织资源、创建商品和服务。

（3）第三维度：供应链管理的商业周期维度　该维度关注供应商和客户的交互功能。电子商务的作用至关重要，使任何类型的业务或商业交易都会涉及利益相关者之间的信息交换。建立制造商、供应商、客户、合作伙伴，甚至是竞争对手之间的交互标准，包括通用的业务建模标准、特定的制造建模标准和相应的消息协议，是提高供应链效率和制造敏捷性的关键。

制造金字塔：产品生命周期、生产周期和商业周期都在这里聚集和交互。每个维度的信息必须能够在金字塔内部上下流动，为制造业金字塔从机器到工厂、从工厂到企业的垂直整合发挥作用。沿着每一个维度，制造业应用软件的集成都有助于在车间层面提升控制能力，并且优化工厂和企业的决策。这些维度和支持维度的软件系统最终构成了制造业的生态体系。

SME 表达的三个维度与 RAMI 4.0 相似，而且更易于理解。但制造金字塔仍是按现有情况表述的，后续可能会发生变化。此外，供应链管理的商业周期维度的部分要素已纳入到企业管理软件（如 ERP）中。

美国 NIST 智能制造生态系统参考模型具有如下特征：

1）具有三个维度，分别是产品、生产系统和生命周期、供应链管理的商业周期，每个维度都表示独立的生命周期。

2）制造金字塔是其核心，三个生命周期在这里汇聚和交互。

3）强调在每个维度上制造软件的集成，这将有助于车间层的先进控制，以及工厂和企业层的优化决策。

4）包含三项优先考虑的变革制造技术，分别是高级传感、控制和制造平台，虚拟化、信息化和数字化制造技术，先进材料制造技术。

5）构建八种制造范式，分别是精益制造、柔性制造、绿色制造、数字化制造、云制造、分布式制造、智能制造、敏捷制造。

3.3 智能制造系统架构的实例解析

为了进一步说明我国智能制造系统架构的运用方式，这里介绍航空工业智能工厂系统架构建设实例。智能制造系统架构下的航空工业采用先进生产模式、先进制造系统、先进制造技术和先进组织管理方式，其主要特征和途径是加工过程的精密化、快速化，自动化技术的柔性化，以及整个制造过程的数字化、网络化和智能化。

图 3-31 为中国某航空工业制造公司的飞机产品的智能工厂，它是航空工业智能制造生态系统的核心，也是未来智能制造基础设施中的关键组成部分。在智能工厂中，建立基于 CPS 的车间级智能生产单元，将人、数据、资源进行深度融合，使产品的制造过程得以全面优化，真正实现产品的高效能、高柔性的智能制造。

目前，在航空领域，波音、洛克希德·马丁等世界先进航空制造企业在实施新的战略规划时，也高度重视智能工厂的建设，认为其代表着未来航空工业制造技术和制造产业发展的新方向。反观我国的航空制造企业，尽管在数字化、信息化等方面已取得了长足的进步，但仍存在大量的问题亟待解决。首先，企业的数字化、自动化水平仍然较低，这是导致产品质量不稳定，生产效率难以提升的重要原因。例如，波音公司早在 20 世纪 90 年代就已经提出 MBD 技术，并实现了全制造过程的数字化，而我国航空企业目前仅在产品设计阶段实现基于三维模型的产品定义，但在工艺设计、产品制造等环节仍主要沿用较为传统的纸质工艺规程。其次，各航空企业缺乏高效的生产流程管理手段。飞机产品的制造流程非常复杂，目前，对制造流程的管控仍然主要依赖于经验丰富的工人。这种工作方式难以综合考虑制造过

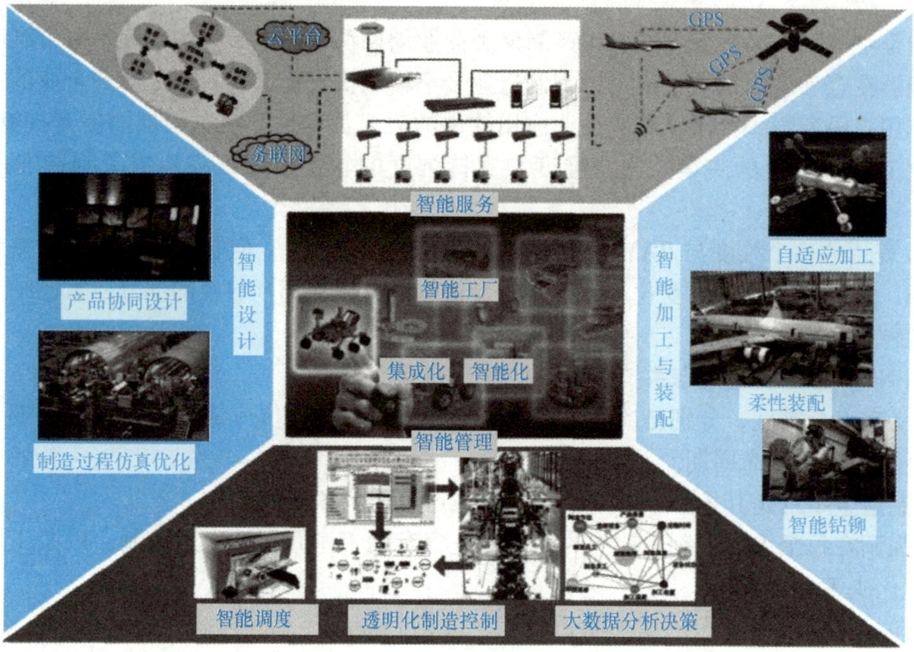

图 3-31 航空工业智能工厂

程中的各种因素，难以保证生产线的流畅运转，容易导致各生产环节之间的产能失衡等问题。最后，对制造过程无法形成闭环的管控。目前，各航空企业对加工过程中的具体数据并不能充分地利用，从车间、生产线中采集的数据大多仅用于显示与统计，而对于加工设备的实时数据则尚未做到实时采集，更未能实现基于这些数据的制造过程分析与优化。这些问题在传统制造工厂中借助传统制造水平的提升难以突破，必须在智能制造思路的引领下，通过智能工厂的研究与建设加以解决。

智能工厂由 CPS 中的虚拟数字工厂和物理系统中的实体工厂共同构成。其中，实体工厂部署有大量的车间、生产线、加工装备等，为制造过程提供硬件基础设施与制造资源，也是实际制造流程的最终载体；虚拟数字工厂则是在这些制造资源以及制造流程的数字化模型基础上，在实体工厂的生产之前，对整个制造流程进行全面的建模与验证。为了实现实体工厂与虚拟数字工厂之间的通信与融合，实体工厂的各制造单元中还配备有大量的智能元器件，用于制造过程中的工况感知与制造数据采集。在虚拟制造过程中，智能决策与管理系统对制造过程进行不断的迭代优化，使制造流程达到最优；在实际制造中，智能决策与管理系统则对制造过程进行实时的监控与调整，进而使得制造过程体现出自适应、自优化等智能化特征。由上述可知，智能工厂的基本框架体系包括智能决策与管理系统、企业虚拟制造平台、智能制造车间等关键组成部分，如图 3-32 所示。

1. 智能决策与管理系统

智能决策与管理系统如图 3-33 所示，是智能工厂的管控核心，负责市场分析、经营计划、物料采购、产品制造及订单交付等各环节的管理与决策。通过该系统，企业决策者能够掌握企业自身的生产能力、生产资源及所生产的产品，能够调整产品的生产流程与工艺方法，并且能够根据市场、客户需求等动态信息快速、智能地做出经营决策。

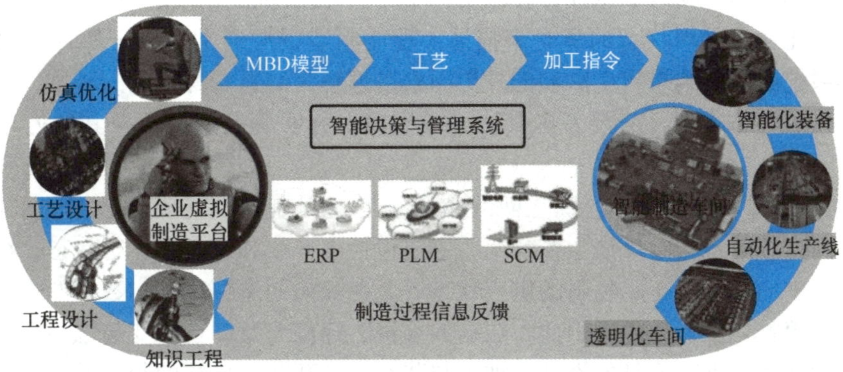

图 3-32　智能工厂基本架构

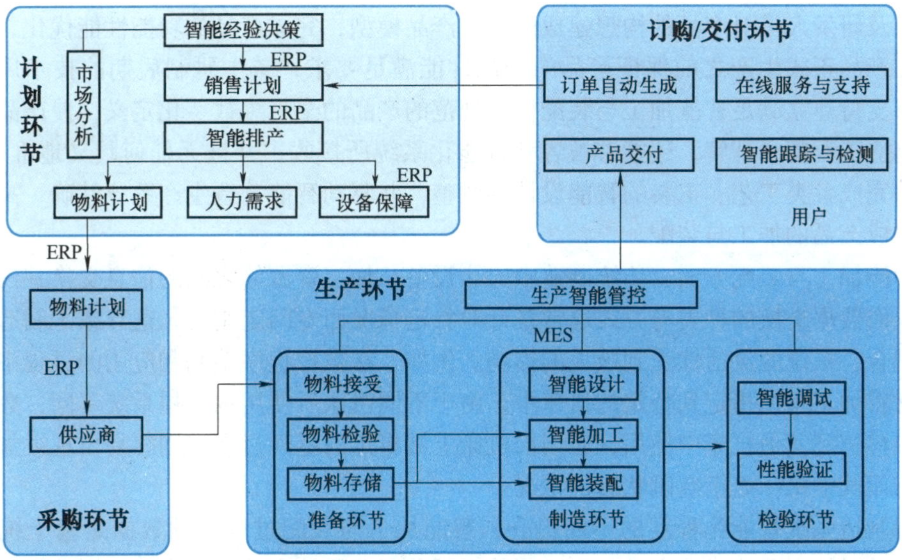

图 3-33　智能决策与管理系统

一般而言，智能决策与管理系统包含了 ERP、MES 等一系列生产管理工具。在智能工厂中，这些系统工具的最突出特点在于：一方面能够向工厂管理者提供更加全面的生产数据及更加有效的决策工具，相较于传统工厂，在解决企业产能、提升产品质量、降低生产成本等方面，能够发挥更加显著的作用；另一方面，这些系统工具自身已达到了不同程度的智能化水平，在辅助工厂管理者进行决策的过程中，能够切实提升企业生产的灵活性，进而满足不同用户的差异化需求。

2. 企业虚拟制造平台

企业虚拟制造平台也称为企业数字化制造平台，需要解决的问题是如何在信息空间中对企业的经营决策、生产计划、制造过程等全部运行流程进行建模与仿真，并对企业的决策与制造活动的执行进行监控与优化，其中的关键因素包括以下两点：

（1）制造资源与流程的建模与仿真　在建模过程中，需要着重考虑智能制造资源的三个要素，即实体、属性和环境。实体可通俗地理解为智能工厂中的具体对象。属性是在仿真过程中实体所具备的各项有效特性，智能工厂中各实体之间相互作用而引起实体的属性发生变化，这种变化通常可用状态的概念来描述。智能制造资源通常会由于外界变化而受到影响，这种对系统的活动结果产生影响的外界因素可理解为制造资源所处的环境，在对智能制造资源进行建模与仿真时，需要考虑其所处的环境，并明确制造资源及其所处环境之间的边界。

（2）建立虚拟平台与制造资源之间的关联　通过对制造现场实时数据的采集与传输，制造现场可向虚拟平台实时反馈生产状况，主要包括生产线和设备的运行状态、在制品的生产状态、过程中的质量状态、物料的供应状态等。在智能制造模式下，数据形式、种类、维度、精细程度等将是多元化的，因此，数据的采集、存储与反馈也需要与之相适应。

在智能制造模式下，产品的设计、加工与装配等各环节与传统的制造模式均存在明显不同。因此，企业虚拟制造平台必须适应这些变化，从而满足智能制造的应用需求。

在产品设计方面，企业虚拟制造平台应提供以下两方面的功能：首先，能够将用户对产品的需求及研发人员对产品的构想建成虚拟的产品模型，完成产品的功能性能优化，通过仿真分析在产品正式生产之前保证产品的功能性能满足要求，减少研制后期的技术风险；其次，能够支持建立满足智能加工与装配标准规范的产品的全三维数字化定义，使产品信息不仅能被制造工程师所理解，还能够被各种智能化系统所接收，并被无任何歧义地准确理解，从而能够完成各类工艺、工装的智能设计和调整，并驱动智能制造生产系统精确、高效、高质量地完成产品的加工与装配。

在智能加工与装配方面，传统制造中人、设备、加工资源等之间的信息交换并没有统一的标准，而数据交换的种类与方式通常是针对特定情况而专门定制的，这导致了制造过程中的大量耦合，系统的灵活性受到极大的影响。例如，在数控程序编制和应用的过程中，工艺人员通常将加工程序指定到特定的机床中，由于不同机床所使用的数控系统不同，数控程序无法直接移植到其他机床中使用，若当前机床上被指定的零件过多，则容易出现被加工零件需要等待而其他机床处于空闲状态的情况。

随着制造系统智能化程度的不断提升，智能加工与装配过程中的数据是基于统一模型的，不再针对特定系统或特定设备，这些数据可被制造系统中的所有主体识别并依靠自身的数据处理能力从中解析出具体的制造信息。例如，智能数控加工设备可能不再接收数控程序代码，而是直接接收具有加工信息的三维模型，根据模型中定义的被加工需求，设备将自动生成最优化的加工程序。这样的优势在于：一方面，工艺设计人员不再需要指定特定机床，因此加工工艺数据具有通用性；另一方面，在机床内部生成的加工程序是最适合当前设备的加工代码，进而可以实现真正的自适应加工。

3. 智能制造车间

智能制造车间及生产线是产品制造的物理空间。其中，智能制造单元及制造装备提供实际的加工能力，各智能制造单元间的协作和管控由智能决策和管理系统来实现。智能制造车间基本构成如图 3-34 所示。

（1）智能管控中心　智能管控中心是智能加工与装配的核心环节，主要负责制造过程的智能调度、制造指令的智能生成与按需配送等任务。在制造过程的智能调度方面，需根据车间生产任务，综合分析车间内设备、工装、毛料等制造资源，按照工艺类型及生产计划等将生产任务实时分派到不同的生产线或制造单元，使制造过程中设备的利用率达到最高。在

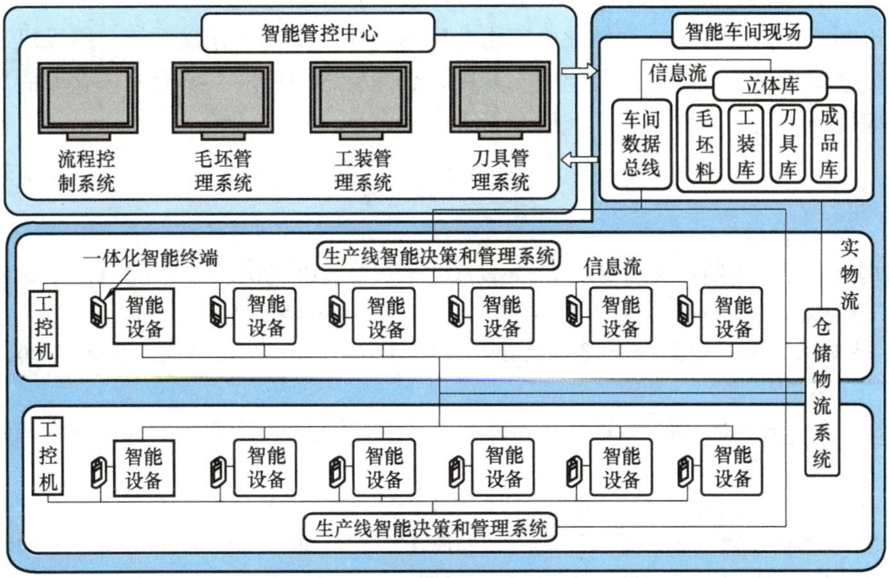

图 3-34　智能制造车间基本构成

制造指令的智能生成与按需分配方面，面向车间内的生产线及生产设备，根据生产任务自动生成并优化相应的加工指令、检测指令、物料传送指令等，并根据具体需求将其推送至加工设备、检测装备、物流系统等。

（2）生产线智能决策和管理系统　生产线智能决策和管理系统可实时存储、提取、分析与处理工艺、工装等各类制造数据，以及设备运行参数、运行状态等过程数据，并能够通过对数据的分析实时调整设备运行参数、监测设备健康状态等，并据此进行故障诊断、维护报警等行为，对于生产线内难以自处理的情况，还可将其向上传递至车间中央管控系统。此外，生产线内不同的制造单元具有协同关系，可根据不同的生产需求对工装、毛料、刀具、加工方案等进行实时优化与重组，优化配置生产线内各生产资源。

（3）智能设备　从逻辑构成的角度，智能制造装备由智能决策单元、制造执行单元、数据存储单元、总线接口、数据接口、人机交互接口及其他辅助单元构成。其中，智能决策单元是智能设备的核心，负责设备运行过程中的流程控制、运行参数计算及设备检测维护等；制造执行单元由制造信息感知系统、制造指令执行系统及制造质量测量系统等构成；数据存储单元用于存储制造过程数据及制造过程决策知识；总线接口负责接收车间总线中传输来的作业指令与数据，同时负责设备运行数据向车间总线的传送；数据接口分布于智能设备的各个组成模块之间，用于封装、传送制造指令与数据；人机交互接口负责提供人与智能设备之间传递、交换信息的媒介和对话接口；辅助单元主要是指刀具库、一体化管控终端等。

（4）仓储物流系统　智能制造车间中的仓储物流系统主要涉及 AGV/RGV（Rail Guided Vehicle，有轨制导车辆）系统、码垛机及立体仓库等。AGV/RGV 系统主要包括地面控制系统及车载控制系统。其中，地面控制系统与车间中央管控系统相集成，主要负责任务分配、车辆管理、交通管理及通信管理等，车载控制系统负责 AGV/RGV 单机的导航、导引、路径选择、车辆驱动及装卸操作等。

码垛机的控制系统是码垛机研制中的关键。码垛机控制系统主要是通过模块化、层次化的控制软件来实现码垛机的运动位置、姿态和轨迹、操作顺序及动作时间的控制，以及码垛机的故障诊断与安全维护等。立体化仓库由仓库建筑体、货架、托盘系统、码垛机、托盘输送机系统、仓储管理与调度系统等组成。其中，仓储管理与调度系统是立体仓库的关键，主要负责仓储优化调度、物料出入库、库存管理等。

参考文献

[1] 工业和信息化部．国家智能制造标准体系建设指南（2018）[EB/OL]．(2018-01-18)[2018-08-10]．https://wenku.baidu.com/view/4130782ecd1755270722192e453610661ed95aab.html.

[2] 张益，冯毅萍，荣冈．智慧工厂的参考模型与关键技术 [J]．计算机集成制造系统，2016，22（1）：1-12.

[3] 李伯虎，张霖，王时龙，等．云制造——面向服务的网络化制造新模式 [J]．计算机集成制造系统，2010，16（1）：1-7.

[4] 张曙．工业4.0和智能制造 [J]．机械设计与制造工程，2014，43（8）：1-5.

[5] 工业和信息化部．国家智能制造标准体系建设指南（2015）[EB/OL]．(2018-04-04)[2018-08-10]．https://wenku.baidu.com/view/2e0e45caf605cc1755270722192e453611665b45.html.

[6] 中国电子技术标准化研究院．信息物理系统白皮书（2017）[EB/OL]．(2017-03-02)[2018-08-13]．http://www.cesi.cn/201703/2251.html.

[7] 陈翠．智能制造系统架构_智能制造系统的特征_智能制造系统的基础要素 [EB/OL]．(2017-12-25)[2018-08-13]．http://www.elecfans.com/rengongzhineng/607204.html.

[8] 工业和信息化部，财政部．智能制造发展规划（2016-2020年）[EB/OL]．(2016-12-14)[2018-08-13]．https://wenku.baidu.com/view/c0f4ef777ed5360cba1aa8114431b90d6c85890d.html.

[9] 周济．新一代智能制造——新一轮工业革命的核心驱动力 [EB/OL]．(2018-01-13)[2018-08-13]．http://www.sohu.com/a/216345786_290901.

[10] 荣烈润．面向21世纪的智能制造 [EB/OL]．(2006-10-05)[2018-08-13]．http://articles.e-works.net.cn/amtoverview/Article40831.htm.

[11] 杨晓平．智能制造技术现状及其发展趋势刍议 [J]．内燃机与配件，2016（9）：132-133.

[12] 李末军．智能制造领域研究现状及未来发展探讨 [J]．冶金丛刊，2017（3）：26-30.

[13] 陈加定．智能制造技术的发展 [D]．南京：南京航空航天大学，2011.

[14] 谭建荣，刘达新，刘振宇，等．从数字制造到智能制造的关键技术途径研究 [J]．中国工程科学，2017，19（3）：39-44.

[15] 黄培．一文彻底读懂智能制造 [EB/OL]．(2016-04-18)[2018-08-13]．https://wenku.baidu.com/view/0799f02ae009581b6ad9eb9a.html.

[16] 田洪川，林雪萍，韦莎．工业4.0术语：RAMI 4.0工业4.0参考体系 [EB/OL]．(2016-09-06)[2018-08-15]．https://www.sohu.com/a/113596332_403191.

[17] 欧阳劲松，刘丹，汪烁，等．德国工业4.0参考架构模型与我国智能制造技术体系的思考 [J]．自动化博览，2016（3）：62-65.

[18] 九一隐士．RAMI 4.0工业4.0参考体系|工四100术语 [EB/OL]．(2016-09-02)[2018-08-18]．http://gongkong.ofweek.com/2016-09/ART-310008-11001-30033380_3.html.

[19] 产业智能官．全球11种智能制造参考模型大盘点 [EB/OL]．(2018-04-15)[2018-08-18]．https://blog.csdn.net/np4rHI455vg29y2/article/details/79946504.

[20] 空间技术及应用标准化．国际主流智能制造参考架构模型介绍（一）——德国 [EB/OL]．(2017-12-19)

[2018-08-20]. http://www. sohu. com/a/211476776_100021848.
[21] 空间技术及应用标准化. 国际主流智能制造参考架构模型介绍（二）——美国［EB/OL］.（2017-12-27）［2018-08-20］. http://www. sohu. com/a/213130891_100021848.
[22] 空间技术及应用标准化. 国际主流智能制造参考架构模型介绍（四）——中国［EB/OL］.（2018-01-09）［2018-08-20］. http://www. sohu. com/a/215567249_100021848.
[23] 智匠. 智匠解读丨国家智能制造标准体系建设指南（2018 年版）［EB/OL］.（2018-01-17）［2018-08-21］. http://baijiahao. baidu. com/s? id = 1589832573130331514&wfr = spider&for = pc.
[24] 工控网. 智能服务-向服务型制造转型［EB/OL］.（2018-02-08）［2018-08-21］. http://gongkong. ofweek. com/2018-02/ART-310002-8500-30198824. html.
[25] 于万钦. 深谈：工业 4.0 落地中国企业（四）——三个集成［EB/OL］.（2015-01-09）［2018-08-21］. http://blog. e-works. net. cn/349919/articles/1293448. html.
[26] 斯欧信息. 深谈：工业 4.0 落地中国企业（五）——SOA 如何实现工业 4.0 三项集成［EB/OL］.（2015-01-09）［2018-08-21］. http://group. vsharing. com/Article. aspx? aid = 1786877.
[27] 彭俊松. 工业 4.0 驱动下的制造业数字化转型［M］. 北京：机械工业出版社，2016.
[28] 设备管理大视野. 理念分享丨实现智能制造的四大元素 + 五大集成解读［EB/OL］.（2017-09-27）［2018-08-25］. http://www. sohu. com/a/195062613_816331.
[29] 佚名. 工业 4.0 落地战略：一个网络、两大主题、三项集成［EB/OL］.（2015-07-21）［2018-08-25］. http://articles. e-works. net. cn/amtoverview/Article123941_1. htm.
[30] 杜宝瑞，王勃，赵璐，等. 航空智能工厂的基本特征与框架体系［J］. 航空制造技术，2015，477（8）：26-31.
[31] 唐堂，滕琳，吴杰，等. 全面实现数字化是通向智能制造的必由之路——解读《智能制造之路：数字化工厂》［J］. 中国机械工程，2018，29（3）：366-377.
[32] 王麟琨，王春喜. 智能工厂/数字化车间参考模型概述与分析［J］. 中国仪器仪表，2017（10）：63-72.

“两弹一星”功勋
科学家：王希季

第 4 章 智能制造新技术

智能制造是先进制造技术与新一代信息技术的深度融合，贯穿于产品设计、制造、服务全生命周期各个环节，其目的是实现制造的数字化、网络化和智能化，不断提升企业产品质量、效益和服务水平，推动制造业创新、协调、绿色、开放、共享发展。近年来，工业领域和信息技术领域都发生了深刻的变革。这些变革带来了制造业的新一轮革命，特别是作为信息化和工业化高度融合的智能制造得到长足发展，也为智能制造带来了很多全新的技术支撑，包括多传感器信息融合技术、自动识别技术、物联网技术、大数据技术、云计算技术、新型网络技术及虚拟/增强现实技术。

4.1 多传感器信息融合技术

4.1.1 多传感器信息融合技术概述

所谓多传感器信息融合（Multi- sensor Information Fusion，MSIF），就是利用计算机技术将来自多传感器或多源的信息和数据依据一定的准则实现自动分析和综合，以完成所需要的决策和估计而进行的信息处理过程。

为了使目标信息更加精确、身份识别更加准确，将来自多个相同或不同类型传感器的信息进行综合处理的过程称之为信息融合。信息融合的本质是对多源信息进行处理和综合的过程，通过相应的融合模型和算法对多传感器获得的数据进行预处理、关联、估计和决策，以获取更加精确的信息并提高信息的质量，为不同领域的应用奠定基础。信息融合应用于原始数据层的处理、特征抽象层的处理、决策层的处理等各个阶段，相应地，在不同层次融合处理的过程中应用不同的算法来解决融合过程中遇到的问题。由于传感器自身性能、外部环境干扰等的影响，因此传感器接收的数据具有不确定性，利用多传感器进行信息融合能够将获得的不确定性信息进行互补，合理地对信息进行推理和决策。

多传感器信息融合的过程与人体感知外界环境并做出决策的过程相类似，如图 4-1 所示。人体通过视觉、听觉、化学感觉（嗅觉和味觉的感官）和表面的感觉（触觉）感知周围环境信息，再通过神经系统传递信息到大脑，然后多源信息在大脑完成融合，最后大脑根据一定的条件和经验给出合适的应对措施。

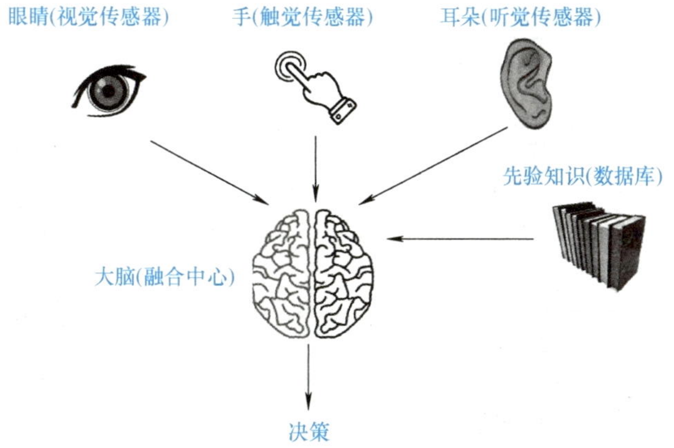

图 4-1　人体的信息处理过程与多传感器信息融合的类比

在此过程中，复杂的决定由大脑完成，而这些决定是以神经系统带来的能力——感知信息和发送信息为基础。大脑通常利用多个感官的输入彼此补充且互为验证以确定正在发生的事件并做出决定。在这种情况下，由大脑整合后的信息多于不同的感官输入信息的总和。传感器融合也起到类似的作用，通过整合来自多个传感器的输入实现更加准确和可靠的感应，以及更高水平的识别。

多传感器信息融合是人类和许多其他生物普遍具有的一种天生能力。人类本能地具有将身体上的各种感觉器官（眼、耳、鼻、四肢）所探测获得的信息（景物、声音、气味和触觉）与先验知识进行综合分析的能力，以便对周围的环境和正在发生的事件做出事态估计。由于人类的感官具有不同的度量特性，因而可测出不同空间范围内发生的各种物理现象，这一信息处理过程是复杂的，同时也是自适应的，它能将各种信息转化为对判断环境信息具有一定价值的解释。多传感器信息融合实际上是对人脑的复杂信息处理功能的一种仿真模拟，通过把多个传感器获得的信息按照一定的规则进行组合、归纳、推断、决策以得到对观测对象的一致性解释和描述。

4.1.2　多传感器信息融合技术体系架构

根据数据处理方法的不同，多传感器信息融合系统的体系结构有三种：分布式、集中式和混合式。

（1）分布式多传感器信息融合系统结构　如图 4-2 所示。融合过程是先对各个独立传感器所获得的原始数据进行局部处理，再将结果送入信息融合中心进行智能优化组合来获得最终的结果。分布式系统对通信带宽的要求低，计算速度快，可靠性和延续性好，但跟踪精度没有集中式高。

（2）集中式多传感器信息融合系统结构　如图 4-3 所示。融合过程是将各传感器获得的原始数据直接送至中央处理器进行融合处理。集中式系统可以实现实时融合，数据处理的精度高，算法灵活，缺点是对处理器的要求高，可靠性较低，数据量大，故难于实现。

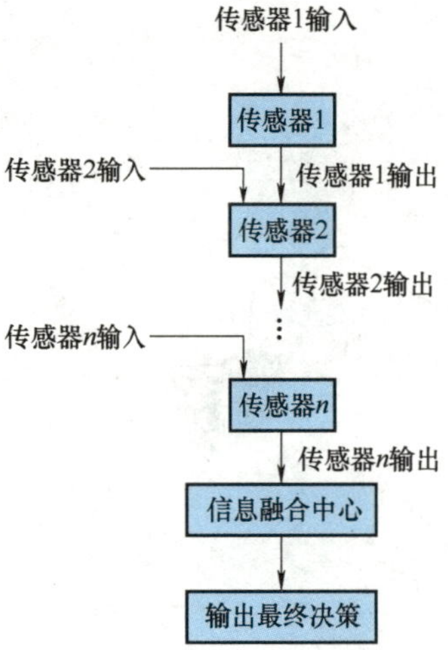

图 4-2　分布式多传感器信息融合系统结构图

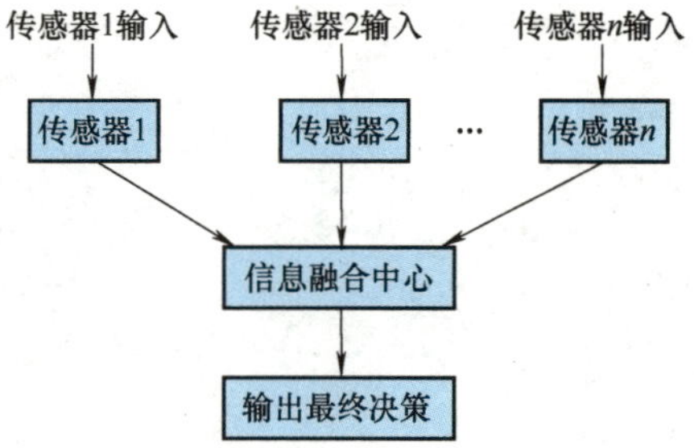

图 4-3　集中式多传感器信息融合系统结构图

（3）混合式多传感器信息融合系统结构　如图 4-4 所示。其中，部分传感器采用集中式融合方式，剩余的传感器采用分布式融合方式。混合式系统具有较强的适应能力，兼顾了集中式融合和分布式融合的优点，稳定性强。混合式系统的结构比前两种融合方式的结构复杂，这样就加大了通信和计算上的代价。

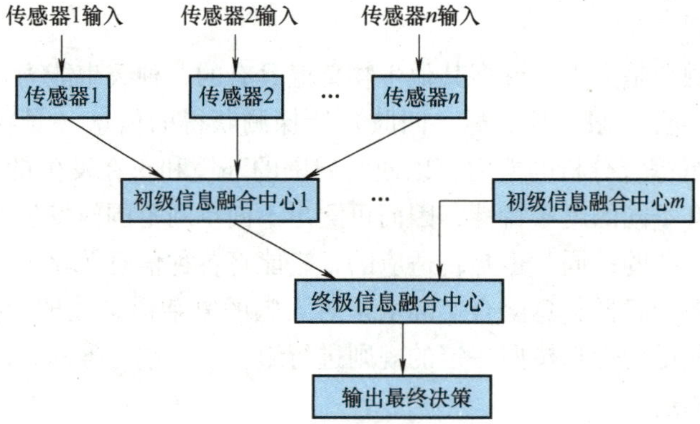

图 4-4　混合式多传感器信息融合系统结构图

三种传感器融合系统的对比见表 4-1。

表 4-1　三种传感器融合系统对比

融合方式	分布式	集中式	混合式
信息损失	大	小	中
精度	低	高	中
通信带宽	小	大	中
融合处理	容易	复杂	中等
融合控制	复杂	容易	中等
可扩充性	好	差	一般
计算速度	快	慢	中等
可靠性	高	低	高

多传感器的使用会导致需要处理的信息量大增，甚至包含相互矛盾的信息。如何保证系统快速地处理数据，过滤无用、错误信息，从而保证系统最终做出及时、正确的决策十分关键。

多传感器信息融合软硬件难以分离，但算法是重点和难点，拥有很高的技术壁垒，因此算法将占据价值链的主要部分。目前多传感器融合的理论方法有贝叶斯准则法、卡尔曼滤波法、D-S 证据理论法、模糊集理论法、人工神经网络法等。

4.1.3 多传感器信息融合技术的发展趋势

（1）人工智能技术在信息融合中的应用和改进　人工智能技术非常适合应用于信息融合中。目前，神经网络、专家系统、粗糙集理论、支持向量机等方法在数据处理、数据关联、目标判别等信息融合过程中的应用已取得了一定的理论成果，但与实际应用问题结合时会面临一些难题，如研究面向功能的拓扑模型或基于知识的系统测试和评定的方法、标准等问题时。另外，如何利用集成的计算智能方法，如模糊逻辑 + 神经网络、模糊逻辑 + 进化计算、神经网络 + 进化计算、小波变换 + 神经网络等，提高多传感器融合的性能是值得深入研究的课题。

（2）信息融合中的数据库和知识库技术研究　数据库的建立与研究是发展信息融合技术的关键，是提高融合速度和判别速度的另一种有效手段，充分发挥数据库的作用将是解决信息融合实际应用中计算量大、数据结构复杂等问题的关键。

（3）动态、复杂和未知环境下的信息融合技术　随着多传感器信息融合研究与应用的深入，未来的多传感器信息融合将会是一个更加复杂的信息处理过程，不仅包括许多具体的算法，而且结构也比较复杂。如何根据实际情况将算法与结构有机地结合在一起，为整个融合系统提供更加有效的融合策略，是发展动态、复杂、未知环境下的信息融合技术的关键问题。

（4）多传感器信息融合系统的工程实现　近年来，多传感器数据融合技术无论在军事还是在民事领域的应用都极为广泛，比如在指挥自动化技术系统、复杂工业过程控制、机器人、自动目标识别、交通管制、惯性导航、海洋监视和管理、农业、遥感、医疗诊断、图像处理、模式识别等领域。实践证明：与单传感器系统相比，运用多传感器信息融合技术解决探测、跟踪和目标识别等问题的系统生存能力更强，可靠性和鲁棒性更高，数据的可信度更高。

4.1.4 多传感器信息融合技术应用

自动驾驶离不开环境感知层、控制层和执行层的相互配合，如图 4-5 所示。摄像头、雷达等传感器获取图像、距离、速度等信息，扮演眼睛、耳朵的角色。控制模块分析处理信息，并进行判断、下达指令，扮演大脑的角色。车身各部件负责执行指令，扮演手脚的角色。而环境感知是这一切的基础，因此传感器对于自动驾驶不可或缺。

多传感器信息融合技术在自动驾驶领域有着深入的应用，传感器是汽车感知周围环境的硬件基础。如图 4-6 所示，目前，多数汽车的自动化系统或 ADAS（Advanced Driver Assistance System，高级驾驶辅助系统）都有赖于三类传感器的融合来进行环境感知，它们是毫米波雷达、激光雷达和摄像头。

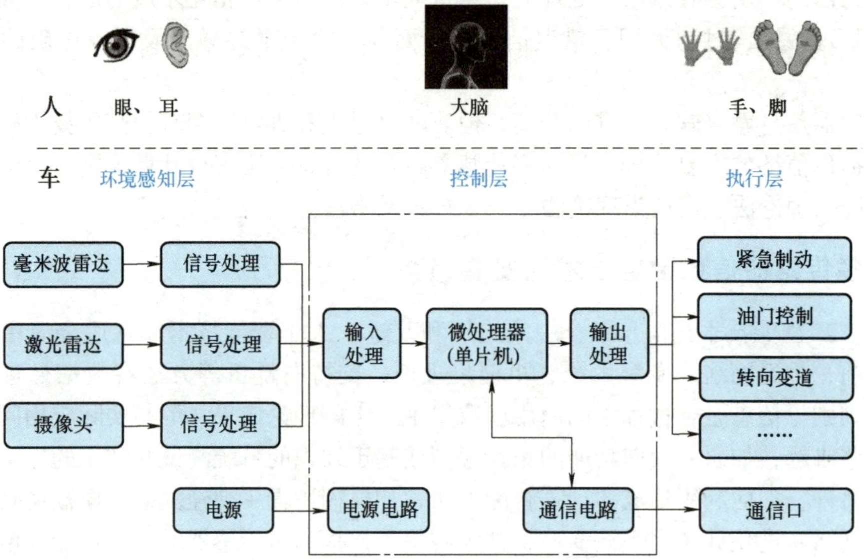

图 4-5　自动驾驶传感器与人类感知器官对比

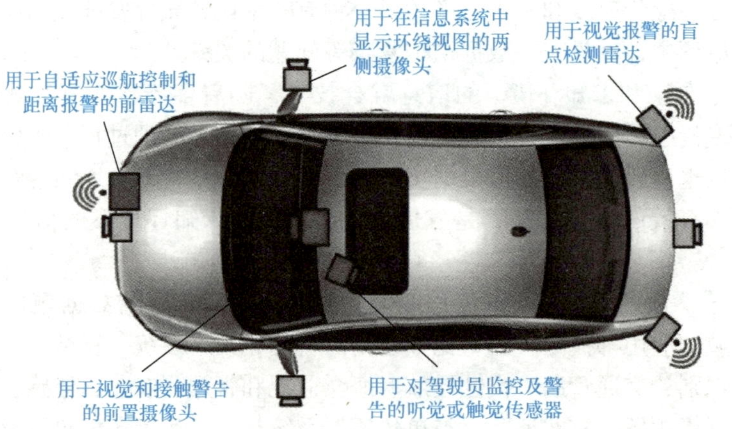

图 4-6　ADAS 中用到的多种传感器

在环境感知能力上，每一种传感器都有独特的优势和弱点。例如，毫米波雷达可在低能见度情况下完成测距，受天气影响小，且探测距离较远；而摄像头有更高的分辨率，能够感知颜色，但受强光影响较大；激光雷达能够提供三维尺度感知信息，对环境的重构能力更强，但高性能激光雷达的量产和成本问题仍是实现多传感器融合技术方案，乃至完全自动驾驶的障碍之一。在这种前提下，只有几种传感器的融合才能提供车辆周围环境的更精准的绘图信息，并达到自动驾驶的安全标准。

不同传感器的原理、功能各不相同，在不同的使用场景下可以发挥各自优势，难以互相替代。要实现自动驾驶，一定需要多种传感器相互配合共同构成汽车的感知系统。多个同类或不同类传感器分别获得不同局部和类别的信息，这些信息之间可能相互补充，也可能存在冗余和矛盾，而控制中心最终只能下达唯一正确的指令，这就要求控制中心必须对多个传感器所得到的信息进行融合，综合判断。可以想象的是，如果一个传感器根据所得到的信息要求汽车立即制动，而另一传感器显示可以继续安全行驶，或者一个传感器根据得到的信息要求汽车左转，而另一个传感器得到的信息要求汽车右转，在这种情况下，如果不对传感器信息进行融合，汽车就会“感到迷茫而不知所措”，最终可能导致意外的发生。因此在使用多种传感器的情况下，要想保证安全性，就必须对传感器进行信息融合。多传感器信息融合可显著提高系统的冗余度和容错性，从而保证决策的快速性和正确性，这是自动驾驶的必然趋势。

4.2 自动识别技术

4.2.1 自动识别技术概述

自动识别技术就是应用一定的识别装置，通过被识别物品和识别装置之间的接近活动，自动地获取被识别物品的相关信息，并提供给后台的计算机处理系统来完成相关后续处理的一种技术。自动识别技术综合应用计算机、光、电、互联网、移动通信等技术，可以实现全球范围内物品的跟踪与信息的共享。

物联网中非常重要的一种技术就是自动识别技术，自动识别技术融合了物理世界和信息世界，是物联网区别于其他网络（如电信网、互联网）最独特的部分。自动识别技术可以对每个物品进行标记和识别，并可以将数据实时更新，是构造全球物品信息实时共享系统的重要组成部分，是物联网的基石。应用自动识别技术可以实现数据的自动采集、信息的自动识别和向计算机的自动输入，使得人类能够对大量数据信息进行及时、准确的处理。

4.2.2 自动识别技术特点及分类

目前，自动识别技术有两种分类方法：一种是按照采集技术进行分类，其基本特征是被识别物体具有特定的识别特征载体（如标签等，仅光学字符识别例外），可以分为光存储器、磁存储器和电存储器三种；另一种是按照特征提取技术进行分类，其基本特征是根据被识别物体本身的行为特征来完成数据的自动采集，可以分为静态特征、动态特征和属性特征。

自动识别技术具有如下共同的特点：

1）准确性。自动数据采集，彻底消除人为错误。

2）高效性。信息交换实时进行。

3）兼容性。自动识别技术以计算机技术为基础，可与信息管理系统无缝衔接。

常见的自动识别技术包括：条码识别技术、RFID 技术、生物识别技术（语音识别、指纹识别、人脸识别等）、图像识别技术、磁卡识别技术、IC 卡（Integrated Circuit Card，集成电路卡）识别技术、光学字符识别（Optical Character Recognition，OCR）技术等。下面介绍在智能制造中最常用的几类技术：

（1）条码识别技术　一维条码是由平行排列的宽窄不同的线条和间隔组成的二进制编码，这些线条和间隔根据预定的模式进行排列并且表达相应记号系统的数据项，宽窄不同的线条和间隔的排列次序可以解释成数字或字母，可以通过光学扫描仪器对一维条码进行阅读，即根据黑色线条和白色间隔对激光的不同反射来识别。

二维条码技术是在一维条码无法满足实际应用需求的前提下产生的。由于受信息容量的限制，一维条码通常只是对物品进行标示，而不是对物品进行描述。二维条码能够在横向和纵向两个方向同时表达信息，因此能在很小的面积内表达大量的信息。

(2) RFID 技术　RFID 技术是一项利用射频信号通过空间耦合交变磁场或电磁场实现无接触信息传递并通过所传递的信息达到识别目的的技术。简单的 RFID 系统由以下三部分组成：

1）电子标签（Tag）。电子标签由耦合元件及芯片组成，每个电子标签具有全球唯一的识别号，无法修改和仿造，保障了安全性。电子标签中一般保存了约定格式的电子数据，保存了待识别物体的属性。

2）天线（Antenna）。在标签和阅读器间传递射频信号，即标签的数据信息和阅读器发出的命令信息。

3）阅读器（Reader）。读取或写入电子标签信息的设备，有手持式和固定式。阅读器可不接触地读取并识别电子标签中所保存的电子数据，从而达到自动识别物体的目的，并与计算机相连，对所读取的标签信息进行处理。

RFID 系统构成如图 4-7 所示。阅读器通过天线在一定区域内发射能量形成电磁场，区域大小取决于发射功率、工作频率和天线尺寸。电子标签进入这个区域内时，接收到阅读器的射频脉冲，电压调节器对其整流和稳压后输出为工作电压。同时，解调器从接收到的射频脉冲中解调出命令和数据并送到逻辑控制单元，逻辑控制单元接收指令后发送存储在标签中的产品信息（无源标签或被动标签），或者标签主动发送某一频率的信号（有源标签或主动标签）。阅读器接收到从标签返回的数据后，解码并进行错误校验来判断数据的有效性，然后发送数据至中央信息系统进行有关的数据处理，必要时可通过 RS232、RS422、RS485 等有线接口或无线接口将数据传送到计算机。

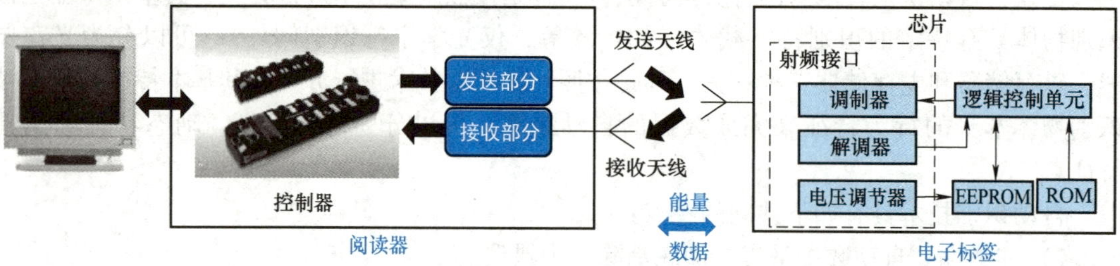

图 4-7　RFID 系统构成

EEPROM—Electrically Erasable Programmable Read Only Memory，带电可擦可编程只读存储器

ROM—Read Only Memory，只读存储器

(3) 图像识别技术　图像识别是人工智能的一个重要领域。图像识别技术是指对图像进行特征识别，以识别出各种不同模式的目标和对象的技术。图像识别技术的原理是基于图像的明显特征，捕捉和识别突出特征后，对图像的内容和性质进行判断，分析其代表的含义，达到充分利用图像中的有效信息识别图像的目的。图像特征是图像识别的重点，例如大写英文字母 A 存在一个突出的尖角，O 存在一个圈，而 Y 可视为由钝角、锐角和线条共同形成的。

图像识别技术是基于人工智能技术发展出现的，因此，计算机图像识别的过程也与人脑识别图像的过程类似，只不过是以技术形式展现出来。基于人工智能的图像识别过程如下：

1）信息和数据的获取。信息和数据的获取是图像识别的基础，在图像识别技术中，所需要获取的是图像的特征信息和特殊数据，这些信息和数据包含能够区分不同图像的图形特征。将其存储于计算机的数据库后，可以用于之后的步骤。

2）图像预处理。图像预处理是特征提取之前的关键环节。由于图像采集设备的限制和环境的影响，输入计算机的图像往往存在各种误差，例如亮度和对比度不足，图像噪点较多等。图像预处理主要指对原始的数字图像进行各种变换，从而提高其在后续操作过程中的算法运行效率。

3）特征提取与选择。特征提取与选择是图像识别技术的核心。识别模式的建立对于特征的要求十分严格，这决定着图像最终能够否被成功识别。识别模式的建立就是将不同图像的特殊特征提取出来，选择能够区分不同图像的特征并将其存储，让计算机记忆这种特征。

4）图像识别。经过特征提取后，图像的所有信息都转化为一系列的特征向量，图像识别也就是对陌生图像的特征向量进行识别最终识别出图像的过程。一般的计算机视觉系统都需要在短时间内对图像做出快速的反应，而且需要将未知图片与成千上万的数据库图像进行比对，当图像含有复杂的特征时，这个过程对计算机硬件和软件的要求就会变得很高。目前常用的图像识别方法有模板匹配法、贝叶斯法、神经网络法、强化学习法等，其中大多数方法都基于或是借鉴了人工智能方法，具体的图像识别方法需要根据具体的图像识别任务来确定，目前还没有一种通用的最佳方法。

常用的图像识别技术包括模式识别、神经网络形式及非线性降维形式。

4.2.3　自动识别技术的发展趋势

自动识别技术是为各行业领域的用户提供以自动识别与数据采集为主的信息化产品与服务的现代高新技术，它作为网络信息技术的一个重要分支，已成为推动国民经济信息化发展的重要基础和手段之一。

1）多种自动识别技术的高度集成化及应用。将条码识别技术、射频识别技术、指纹识别技术、人脸识别技术、DNA 识别技术、其他生物特征识别技术、语音识别技术、图像识别技术和光字符识别技术集成应用，产生一种新的具有广泛生命力的交叉技术，以满足事物多样性的要求。例如在身份识别的场合，集成应用多种识别技术，将人的生物特征如指纹、虹膜、照片等信息存储在二维条码或电子标签中，现场可以进行脱机认证，能够在提高效率的同时保证安全性。

2）自动识别与无线通信相结合是未来自动识别产业发展的一个重要趋势。自动识别技术与无线通信技术的紧密结合，将引领未来发展的新潮流。利用计算机互联网、无线数据通信等技术，实现物品中信息的自动识别、交换和共享，从而实现对物品的透明化管理，对人们的日常生活和工作带来巨大而深远的影响。

3）自动识别技术的智能化水平将不断提高。自动识别技术需要与人工智能技术紧密结合，从而使机器不仅具备处理语法信息的能力，还具备处理语义信息和自学习、记忆的能力，以模拟人类大脑神经网络的结构和行为。因此，提高自动识别系统的信息理解能力是自动识别技术发展的一个重要趋势。

4）自动识别技术的应用领域将继续拓宽并向更多的领域发展。条码识别技术最早应用于零售业，而后不断向其他领域延伸和拓展，如物流运输、零售业、工业等领域。射频识别技术也得到了广泛应用，如居民身份证、校园一卡通、电子车票及机动车辆的自动识别等。

5）自动识别技术标准不断涌现，标准体系日趋完善。随着信息社会的高速发展，我国的自动识别技术产业将朝着集群化、规模化和国际化的方向快速发展，同时新的科学技术将不断完善自动识别技术系统。全球已形成标准化组织与企业共同制定的国际自动识别技术标准。

6）自动识别与虚拟仪器相结合，将会加强产品识别能力，保障安全性。

7）自动识别技术与嵌入式系统、互联网相结合，将是未来的重要发展方向。

4.2.4 RFID 技术在自动化仓储管理系统中的应用

在物流行业中，随着制造环境的改变，产品生产周期越来越短，小批量、多品种的生产方式对库存管理的要求越来越高。如果不能保证及时准确而有效地进货、发货和库存控制，将会给企业带来较大损失，因此必须建立新型的库存管理系统。为此，就需要将 RFID 技术应用于新型仓储管理系统中。利用该技术的非可视性阅读和多标签同时识读等特性，可以快速而有效地完成收货、上架、拣货、补货、发货、盘点等流程。将其作为一项企业的基础设施，可以提供资产、库存、材料的实时位置和状态的稳定数据流，进一步提高企业竞争力。

基于 RFID 的管理系统可以大大简化物品的库存管理，满足信息流量不断增大和信息处理速度不断提高的需求。基于 RFID 的管理系统可实现仓库的收料管理、出入库管理、移库管理和盘点管理等功能，可以方便企业对货物进行监管，以及对仓库里物料的基本情况进行更新、删除和查询。

电子标签是企业 RFID 物流仓库系统中的主要部件。由于 RFID 技术目前还未在物流企业的各个供应链上普及，所以，货物刚从供应商处送过来时，往往是未贴标签的。而要将 RFID 技术应用于仓储管理系统，就必须使用 RFID 标签，所以在入库之前，首先要制作需要的电子标签。电子标签分为两种：一种为库位标签，包括库位编号及所放货物信息，便于货物存放位置的管理；另一种为货物标签，主要记录货物的各种信息，包括名称、数量、种类、价格等。具体的制作过程就是使用 RFID 读写器将库位信息写入到电子标签中。然后将电子标签固定在库位上，这样管理员就可以使用手持式阅读器读取库位信息了。

由于物流企业出入库时的货物数量往往较多，因此，还需制作托盘标签，便于大批量货物的管理。如果货物数量较少，则在每个货物上粘贴货物标签。此外，这些标签都可重复使用，待货物出库时取下并送到入库处重复使用即可。

其他流程有入库作业、出库作业、移库作业及库存盘点等，这些都是在已贴上相应电子标签的前提下进行的，具体流程如图 4-8 所示。

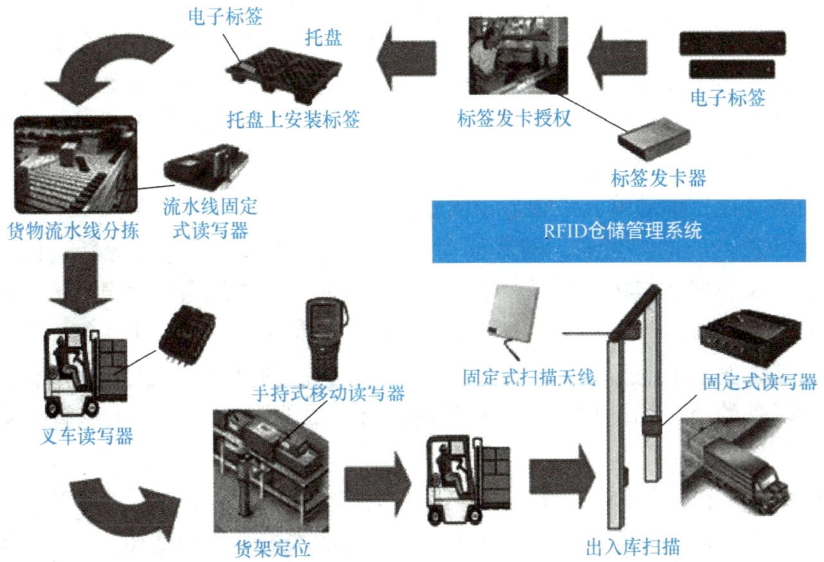

图 4-8　RFID 仓储管理系统示意图

4.3　新一代人工智能

4.3.1　新一代人工智能概述

在数据、运算能力、算法模型、多元应用的共同驱动下，人工智能的定义正从用计算机模拟人类智能演进到协助引导提升人类智能，通过与机器、人与网络的相互连接融合，更加密切地融入人类生产生活，从辅助性设备和工具进化为协同互动的助手和伙伴。新一代人工智能的出现主要基于以下几个方面的变化：

(1) 发展环境的变化　经过 60 多年的发展以及时代的变化，人工智能的发展环境和形势发生了巨大的变化，种种变化给人工智能提出了新的发展要求，同时也为其发展注入了新的动力，这些变化主要体现在三个方面。

第一个变化是信息环境巨变。从几十年前的几个人共用一台计算机，到一个人使用一台计算机，再到现在一个人使用几台计算机。另外，现在智能手机、智能手表都属于移动计算机，已经无处不在。不仅如此，互联网、移动计算、超级计算、云计算及各种穿戴设备，以及物联网、网上社区、搜索引擎，这些都是在这 20 年间发展出现或者从起步到繁荣的，这 20 年的信息环境发生了巨大的变化，已经不是一个计算机所创造的世界，而是计算机、网络、传感器、各种各样的人和机器之间的互动共同创造的这个世界，在这种情况下人工智能不能不变。

第二个是社会需求的变化。为满足智能城市、智能交通、智能游戏、智能家居、智能驾驶、智能医疗及智能制造等的发展需求，过去的数据应用显然是不够的，因此现在急切需要新的人工智能技术的出现。

第三个是人工智能的基础和目标的变化。人工智能仍然是以数据驱动的，但是过去的数据是经过人编辑的数据的知识表，而现在的数据已经变成了人来不及编辑的大数据。过去人工智能所处理的是符号，包括图像识别和声音识别，现在大量需要处理的数据是多媒体包括图形、图表及文字等多种形式，在互联网构建起一个每秒都承载着大量数据的数据世界。过去我们的目标是用计算机来模拟人的智能，而现在变成了计算机智能和人的智能相结合，形成一个更加强大的智能系统。

这三方面的变化，推动着人工智能迈向新的发展阶段。

（2）技术手段的驱动　当前，随着移动互联网、大数据、云计算等新一代信息技术的加速迭代演进，人类社会与物理世界的二元结构正进阶到人类社会、信息空间和物理世界的三元结构，人与人、机器与机器、人与机器的交流互动越来越频繁。人工智能发展所处的信息环境和数据基础发生了深刻变化，海量化的数据、持续提升的运算力、不断优化的算法模型、结合多种场景的新应用已构成相对完整的闭环，成为推动新一代人工智能发展的四大要素。

1）人机物互联互通成趋势，数据量呈现爆炸性增长。近年来，得益于互联网、社交媒体、移动设备和传感器的大量普及，全球产生并存储的数据量急剧增加，为通过深度学习的方法来训练人工智能提供了良好的土壤。目前，全球数据总量每年都以倍增的速度增长，预计到2020年将达到44万亿GB，中国产生的数据量将占全球数据总量的近20%。海量的数据将为人工智能算法模型提供了源源不断的素材，人工智能正从监督式学习向无监督式学习演进升级，从各行业、各领域的海量数据中积累经验、发现规律、持续提升。

2）数据处理技术加速演进，运算能力实现大幅提升。人工智能领域富集了海量数据，传统的数据处理技术难以满足高强度、高频次的处理需求。人工智能芯片的出现提升了深层神经网络的训练迭代速度，让大规模的数据处理效率显著提升，极大地促进了人工智能行业的发展。目前，出现了GPU（Graphics Processing Unit，图形处理器）、NPU（Neural-network Processing Unit，嵌入式神经网络处理器）、FPGA（Field Programmable Gate Array，现场可编程门阵列）和各种各样的AI-PU专用芯片。相比传统的CPU只能同时作一两个加减法运算，NPU等专用芯片多采用“数据驱动并行计算”的架构，特别擅长处理视频、图像类的海量多媒体数据。在具有比CPU（Central Processing Unit，中央处理器）更高线性代数运算效率的同时，只产生更低的功耗。

3）深度学习研究成果卓著，带动算法模型持续优化。2006年，加拿大多伦多大学教授杰弗里·辛顿提出了深度学习的概念。深度学习极大地推动了人工神经网络算法的发展，提高了机器自学习的能力，例如谷歌大脑团队在2012年通过使用深度学习技术，成功让电脑从视频中“认出”了猫。随着算法模型重要性的进一步凸显，全球科技巨头纷纷加大了这方面的布局力度和投入，通过成立实验室、搭建开源算法框架、打造生态体系等方式推动算法模型的优化和创新。目前，深度学习等算法已经广泛应用于自然语言处理、语音处理及计算机视觉等领域，并在某些特定领域取得了突破性进展，从有监督式学习演化为半监督式和无监督式学习。

4）资本与技术深度耦合，助推行业应用快速兴起。当前，在技术突破和应用需求的双重驱动下，人工智能技术已走出实验室，加速向产业各个领域渗透，产业化水平大幅提升。在此过程中，资本作为产业发展的加速器发挥了重要的作用。

（3）新一代人工智能特征　区别于早期的人工智能，新一代人工智能具有如下特征：

1）大数据成为人工智能持续快速发展的基石。随着新一代信息技术的快速发展，计算能力、数据处理能力和处理速度实现了大幅提升，机器学习算法快速演进，大数据的价值得以展现。与早期基于推理的人工智能不同，新一代人工智能是由大数据驱动的，通过给定的学习框架，不断根据当前设置及环境信息修改、更新参数，具有高度的自主性。例如，在输入3000万张人类对弈棋谱并经过3000万次自我对弈后，人工智能机器人AlphaGo具备了匹敌顶尖棋手的棋力。随着智能终端和传感器的快速普及，海量数据快速累积，基于大数据的人工智能也因此获得了持续快速发展的动力来源。

2）文本、图像和语音等信息实现跨媒体交互。当前，计算机图像识别、语音识别和自然语言处理等技术在准确率及效率方面取得了明显进步，并成功应用于无人驾驶、智能搜索等垂直行业。与此同时，随着互联网、智能终端的不断发展，多媒体数据呈现爆炸式增长，并以网络为载体在用户之间实时、动态传播，文本、图像、语音、视频等信息突破了各自属性的局限，实现跨媒体交互，智能化搜索、个性化推荐的需求进一步释放。未来人工智能将逐步向人类智能靠近，模仿人类综合利用视觉、语言、听觉等感知信息，实现识别、推理、设计、创作、预测等功能。

3）基于网络的群体智能技术开始萌芽。随着互联网、云计算等新一代信息技术的快速应用及普及，大数据不断累积，深度学习及强化学习等算法不断优化，人工智能研究的焦点已从单纯用计算机模拟人类智能，打造具有感知智能及认知智能的单个智能体，向打造多智能体协同的群体智能转变。群体智能充分体现了“通盘考虑、统筹优化”的思想，具有去中心化、自愈性强和信息共享高效等优点，相关的群体智能技术已经开始萌芽并成为研究热点。例如，我国研究开发了固定翼无人机智能集群系统，并于2017年6月实现了119架无人机的集群飞行。

4）自主智能系统成为新兴发展方向。在长期以来的人工智能发展历程中，对仿生学的结合和关注始终是研究的重要方向，如美国军方曾经研制的机器骡及各国科研机构研制的一系列人形机器人等。但均受技术水平的制约和应用场景的局限，在大规模应用推广方面没有获得显著突破。当前，随着生产制造智能化改造升级的需求日益凸显，通过嵌入智能系统对现有的机械设备进行改造升级成为更加务实的选择，也是中国制造2025、德国工业4.0、美国工业互联网等国家战略的核心举措。在此引导下，自主智能系统正成为人工智能的重要发展及应用方向。例如，沈阳机床以i5智能机床为核心，打造了若干智能工厂，实现了“设备互联、数据互换、过程互动、产业互融”的智能制造模式。

5）人机协同正在催生新型混合智能形态。人类智能在感知、推理、归纳和学习等方面具有机器智能无法比拟的优势，机器智能则在搜索、计算、存储、优化等方面领先于人类智能，两种智能具有很强的互补性。人与计算机协同，互相取长补短将形成一种新的“1+1>2”的增强型智能，也就是混合智能，这种智能是一种双向闭环系统，既包含人，又包含机器组件。其中人可以接受机器的信息，机器也可以读取人的信号，两者互相作用，互相促进。在此背景下，人工智能的根本目标已经演变为提高人类智力活动能力，更智能地陪伴人类完成复杂多变的任务。

21世纪以来，移动互联、超级计算、大数据、云计算、物联网等新一代信息技术日新月异、飞速发展，并极其迅速地普及应用，形成了群体性跨越。这些历史性的技术进步，集中汇聚在新一代人工智能技术的战略性突破上，实现了质的飞跃。新一代人工智能呈现出深度学习、跨界协同、人机融合、群体智能等新特征，为人类提供认识复杂系统的新思维、改造自然和社会的新技术。信息化进入了以新一代人工智能技术为主要特征的智能化阶段，新一代人工智能正在逐渐改变各个领域的生产方式，推进结构转型。

4.3.2 新一代人工智能关键技术

1. 人工智能技术三大要素

算法、数据和运算力组成了人工智能高速发展的三要素。实现人工智能所需要具备的基础，第一个是优秀的人工智能算法，比如近年来流行的深度学习算法，就是人工智能领域中最大的突破之一，为人工智能的商业化带来了希望；第二个是被收集的大量数据，数据是驱动人工智能取得更好的识别率和精准度的核心因素；第三个是大量高性能硬件提供的计算能力，以前的硬件运算力并不能满足人工智能的需求，当 GPU 和人工智能结合后，人工智能才迎来了真正的高速发展。

（1）数据　进入互联网时代后，大数据才开始高速发展与积累，这为人工智能的训练学习过程奠定了良好的基础。比如，在 AlphaGo 的学习过程中，核心数据是来自互联网的3000 万例棋谱，而这些数据的积累是历经了十多年互联网行业的发展，直到 2016 年，基于深度学习算法的 AlphaGo 才取得突破性进展，离开了这些棋谱数据的积累，人工智能机器人战胜人是无法实现的。

（2）算法　以人脸识别为例，在 2013 年深度学习应用到人脸识别之前，各种方法的识别成功率只有不到 93%，低于人眼的识别率（95%），因此不具备商业价值。而随着算法的更新，深度学习使得人脸识别的成功率提升到了 97%，这才为基于人工智能人脸识别的应用奠定了商业化基础。

（3）运算力　在二十年前，一个机器人用 32 个 CPU 能达到 120MHz 的速度。现在的人工智能系统使用成百上千个 GPU 来提升计算能力，这使得处理学习或智能的能力得到比较大的增强。二十年前有的计算机使用 CPU 一个月才能出结果，然后再去调整参数，一年也只能调整 12 次，也就是只有 12 次迭代。GPU 的产生大幅提升了运算力，同样的计算现在用 GPU 一天就可以出结果，这样可以迭代得更快，这是人工智能技术高速发展的条件。

2. 新一代人工智能技术介绍

近几年，人工智能从技术研究阶段逐步迈入行业和生活应用阶段，技术及应用进入深度发展期。人工智能技术已由机器视觉、深度学习等基础研究领域拓展到无人驾驶、智能家居等应用领域。从纯技术研究快速切入到行业和生活应用中，表明人工智能发展的广度和深度大大增加。人工智能技术研发内容演进情况如图 4-9 所示。

（1）机器学习　机器学习是指通过计算机学习数据中的内在规律性信息，获得新的经验和知识，以提高计算机的智能性，使计算机能够像人那样去决策，是学界与业界研究与应用的热点和焦点。以深度学习为代表的机器学习是当前最接近人类大脑的智能学习方法和认知过程，充分借鉴了人脑的多分层结构、神经元的连接交互、分布式稀疏存储和表征信息的逐层分析处理机制，以及自适应、自学习的强大的并行信息处理能力。

机器学习一般根据处理的数据是否存在人为标注分为监督式学习和无监督式学习。监督式学习用有标签的数据作为最终学习目标，通常学习效果好，但获取有标签的数据的代价是昂贵的。无监督式学习相当于自学习或自助式学习，便于利用更多的数据，同时可能会发现

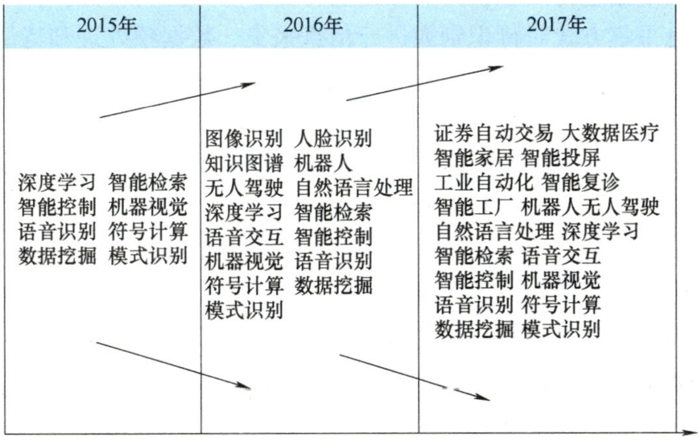

图4-9 人工智能技术研发内容演进图

数据中存在的更多模式的先验知识（有时会超过手工标注的模式信息），但学习效率较低。二者的共性是通过建立数学模型的方法为最优化问题求解，通常没有完美的解法。

机器学习的目标就是在一定网络结构的基础上，构建数学模型，选择相应的学习方式和训练方法，学习输入数据的数据结构和内在模式，不断调整网络参数，通过数学工具求解模型最优化的预测反馈，提高泛化能力，防止过拟合。机器学习算法主要是指通过数学及统计方法求解最优化问题的步骤和过程，机器学习领域经典算法包括BP算法、卷积神经网络和深度学习算法。

（2）计算机视觉 计算机视觉是使用计算机模仿人类视觉系统的科学，让计算机拥有类似人类提取、处理、理解和分析图像及图像序列的能力。自动驾驶、机器人、智能医疗等领域均需要依靠计算机视觉技术从视觉信号中提取并处理信息。随着深度学习的发展，预处理、特征提取与算法处理渐渐融合，形成端到端的人工智能算法技术。根据解决的问题不同，计算机视觉可分为计算成像学、图像理解、三维视觉、动态视觉和视频编解码五大类。

（3）知识图谱 知识图谱（Knowledge Graph）是谷歌用于增强其搜索引擎功能的知识库。本质上，知识图谱旨在描述真实世界中存在的各种实体或概念及其关系，其构成一张巨大的语义网络图，节点表示实体或概念，边则由属性或关系构成。现在的知识图谱已被用来泛指各种大规模的知识库。知识图谱技术是人工智能技术的组成部分，其强大的语义处理和互联组织能力为智能化信息应用提供了基础。其建立的具有语义处理能力与开放互联能力的知识库，可在智能搜索、智能问答、个性化推荐等智能信息服务中发挥应用价值。

（4）生物特征识别 生物特征识别技术是指根据个体生理特征或行为特征对个体身份进行识别认证的技术。生物特征识别技术涉及的内容十分广泛，包括指纹、掌纹、人脸、虹膜、指静脉、声纹、步态等多种生物特征，其识别过程涉及图像处理、计算机视觉、语音识别、机器学习等多项技术。目前生物特征识别作为重要的智能化身份认证技术，在金融、公共安全、教育、交通等领域得到广泛的应用。从应用流程看，生物特征识别通常分为注册和识别两个阶段。在注册阶段，应用传感器对人体的生物表征信息进行采集，如利用图像传感器对指纹和人脸等光学信息、麦克风对说话声等声学信息进行采集，再利用数据预处理及特征提取技术对采集的数据进行处理，得到相应的特征后对其进行存储。在识别阶段，采用与注册过程一致的信息采集方式对待识别人进行信息采集、数据预处理和特征提取，然后将提取的特征与存储的特征进行比对分析，完成识别。

从应用任务看，生物特征识别一般分为辨认与确认两种任务。辨认是指从存储库中确定待识别人身份的过程，是一对多的问题；确认是指将待识别人信息与存储库中特定单人信息进行比对，确定身份的过程，是一对一的问题。

4.3.3 人工智能技术发展趋势

新一代人工智能技术的发展趋势主要包括以下四个方面：

1）从原有的 CPU 架构，转变为 GPU 并行运算架构。GPU 架构具备与深度学习相匹配的并行运算能力。GPU 最初是个人电脑、工作站、游戏机和一些移动设备上运行绘图运算工作的微处理器，可以快速处理图像上的每一个像素点，其海量数据并行运算的能力与深度学习需求非常符合。当前主流的 CPU 只有 4 核或 8 核，可以模拟出 12 个处理线程来进行运算，但是普通级别的 GPU 就包含了成百上千个处理单元，高端的甚至更多，这对于多媒体计算中大量的重复处理过程有着天生的优势。吴恩达教授领导的谷歌大脑研究工作结果表明，12 颗英伟达（Nvidia）公司的 GPU 可以提供相当于 2000 颗 CPU 的深度学习性能，为技术的发展带来了实质性飞跃，被广泛应用于全球各大主流深度学习开发机构与研究院所。

2）从单一算法驱动，转变为数据、运算力和算法复合驱动。与早期人工智能相比，新一代人工智能体现出数据、运算力和算法相互融合、优势互补的良好特点。数据方面，人类进入互联网时代后，数据技术高速发展，各类数据资源不断积累，为人工智能的训练学习过程奠定了良好的基础。运算力方面，摩尔定律仍在持续发挥效用，计算系统的硬件性能逐年提升，云计算、并行计算、网格计算等新型计算方式的出现拓展了现代计算机性能，获得更快的计算速度。算法方面，伴随着深度学习技术的不断成熟，运算模型日益优化，智能算法不断更新，提升了模型辨识解析的准确度。数据、运算力和算法复合驱动模式将引发人工智能爆发式增长。

3）从封闭的单机系统，转变为快捷灵活的开源框架。以往的人工智能专家系统是基于本地化专业知识进行设计开发，以知识库和推理机为中心而展开，推理机设计内容由不同的专家系统应用环境决定，单独设定模型函数与运算机制，一般不具备通用性。开源框架将推动构建人工智能行业解决方案。人工智能系统的开发工具日益成熟，通用性较强且各具特色的开源框架不断涌现，如谷歌的 TensorFlow、Facebook 的 Torchnet、百度的 PaddlePaddle 等，其共同特点是均基于 Linux 生态系统，具备分布式深度学习数据库和商业级即插即用功能，与硬件结合生成各种应用场景下的人工智能系统与解决方案。

4）从学术研究探索导向，转变为快速迭代的实践应用导向。学术导向难以满足复杂数据信息背景下的创新需求。随着人工智能的不断发展，不同学派按照各自对人工智能领域基本理论、研究方法和技术路线的理解，以学术研究为目的进行探索实践，一定程度上推动了人工智能理论与技术的发展。在如今数据环境改变和信息环境变化的背景下，现实世界结构趋向复杂，单纯依靠课题立项和学术研究无法持续推动人工智能满足当前现实世界的模拟与互动需求，快速变化的应用环境也容易导致理论研究与实际应用相脱节，影响人工智能技术对经济发展和社会进步的积极拉动作用。快速迭代的实践应用导向加速形成技术发展正循环。在技术快速迭代发展的过程中，数据累积和大规模应用会起到至关重要的作用，将持续推动人工智能技术实现自我超越。

新一代人工智能未来可以在五个方面进行深入研究：

1）大数据智能。探究如何利用人工智能技术从信息大数据中获得价值。例如谷歌公司使用 Deepmind 提供的人工智能技术为机房减少 15% 用电量，节省上亿美元资金。

2）群体智能。群体智能提供了一种通过聚集群体的智慧解决问题的新模式。特别是由于共享经济的快速发展，群体智能不仅成为了解决科学难题的新途径，而且也已融入日常生活的各个方面。例如：基于群体编辑的维基百科、基于群体开发的开源软件、基于众问众答的知识共享、基于众筹众智的万众创新、基于众包众享的共享经济等。

3）跨媒体智能。信息的传播从文字、图像、音频、视频等单一媒体形态逐步过渡到相互融合的多种媒体形态，越来越显现跨媒体特性，而如何实现跨媒体分析与推理就成为研究和应用的关键问题。

4）人机混合的增强智能。由于人类面临的许多问题具有不确定性、脆弱性和开放性，任何智能程度的机器都无法完全取代人类，这就需要将人的作用或人的认知模型引入到人工智能系统中，形成混合的增强智能的形态，这种形态是人工智能或机器智能可行的、重要的成长模式。

5）智能无人自主系统。研发无人干预的智能系统，如无人车、无人机、服务机器人、空间机器人、海洋机器人、无人车间和智能工厂等。

4.3.4　新一代人工智能在智能制造中的应用

下面以机器视觉检测系统为例介绍新一代人工智能在智能制造中的应用。

为了生产无缝钢管，需要先将钢坯输送到炉中加热。接着，将坯料穿孔以形成厚壁的中空壳体，之后将芯棒插入壳体。然后，在芯棒式无缝管轧机中对坯料进行伸长轧制。在伸长工艺之后，坯料被输送到推进台，在那里它被推动穿过一系列轧辊机座，最终形成具有连续更小壁厚的中空长钢管。

这种方法尽管与热轧工艺一样有效，但在轧机台架中的轧辊机座偶尔会使钢管表面产生标记等缺陷，这些缺陷在热条件下非常难以检测。因此，在质量改进项目中，许多制造商希望尽可能早地识别这些缺陷，避免以相当大的代价生产出大量有缺陷的材料。

（1）视觉系统　为了解决这些问题，西班牙 Tecnalia 研究院的工程师开发出了一套名称为“Surfin”的机器视觉系统，使钢铁制造商在钢管从推进台推出时，就可检测到缺陷，如图 4-10 所示。该机器视觉系统可以检测缺陷并为制造商提供生产过程中很多问题的监测信息和相关提示，使制造商能对推进台进行预防性维护，防止将任何有缺陷的钢管交付给客户。

由轧辊机座产生的钢管表面上的典型缺陷通常遵循一定的模式重复出现，直到轧机支架改变。这些缺陷包括表面上的裂缝、轧机支架阻挡标记、表面材料被去除或粘贴。

无缝钢管的生产环境可谓极端恶劣，不仅生产钢管时的相对速度可以达到 6～7m/s（Surfin 系统可以工作在高达 10m/s 的速度下），而且钢材从轧辊机座推出时的温度约为 1000℃，再加上环境脏、存在水和油蒸汽，都使得缺陷检测非常困难。

钢材表面热辐射的光与红外（Infrared Radiation，IR）、红光、橙光和黄光波段的热发射

图 4-10　西班牙 Tecnalia 研究院的机器视觉系统

量直接相关，由于相机对钢材热辐射的光的所有波段都敏感，因此捕获钢材表面的所有反射光的图像将使相机中的传感器饱和。为了解决这一问题，Surfin 系统使用波长远离炽热钢材所发射光谱的波长。然后，系统利用窄带光学带通滤光片和 IR 辐射滤光片，使相机只接收所需波段的辐射，同时保护电子系统免受热辐射（IR 滤光片）。

如图 4-11a 所示，为了使系统能够精确地捕获钢管表面的 360°图像，系统使用了三组激光器和 14000 lines/s 线扫描相机，如图 4-11b 所示，三套激光器和相机组以 120°角度间隔安装在垂直于滚动轴中心线的同一平面内，相机位于推进台输出端周围的保护罩中。

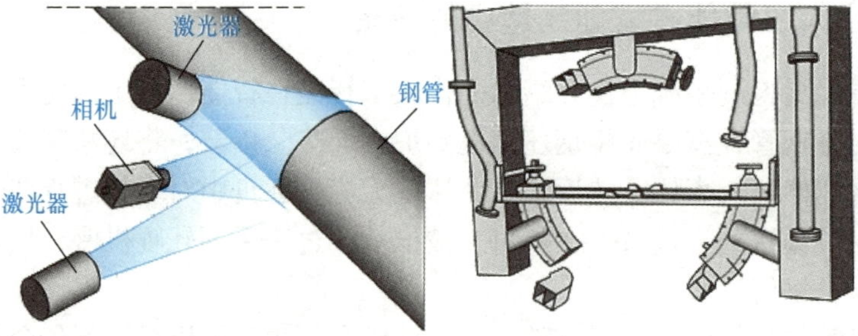

a) 钢管表面激光器和相机安置方法　　b) 推进台激光器和相机安置方法

图 4-11　机器视觉系统安装

由于环境的温度很高，保持相机连续冷却至关重要。为此，系统将压缩冷却空气注入保护罩中，保护相机和激光设备免受热和恶劣环境的影响。空气不仅冷却系统，而且过量的空气通过窗口排出的过程也防止了鳞状物、氧化物、灰尘和液体的沉积。此外，激光器通过该窗口输出光束，相机通过该窗口捕获图像。

（2）图像处理　一旦捕获了钢材表面的图像，接下来便可以通过光纤有线网络将图像传送到控制室中的服务器上。在这里，首先对图像进行预处理，利用直方图均衡等定制图像增强算法来增强图像的对比度。图像增强之后，再使用定制软件处理图像，如采用基于支持向量机（Support Vector Machine，SVM）的辅助学习系统，一旦系统学习过通过纹理、对比度和尺寸识别来自不同样品缺陷的方法，则算法可以自动检测和分类生产环境中最重要的生产缺陷，如图 4-12 所示。

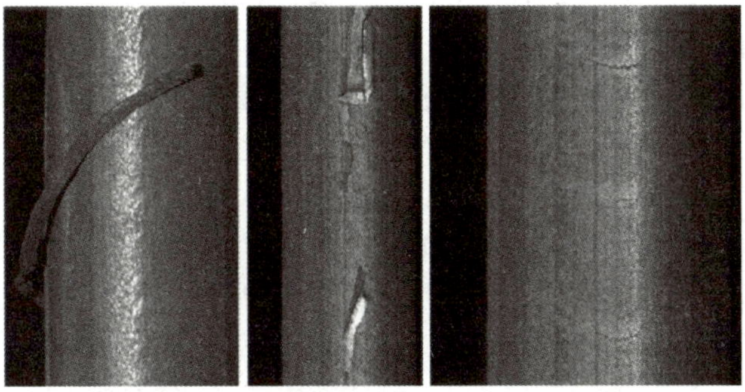
a) 材料粘贴　b) 材料被去除　c) 辊痕

图 4-12　钢材中出现的典型缺陷

中控室的服务器用于存储来自相机的图像、被发现的缺陷数据，以及缺陷在钢管上的位置，还将在数据库中存储压力、温度、速度信号、通信和其他钢管生产数据的报警记录等，用于质量控制和保障可追溯性。还可以通过在局域网上的计算机上安装客户端应用，对服务器上的数据进行远程检查。

4.4　物联网技术

4.4.1　物联网的概念

物联网（Internet of Things，IoT）的概念最早于 1999 年由美国麻省理工学院提出，早期的物联网是指依托 RFID 技术和设备，按约定的通信协议与互联网相结合，为实现物品信息智能化识别和管理，将物品信息互联而形成的网络，如图 4-13 所示。随着技术和应用的发展，物联网内涵不断扩展。现代意义的物联网可以实现对物的感知、识别和控制，以及网络化互联和智能处理的有机统一，从而形成高智能决策。物联网是新一代信息技术的重要组成部分，也是“信息化”时代的重要发展阶段。

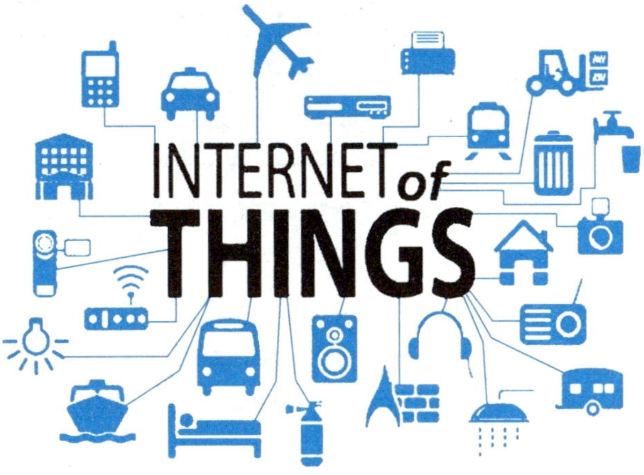

图 4-13　物联网技术

顾名思义，物联网就是物物相连的互联网。这有两层意思：其一，物联网的核心和基础仍然是互联网，是在互联网基础上延伸和扩展的网络；其二，其用户端延伸和扩展到了任何物品，在物品与物品之间，进行信息交换和通信，也就是物物相连。物联网通过智能感知、识别技术与普适计算等通信感知技术，广泛应用于网络的融合中。

中国工信部电信研究院发布的《物联网白皮书》认为："物联网是通信网和互联网的拓展应用和网络延伸，它利用感知技术与智能装置对物理世界进行感知识别，通过网络传输互联，进行计算、处理和知识挖掘，实现人与物、物与物信息交互和无缝链接，达到对物理世界实时控制、精确管理和科学决策目的。"

4.4.2 物联网网络架构及技术体系

1. 物联网网络架构

物联网网络架构由感知层、网络层和应用层组成，如图 4-14 所示。感知层实现对物理世界的智能感知识别、信息采集处理和自动控制，并通过通信模块将物理实体连接到网络层和应用层。网络层主要实现信息的传递、路由和控制，包括延伸网、接入网和核心网，网络层可依托公众电信网和互联网，也可以依托行业专用通信网络。应用层包括应用基础设施/中间件和各种物联网应用，应用基础设施/中间件为物联网应用提供信息处理、计算等通用基础服务设施、能力及资源调用接口，以此为基础实现物联网在众多领域的各种应用。

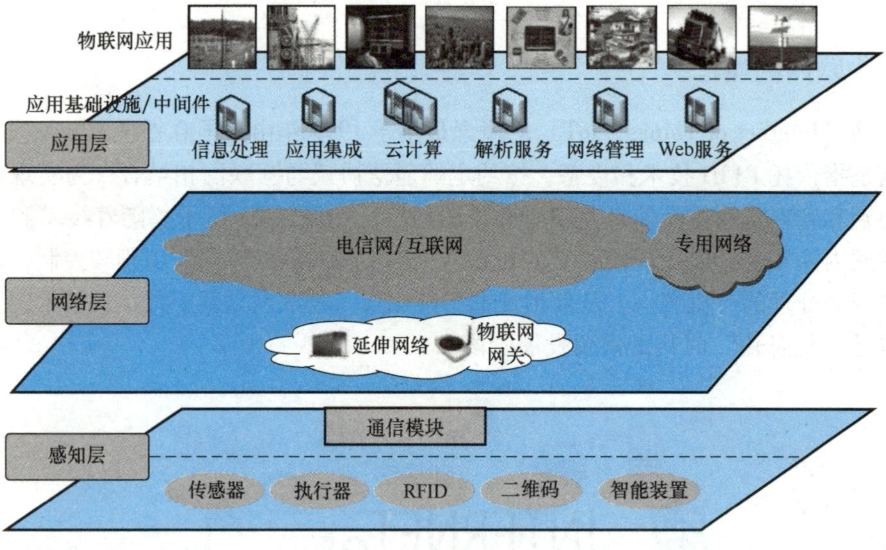

图 4-14　物联网网络架构

2. 物联网技术体系

物联网涉及感知、控制、网络通信、微电子、计算机、软件、嵌入式系统、微机电等技术领域，因此物联网涵盖的关键技术也非常多，为了系统分析物联网技术体系，《物联网白皮书》将物联网技术体系划分为感知关键技术、网络通信关键技术、应用关键技术、共性技术和支撑技术，具体如图 4-15 所示。

(1) 感知、网络通信和应用关键技术　传感和识别技术是物联网感知物理世界、获取信息和实现物体控制的首要环节。传感器将物理世界中的物理量、化学量、生物量转化成可供处理的数字信号。通过识别技术可实现对物联网中物体的标识和位置信息的获取。

网络通信技术主要实现物联网数据信息和控制信息的双向传递、路由和控制，重点包括低速近距离无线通信技术、低功耗路由技术、自组织通信技术、无线接入增强技术、IP承载技术、网络传送技术、异构网络融合接入技术及认知无线电技术。

海量信息智能处理综合运用高性能计算、人工智能、数据库和模糊计算等技术，对收集的感知数据进行通用处理，重点涉及数据存储、云计算、数据挖掘、平台服务、信息呈现等。

面向服务的体系架构（Service Oriented Architecture，SOA）是一种松耦合的软件组件技术，它将应用程序的不同功能模块化，并通过标准化接口和调用方式联系起来，实现快速可重用的系统开发和部署。SOA可提高物联网架构的扩展性，提升应用开发效率，充分整合和复用信息资源。

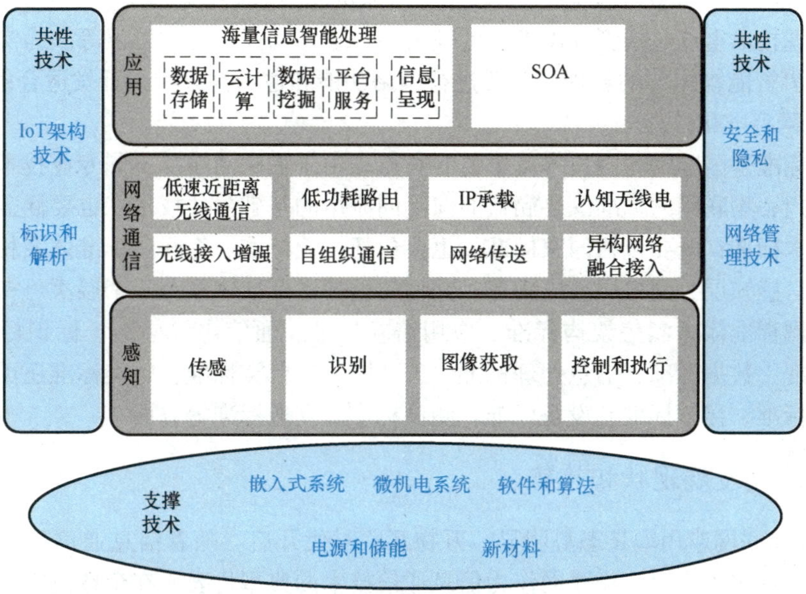

图4-15 物联网技术体系

（2）支撑技术 物联网支撑技术包括嵌入式系统、微机电系统（Micro Electro Mechanical System，MEMS）、软件和算法、电源和储能、新材料等。

嵌入式系统是满足物联网对设备功能、可靠性、成本、体积、功耗等的综合要求，可以按照不同的应用需求而定制裁剪的嵌入式计算机技术，是实现物体智能的重要基础。

MEMS可实现对传感器、执行器、处理器、通信模块、电源系统等的高度集成，是支撑传感器节点微型化、智能化的重要技术。

软件和算法是实现物联网功能、决定物联网行为的主要技术，重点包括各种物联网计算系统的信息感知与处理、交互与优化的软件与算法，以及物联网计算系统体系结构与软件平台等。

电源和储能是物联网关键支撑技术之一，包括电池、能量储存、能量捕获、能量循环、恶劣情况下的发电、新能源等技术。

新材料主要是指应用于传感器的敏感元件实现的材料技术。传感器敏感材料包括湿敏材料、气敏材料、热敏材料、压敏材料、光敏材料等。新敏感材料的应用可以使传感器的灵敏度、尺寸、精度、稳定性等性能获得改善。

(3) 共性技术　物联网共性技术涉及网络的不同层面，主要包括架构技术、标识和解析、安全和隐私、网络管理技术等。

物联网架构技术目前处于概念发展阶段。物联网需要具有统一的架构、清晰的分层、支持不同系统的互操作性、适应不同类型的物理网络、适应物联网的业务特性。

标识和解析技术是对物理实体、通信实体和应用实体赋予或其本身固有的一个或一组属性，并能实现正确解析的技术。物联网标识和解析技术涉及不同的标识体系、不同体系的互操作、全球解析或区域解析、标识管理等。

安全和隐私技术包括安全体系架构、网络安全技术、隐私保护技术、安全管理机制和保证措施、“智能物体”的广泛部署对社会生活带来的安全威胁预防等。

网络管理技术重点包括管理需求、管理模型、管理功能、管理协议等。为实现对物联网广泛部署的“智能物体”的管理，需要进行网络功能和适用性分析，开发适合的管理协议。

3. 物联网标准化

物联网标准是国际物联网技术竞争的制高点。由于物联网涉及不同专业技术领域、不同行业应用部门，物联网的标准既要涵盖面向不同应用的基础公共技术，也要涵盖满足行业特定需求的技术标准；既要包括国家标准，也要包括行业标准。物联网标准体系相对庞杂，从物联网总体、感知层、网络层、应用层、共性关键技术标准体系等五个层次可初步构建标准体系。物联网标准体系涵盖架构标准、应用需求标准、通信协议标准、标识标准、安全标准、应用标准、数据标准、信息处理标准、公共服务平台类标准，每类标准还可能涉及技术标准、协议标准、接口标准、设备标准、测试标准、互通标准等方面。

4.4.3 物联网发展现状和趋势

1）全球物联网应用增长态势明显，万物互联时代开启。随着信息通信技术以前所未有的速度转化为现实生产力，物联网作为信息通信技术的典型代表，在全球范围内呈现加速发展的态势。如图 4-16 所示，不同行业和不同类型的物联网应用逐渐普及和成熟，随着可穿戴设备、智慧医疗、智能农业等的发展，数以百亿计的新设备将接入网络。预计到 2020 年，全球联网设备数量将达到 260 亿个，物联网市场规模将达到 1.9 万亿美元。万物互联在推动海量设备接入的同时，将促使网络中海量数据的形成，预计 2020 年，全球联网设备带来数据将达到 44ZB，物联网数据价值的发掘将进一步推动物联网应用呈现爆发性增长，促进生产生活和社会管理方式不断向智能化、精细化、网络化方向转变。

2）技术的进步和产业的逐步成熟推动物联网发展进入新阶段

在物联网发展经历了概念驱动、示范应用引领之后，技术的显著进步和产业的逐步成熟推动物联网发展进入新的阶段。一是产业成熟度提升带来物联网部署成本不断下降。相比 10 年前，全球物联网处理器价格下降 98%，传感器价格下降 54%，带宽价格下降 97%，成本的降低为物联网大规模部署提供了基础。二是联网技术不断突破。联网技术是物联网产业兴起的重要条件，在全球范围内低功率广域网（Low Power Wide Area Network，LPWAN）技术快速兴起并逐步商用，面向物联网广覆盖、低时延场景的 5G 技术标准化进程加速，同时

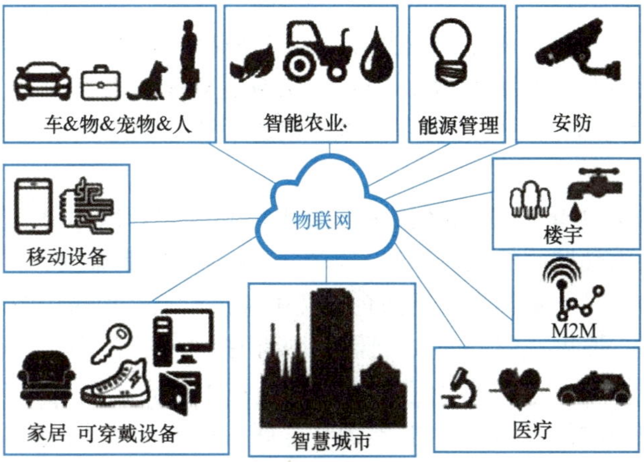

图 4-16　物联网的发展趋势

工业以太网、短距离通信技术等相关通信技术也取得显著进展。三是数据处理技术水平与能力有明显提升。随着大数据整体技术体系的基本形成，信息提取、知识表现、机器学习等人工智能研究方法和应用技术发展迅速。大数据技术在物联网中的应用能够有效地释放物联网数据的潜在价值。四是产业生态构建所需的关键能力加速成熟。云计算的成熟、开源软件等有效降低了企业构建生态的门槛，推动全球范围内水平化物联网平台的兴起和物联网操作系统的进步。

4.4.4　物联网在工业领域中的应用

工业是物联网应用的重要领域，智能工厂的建设也离不开物联网的支持，如图 4-17 所示。具有环境感知能力的各类终端、基于泛在技术的计算模式、移动通信等不断融入工业生产的各个环节，可大幅提高制造效率，改善产品质量，降低产品成本和资源消耗，将传统工业提升到智能工业的新阶段。

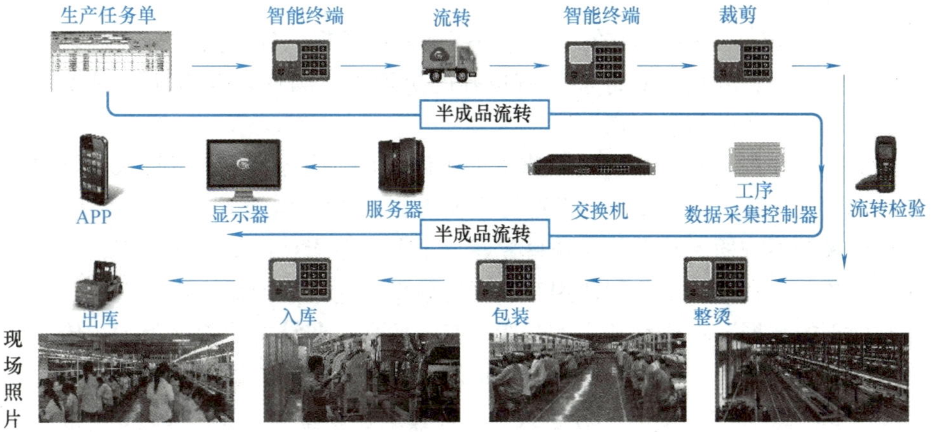

图 4-17　RFID 物联网系统

从当前的技术发展和应用前景来看，物联网在工业领域的应用主要集中在以下几个方面：

(1) 制造业供应链管理　物联网应用于企业的原材料采购、库存管理、产品销售等环节，通过完善和优化供应链管理体系，提高了供应链效率，降低了成本。空中客车（Airbus）通过在供应链体系中应用传感网络技术，构建了全球制造业中规模最大、效率最高的供应链体系。

(2) 生产过程工艺优化　物联网技术的应用提高了生产线过程检测、实时参数采集、生产设备监控、材料消耗监测的能力和水平。生产过程的智能监测、智能控制、智能诊断、智能决策、智能维护水平不断提高。钢铁企业应用各种传感器和通信网络，在生产过程中实现对加工产品的宽度、厚度、温度的实时监控，从而提高了产品质量，优化了生产流程。

(3) 产品设备监控管理　各种传感技术与制造技术融合，实现了对设备操作使用记录的远程监控和设备故障的远程诊断。GE 集团在全球建立了 13 个面向不同产品的综合服务中心，通过传感器和网络对设备进行在线监测和实时监控，并提供设备维护和故障诊断的解决方案。

(4) 环保监测及能源管理　物联网与环保设备的融合实现了对工业生产过程中产生的各种污染源及污染治理各环节关键指标的实时监控。在重点排污企业排污口安装无线传感设备，不仅可以实时监测企业的排污数据，而且可以远程关闭排污口，防止突发性环境污染事故的发生。电信运营商已开始推广基于物联网的污染治理实时监测解决方案。

(5) 工业安全生产管理　把感应器嵌入地装备到矿山设备、油气管道、矿工设备中，可以感知危险环境中工作人员、设备机器、周边环境等方面的安全状态信息，将现有分散、独立、单一的网络监管平台升级为系统、开放、多元的综合网络监管平台，实现实时感知、准确辨识、快捷响应、有效控制。

4.5　大数据技术

4.5.1　大数据概述

大数据（Big Data）是指无法在一定时间范围内用常规软件工具进行捕捉、管理和处理的数据集合，是需要新处理模式才能具有更强的决策力、洞察发现力和流程优化能力的海量、高增长率和多样化的信息资产。

大数据的应用和技术是在互联网快速发展中诞生的，起点可追溯到 2000 年前后。当时互联网网页爆发式增长，每天新增约 700 万个网页，到 2000 年底全球网页数达到 40 亿，用户检索信息越来越不方便。谷歌等公司率先建立了覆盖数十亿网页的索引库，开始提供较为精确的搜索服务，大大提升了人们使用互联网的效率，这是大数据应用的起点。当时搜索引擎要存储和处理的数据，不仅数量之大前所未有，而且以非结构化数据为主，传统技术无法应对。为此，谷歌提出了一套以分布式为特征的全新技术体系，即后来陆续公开的分布式文件系统 GFS（Google File System）、分布式并行计算编程模型 Map Reduce 和分布式数据存储系统 BigTable 等技术，在能够处理的数据规模上，以较低的成本实现了之前技术无法达到的规模。这些技术奠定了当前大数据技术的基础，可以认为是大数据技术的源头。

伴随着互联网产业的崛起，这种创新的海量数据的处理技术在电子商务、定向广告、智能推荐、社交网络等方面得到应用，取得了巨大的商业成功。这启发全社会开始重新审视数据的巨大价值，于是金融、电信等拥有大量数据的行业开始尝试这种新的理念和技术，取得初步成效。与此同时，业界也在不断对谷歌提出的技术体系进行扩展，使之能在更多的场景下使用。2011 年，麦肯锡、世界经济论坛等知名机构对这种数据驱动的创新进行了研究总结，随即在全世界兴起了一股大数据热潮。

虽然大数据已经成为全社会热议的话题，但到目前为止，“大数据”尚无公认的统一定义。中国工业和信息化部电信研究院发布的《大数据白皮书》认为：“认识大数据，要把握资源、技术、应用三个层次。大数据是具有体量大、结构多样、时效强等特征的数据；处理大数据需采用新型计算架构和智能算法等新技术；大数据的应用强调以新的理念应用于辅助决策、发现新的知识，更强调在线闭环的业务流程优化。因此说，大数据不仅大，而且新，是新资源、新工具和新应用的综合体。”

大数据的 5V 特征（IBM 提出）：Volume（数量）、Velocity（速度）、Variety（种类）、Value（价值）、Veracity（真实性），如图 4-18 所示。

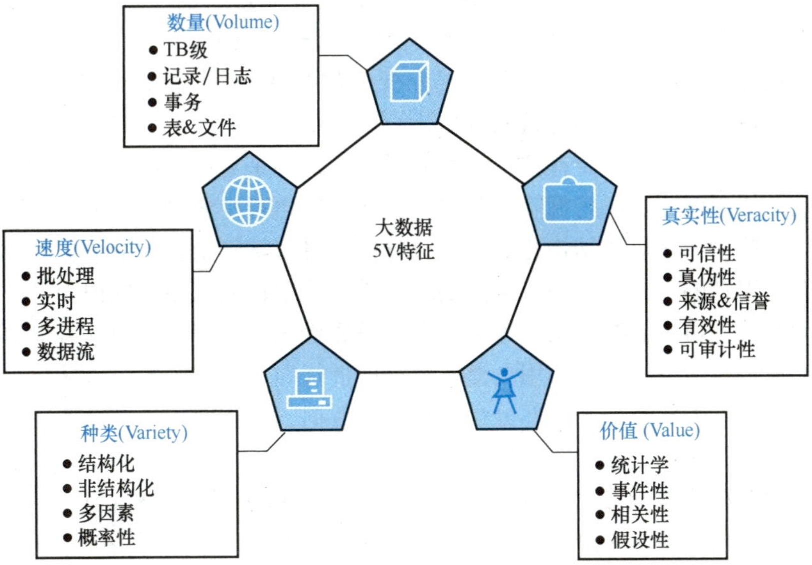

图 4-18　大数据的 5V 特征

4.5.2　大数据关键技术

（1）大数据存储管理技术　数据的海量化和快增长特征是大数据对存储技术提出的首要挑战。这要求底层硬件架构和文件系统在性价比上要大大高于传统技术，并能够弹性扩展存储容量。但传统的网络附属存储（Network Attached Storage，NAS）和存储区域网络（Storage Area Network，SAN）等体系都是存储和计算的物理设备分离的，它们之间要通过网络接口连接，这导致在进行数据密集型计算（Data Intensive Computing，DIC）时，I/O（Input/Output，输入/输出）接口容易成为瓶颈。同时，传统的单机文件系统（如 NTFS，New Technology File System，是 Windows NT 环境的文件系统）和网络文件系统（如 NFS，Network File System，是 FreeBSD 操作系统支持的一种文件系统）要求一个文件系统的数据必须存储在一台物理机器上，且不提供数据冗余性，可扩展性、容错能力和并发读写能力难以满足大数据需求。

大数据对存储技术提出的另一个挑战是多种数据格式的适应能力。格式多样是大数据的主要特征之一，这就要求大数据存储管理系统能够适应对各种非结构化数据进行高效管理的需求。数据库的一致性（Consistency）、可用性（Availability）和分区容错性（Partition tolerance）不可能都达到最佳，在设计存储系统时，需要在 C、A、P 三者之间做出权衡。传统的关系数据库管理系统（Relational Database Management System，RDBMS）以支持事务处理为主，采用了结构化数据表的管理方式，为满足强一致性（C）要求而牺牲了可用性（A）。

（2）大数据并行计算技术　大数据的分析挖掘是数据密集型计算，需要强大的计算能力，大数据的计算是数据密集型计算，与传统“数据简单、算法复杂”的高性能计算不同，对计算单元的数据吞吐率要求极高，对性价比和扩展性的要求也非常高。传统的依赖大型机和小型机的并行计算系统不仅成本高，数据吞吐量也难以满足大数据要求，同时靠提升单机 CPU 性能、增加内存、扩展磁盘等实现计算性能提升的纵向扩展的方式也难以支撑平滑扩容。

（3）大数据分析技术　在全部数字化数据中，仅有非常小的一部分（约占总数据量的1%）数值型数据得到了深入分析和挖掘（如回归、分类、聚类），大型互联网企业对网页索引、社交数据等半结构化数据进行了浅层分析（如排序）。占总量近 60% 的语音、图片、视频等非结构化数据还难以得到有效的分析。

大数据分析技术的发展需要在两个方面取得突破，一是对体量庞大的结构化和半结构化数据进行高效率的深度分析，挖掘隐性知识，如从自然语言构成的文本网页中理解和识别语义、情感、意图等；二是对非结构化数据进行分析，将海量复杂多源的语音、图像和视频数据转化为机器可识别的、具有明确语义的信息，进而从中提取有用的知识。

目前的大数据分析主要有两条技术路线，一是凭借先验知识人工建立数学模型来分析数据，二是建立人工智能系统，并使用大量样本数据进行训练，让机器获得从数据中提取知识的能力而代替人工。大数据中主要部分为非结构化数据，往往模式不明且多变，因此难以靠人工建立数学模型去挖掘深藏其中的知识。

通过人工智能和机器学习技术分析大数据，被业界认为具有很好的前景。2006 年谷歌等公司的科学家根据人脑认知过程的分层特性，提出增加人工神经网络层数和神经元节点数量、加大机器学习的规模、构建深度神经网络可提高训练效果，并在后续试验中得到证实。这一事件引起工业界和学术界高度关注，使得神经网络技术重新成为数据分析技术的热点。目前，基于深度神经网络的机器学习技术已经在语音识别和图像识别方面取得了很好的效果。但未来深度学习要在大数据分析上广泛应用，还有大量理论和工程问题需要解决，主要包括模型的迁移适应能力，以及超大规模神经网络的工程实现等。

4.5.3　大数据发展趋势

大数据是信息化发展的新阶段。随着信息技术和人类生产生活日益加深的交汇融合，大数据在政策、技术、产业、应用等多个层面都取得了显著进展。

在政策层面，大数据的重要性进一步得到巩固。党的十九大报告提出“推动互联网、大数据、人工智能和实体经济深度融合”，对我国实施国家大数据战略提出了更高的要求。

在技术层面，以分析类技术、事务处理技术和流通类技术为代表的大数据技术得到快速的发展。以开源为主导、多种技术和架构并存的大数据技术架构体系已经初步形成。大数据技术的计算性能进一步提升，处理时延不断降低，硬件能力得到充分挖掘，与各种数据库的融合能力继续增强。

在产业层面，我国大数据产业保持高速发展。以如图4-19所示的中国信息通信研究院2017年对大数据相关企业的调研测算为例，当年的大数据产业规模为4700亿元人民币，同比增长30%。在这其中，大数据软硬件产品的产值约为234亿元人民币，2017年我国数字经济总量达到27.2万亿元，占GDP比重达到32.9%，在这其中，以大数据为代表的新一代信息技术对于数字经济的贡献功不可没。

在应用层面，大数据在各行业的融合应用继续深化。大数据企业正尝到与实体经济融合发展带来的“甜头”。利用大数据可以对实体经济行业进行市场需求分析、生产流程优化、供应链与物流管理、能源管理、提供智能客户服务等，这不但大大拓展了大数据企业的目标市场，更成为众多大数据企业技术进步的重要推动力。随着融合深度的增强和市场潜力不断被挖掘，融合发展给大数据企业带来的益处和价值正在日益显现。但实践中仍然面临着缺乏高质量数据、缺乏平台级工具、缺乏成熟商业模式等一系列问题，阻碍了实体经济行业充分利用大数据的价值。

图4-19 我国大数据市场产值图

4.5.4 大数据技术应用

目前，工业大数据的典型应用包括产品创新、产品故障诊断与预测、工业物联网生产线分析、工业供应链优化、产品精准营销和生产计划与排程六个方面。

（1）产品创新 客户与企业之间的交互和交易行为将产生大量数据，挖掘和分析这些客户动态数据，能够加速产品创新。比如，福特汽车将大数据技术应用到了福克斯电动车的产品创新和优化中，第一代福特福克斯电动车在驾驶和停车时产生大量数据。在行驶过程中，司机持续地改变汽车的加速度及速度，汽车驾驶系统对油门、制动、电池电量和电动车位置信息进行采集，并将数据传回福特工程师那里，使他们了解客户的驾驶习惯，包括何时、何处、如何充电等，进而可以制订产品改进计划，并实施产品创新。

（2）产品故障诊断与预测 无所不在的传感器、互联网技术的引入，使得产品故障实时诊断变为现实，大数据应用、建模与仿真技术则使得动态性预测成为可能。以波音公司的飞机系统为例，其发动机、燃油系统、液压和电力系统等数以百计的变量组成了在航状态，这些数据不到几微秒就被测量和发送一次。通过对这些大量数据的分析，可以实现实时自适应控制、燃油使用、零件故障预测和飞行员的通报，有效地实现故障诊断和预测。

（3）工业物联网生产线分析 现代化工业制造生产线安装有数以千计的小型传感器，以探测温度、压力、热能、振动和噪声，每隔几秒就收集一次数据。利用这些数据，可以实现很多形式的分析，包括设备诊断、用电量分析、能耗分析、质量事故分析等。比如，在生产工艺改进方面，使用这些大数据就能分析整个生产流程，了解每个环节是如何执行的。一旦有某个流程偏离了标准工艺，就会发出报警信号，快速发现错误，解决问题。

（4）工业供应链优化　当前，RFID 等产品电子标识技术、物联网技术及移动互联网技术能帮助制造企业获得完整的产品供应链大数据，利用大数据分析，能大幅提升仓储、配送、销售效率，大幅降低成本。以海尔公司为例，在海尔供应链的各个环节，客户数据、企业内部数据、供应商数据被汇集到供应链体系中，通过供应链上的大数据采集和分析，海尔公司能够持续进行供应链改进和优化，保证了海尔对客户的敏捷响应。

（5）产品精准营销　大数据是一个很好的销售分析工具，通过对历史数据的多维度组合和分析，可以看出区域性需求占比和变化、产品品类的市场受欢迎程度及最常见的组合形式、消费者的层次等，以此来调整产品策略和铺货策略，实现产品的精准营销，节省营销费用。

（6）生产计划与排程　制造业面对多品种小批量的生产模式，数据的精细化、自动、及时、方便的采集及数据的多变性导致数据剧烈增大，再加上十几年的信息化的历史数据积累，对于需要快速响应的先进生产计划与排程系统来说是一个巨大的挑战。大数据可以给予我们更详细的数据信息，发现历史预测与实际的偏差概率，考虑产能约束、人员技能约束、物料可用约束、工装模具约束，通过智能的优化算法，制订预计划排产，并监控计划与现场实际的偏差，动态地调整排产计划。

4.6　云计算技术

4.6.1　云计算概念

云计算（Cloud Computing）是一种通过网络统一组织和灵活调用各种 ICT（Information and Communication Technology，信息和通信技术）资源，实现大规模计算的信息处理方式。云计算利用分布式计算和虚拟资源管理等技术，通过网络将分散的 ICT 资源（包括计算与存储、应用运行平台、软件等）集中起来形成共享的资源池，并以动态按需和可度量的方式向用户提供服务。用户可以使用各种形式的终端（如 PC、平板电脑、智能手机甚至智能电视等）通过网络获取 ICT 资源服务。

“云”是对云计算服务模式和技术实现的形象比喻。“云”由大量组成“云”的基础单元（云元，Cloud Unit）组成。“云”的基础单元之间由网络相连，汇聚为庞大的资源池。云计算具备四个方面的核心特征：一是宽带网络连接，“云”不在用户本地，用户要通过宽带网络接入“云”中并使用服务，“云”内节点之间也通过内部的高速网络相连；二是对 ICT 资源的共享，“云”内的 ICT 资源并不为某一用户所专有；三是快速、按需、弹性的服务，用户可以按照实际需求迅速获取或释放资源，并可以根据需求对资源进行动态扩展；四是服务可测量，服务提供者按照用户对资源的使用量进行计费。

云计算的物理实体是数据中心，由“云”的基础单元和“云”操作系统，以及连接云元的数据中心网络等组成。

如图 4-20 所示，按照提供资源所在的层次，云计算服务可以分为 IaaS（Infrastructure as a Service，基础设施即服务）、PaaS（Platform as a Service，平台即服务）和 SaaS（Software as a Service，软件即服务）等。云计算又可分为面向机构内部提供服务的私有云、面向公众使用的公共云以及二者相结合的混合云等。

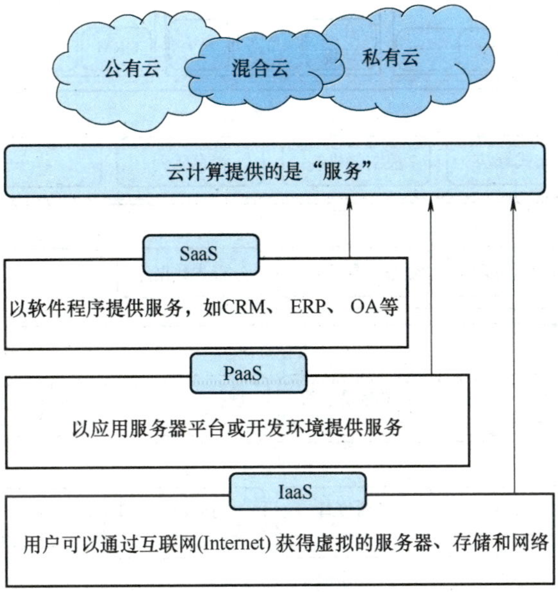

图 4-20　云计算层次及分类

4.6.2　云计算的技术架构

如图 4-21 所示，在云计算技术架构中，由数据中心基础设施层与 ICT 资源层组成的云计算“基础设施”和由资源控制层功能构成的云计算“操作系统”，是目前云计算相关技术的核心和发展重点。

云计算“基础设施”是建立在数据中心之上的，以高速网络（目前主要是以太网）连接各种物理资源（服务器、存储设备、网络设备等）和虚拟资源（虚拟机、虚拟存储空间等）。云计算基础设施的主要构成元素基本上都不是云计算所特有的，但云计算的特殊需求为这些传统的 ICT 设施、产品和技术带来了新的发展机遇。如数据中心的高密度、绿色化和模块化，服务器的定制化、节能化和虚拟化等。而且一些新的 ICT 产品形式将得到长足的发展，并可能形成新的技术创新点和产业增长点，如定制服务器、模块化数据中心等。

云计算“操作系统”是对 ICT 资源池中的资源进行调度和分配的软件系统。云计算“操作系统”的主要目标是对云计算“基础设施”中的资源（计算、存储和网络等）进行统一管理，构建具备高度可扩展性并能够自由分割的 ICT 资源池，同时向云计算服务层提供各种粒度的计算、存储等能力。

总结来看，云计算在技术及实现方面有以下三个特点：①用系统可靠性代替云元的可靠性，降低对高性能硬件的依赖，如使用分布式的廉价 ×86 服务器代替高性能的计算单元和昂贵的磁盘阵列，同时利用管理软件实现虚拟机、数据的热迁移来解决 ×86 服务器可靠性差的问题；②用系统规模的扩展降低对单机能力升级的需求，当业务需求增长时通过向资源池中加入新计算、存储节点的方式来提高系统性能，而不是升级系统硬件，降低了硬件性能升级的需求；③通过资源的虚拟化提高系统的资源利用率，如使用主机虚拟化、存储虚拟化等技术，实现系统资源的高效复用。

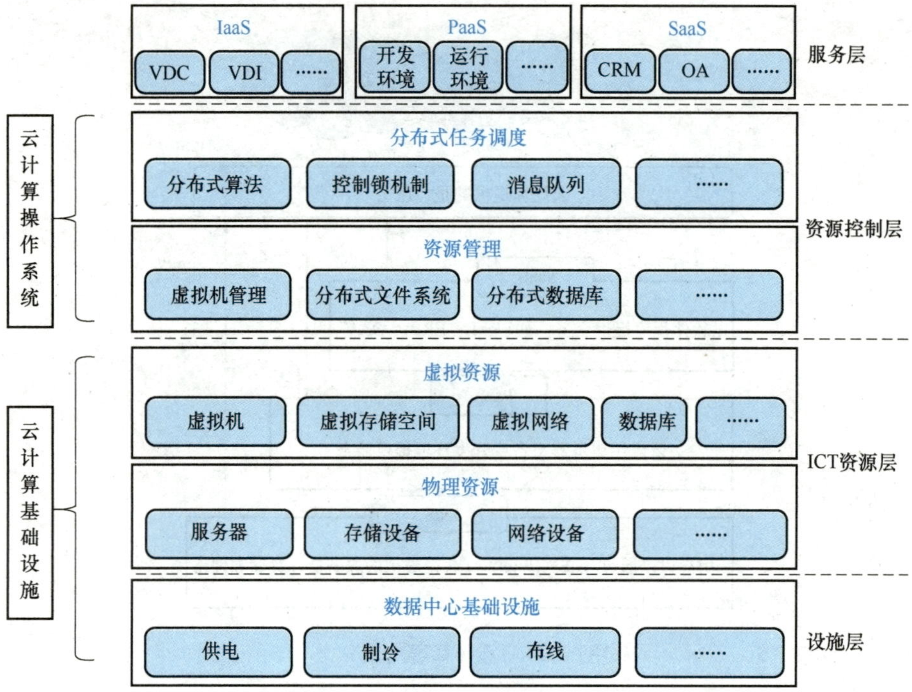

图 4-21　云计算技术架构

VDC—Virtual Data Center，虚拟数据中心　VDI—Virtual Desktop Infrastructure，虚拟桌面基础架构

同时，云计算核心技术呈现开源化的趋势，以 Hadoop、OpenStack、Xen 等为代表的众多开源软件已经成为云计算平台的实现基础。

4.6.3　云计算发展趋势

全球云计算市场增长趋于稳定。以图 4-22 所示的中国信息通信研究院 2019 年对全球云计算市场的调研测算为例，当年以 IaaS、PaaS 和 SaaS 为代表的公有云的全球市场规模达到 1883 亿美元，增速 20.86%。预计未来几年市场平均增长率在 17% 左右，到 2023 年市场规模将达到 3597 亿美元。

注：年度后面有“E”代表数据为预测值

图 4-22　全球云计算市场规模

IaaS 市场稳定增长，计算类服务为 IaaS 最主要的类型。PaaS 市场稳定增长，数据库服务需求增长较快。SaaS 市场增长加快，CRM、ERP、办公套件仍是主要的服务类型。

4.6.4　云计算技术应用

云计算给我国工业与信息业带来了新一轮的创新动力和前所未有的发展机遇，目前，在许多领域都取得了成效，展望未来，将在更广泛的领域得以应用。

（1）制造业　通过云计算平台，可以随时了解零件供应商的库存和市场行情，调整组装和备料方案。现代先进制造业的标志是以计算机为基础的“虚拟设计、制造和维护”。机械、电子、汽车及飞机等工业都是由多家厂商合作的现代产业链，因此，离不开网上信息的共享与协作。“制造云”能够缩短生产周期，提高产品性能，降低各种成本。

通过云平台上的信息共享，可以更好地掌握市场动向和客户需求，提高企业的运营效率。我国的新一代信息技术、节能环保、生物、高端装备制造、新能源、新材料和新能源汽车七大战略新兴产业要想实现跨越式发展，都需要以云计算为核心的信息技术作支撑，以实现设计研发、智能化制造、销售、服务的整个流程产业链的高效运行。

（2）银行业　银行业的核心业务是存款和贷款，核心利润来源是赚取利率差和中间业务费（手续费、佣金等非息差业务费），云计算可以帮助银行进行业务创新。当新兴的云计算与传统的资本管理技术结合到一起时，创新空间非常大。在云计算的支持下，银行业可以创造新的利润，控制风险，节约成本。

（3）物流业　云计算的特性在于通过共享的 IT 资源和网络，用最少的管理成本实现最快的资源配置和最大的效能。物流云的公有平台可以让物流公司省去自建集散公司的高额费用，节约大量的配送与库存成本；对于中小型物流企业，无须投资自建 IT 系统，只需通过网络进入全国性物流公司的公有云平台来处理和拓展业务。通过物流云，可以提高运输效率，解决仓储和运输的衔接问题，整合孤立系统，提供多元化服务。将物流系统与银行现金流对接，则可以根据物流云上的库存和运输情况，评估提供给厂商周转的贷款利率。将物流云与天气预报和交通信息网络对接可以有效规划路径等。

（4）电信业　对于电信运营商，云计算在业务支撑系统、企业内部 IT 管理系统、增值业务系统、测试和离线运行环境及互联网数据中心都有创造利润和节约成本的机会。云计算还能促成新的业务模式，如移动支付等。

（5）商业和金融服务业　基于互联网的在线商业和服务业所占比重将会迅速超过实体销售服务业。目前，中国已是世界最大的手机市场，并将很快超过美国成为世界最大的互联网市场，因此，相关的在线服务业将快速增长。云计算将成为在线服务的信息系统基础设施。金融服务业发展迅速，日益丰富的金融服务内容多以在线的形式实现，对计算应用能力的要求越来越高。同时，国际竞争和金融市场的风险管理对计算的需求加速上升。“商业云”“金融云”和“服务云”将迅速发展。

（6）医疗行业　目前，医疗系统中的服务器、网络和存储等 IT 基础设施大多是分散且隔离的，由不同的医疗机构或不同的部门单独维护和使用，而云计算平台可以将这些分散的系统整合在一起，形成统一的医疗信息基础设施，提供类型多样的健康管理应用，包括专家、设备、验方等，为每个患者定制个性化医疗保健方案。在生物医学和药物研究中会涉及大量的数据处理和计算，云计算节约资源、便捷管理的特点将会提高这些领域的研究效率。

（7）教育科研　“教育云”将各地、各时期、各种教学内容整合、选优、传播、普及，以提供高效、普遍的信息化基础设施，提高教育投入效率，促进资源合理分布，提高边远落后地区教育水平；可以实现“每个师生都拥有一个虚拟实验室”的设想；能提高学校的行政管理能力，整合学校的各种信息化系统，如办公自动化、学生信息系统、教学管理和教师评估系统等。科研是个性化活动，又需要广泛的合作，云计算平台可以实现资源和能力的广泛共享，成为科研合作不可替代的平台。

（8）国防工业　未来战争将是信息战，将信息转化成智能和决策需要大量的实时计算，卫星、雷达、武器及人员等各类信息都需要实时集成和处理。强大的“国防云”“安保云”可以满足上述需求，有助于实现预防或减弱战争，进而保卫和平。

4.7　新型网络技术

随着计算机网络的高速发展，数据传输和网络吞吐量等方面的要求不断提高，因此新型网络技术不断涌现。这些新型网络技术也是发展智能制造必不可少的一环，包括 5G 技术、边缘计算、软件定义网络、窄带物联网、时间敏感网络、无源光网络及新一代 IP 协议 IPv6 等。下面对其中几项技术进行具体介绍。

4.7.1　5G 技术

1. 5G 技术概述

5G（5th Generation）即第五代移动电话行动通信标准，也称第五代移动通信技术。国际电信联盟将5G 网络应用场景划分为移动互联网和物联网两类。5G 网络呈现出低时延、高可靠、低功耗的特点，已经不再是一个单一的无线接入技术，而是多种新型无线接入技术和现有无线接入技术集成后的解决方案总称。车联网、物联网带来的庞大终端接入、数据流量需求，以及种类繁多的应用体验提升需求推动了 5G 技术的研究。

回顾移动通信的发展历程，每一代移动通信系统都可以通过标志性能力指标和核心关键技术来定义。其中，1G（1st Generation，第一代移动通信技术）采用频分多址（Frequency Division Multiple access，FDMA），只能提供模拟语音业务；2G（2nd Generation，第二代移动通信技术）主要采用时分多址（Time Division Multiple Access，TDMA），可提供数字语音和低速数据业务；3G（3rd Generation，第三代移动通信技术）以码分多址（Code Division Multiple Access，CDMA）为技术特征，用户峰值速率一般为几到几十 Mbps（Million bits per second，兆比特每秒），可以支持多媒体数据业务；4G（4th Generation，第四代移动通信技术）以正交频分多址（Orthogonal Frequency Division Multiple Access，OFDMA）技术为核心，用户峰值速率一般为 100Mbps ~ 1Gbps（Giga bits per second，吉比特每秒），能够支持各种移动宽带数据业务。5G 关键能力比以前几代移动通信更加丰富，用户体验速率、连接数密度、端到端时延、峰值速率和移动性等都将成为 5G 的关键性能指标。基于 5G 主要场景的技术需求，5G 用户体验速率应达到 Gbps 量级。如图 4-23 所示，给出了 1G 到 5G 的变革。

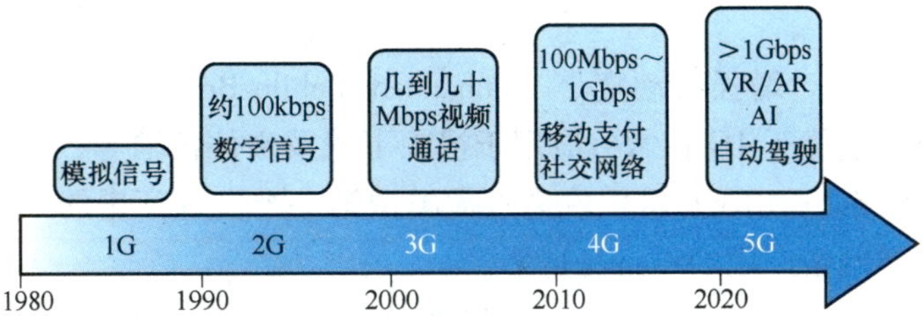

图4-23 1G到5G的发展变革

2. 5G技术特点

（1）毫米波 毫米波（Millimeter wave）是一种频率为30～300GHz的电磁波，频段位于微波（Microwave）和红外波（Infrared wave）之间。应用到5G技术的毫米波为24～100GHz的频段。毫米波的极高频率让它有着极快的传输速率，且高频可以使单个信号源的所需功率降到很低，所以可以将其集成在更小的地方，做成贴片形式。

目前手机和其他电子设备使用的通常都是6GHz以下的特定频率的无线电频谱来进行通信，但是这些频率开始变得越来越“拥挤”，运营商在同样数量的无线电频谱上只能勉强传输那么多数据。随着越来越多的设备联网，将面临更慢速度传输和高负荷连接的情况，解决这一问题的办法就是开放一部分新的频率。研究人员正在实验使用波长更短的毫米波进行传输，这个区间的波谱以前从未用于移动设备，开放它意味着每个人都能拥有更多的宽带。但毫米波不能够穿透建筑物或其他障碍，会被植物和雨水吸收。要解决这个问题就需要用到小基站网络技术。

（2）小基站网络 今天的无线网络的信号传输通常都是大功率、长距离，但高频率的毫米波在穿越障碍物时十分困难。通过使用数千个低功率的小基站来进行网络传输可以解决这个问题。这些基站比传统信号塔更加紧密，形成一个在障碍物周围传递信号的中继队。这在城市里特别有用，当用户移动到障碍物后面时，他的手机会自动切换到信号更好的新基站，确保网络继续连接。

（3）大规模天线 大规模天线（Massive MIMO，Multiple Input Multiple Output）技术是指大规模的多输入多输出的天线技术，现在的4G基站大约有十几个用于处理所有移动网络流量的天线端口，但是大规模MIMO可以支持上百个端口，这可以使现在的网络容量增加22倍，或者更多。当然，大规模MIMO也有自己的复杂之处，现在的移动网络天线会同时向各个方向传输信息，这些交叉信号都会导致严重的干扰。而这就需要用到波束成形技术。

（4）波束成形 波束成形就像是一个用于移动网络信号的交通信号系统。它使基站不会向每个方向传输信息，而是允许一个基站向某个特定的用户发送集中的数据流。这种精度可以防止干扰，而且效率更高，同时意味着基站可以同时处理更多的数据流。比如，当手机用户在城市里打电话或者使用网络时，信号会从周围的建筑物上反射，并与该地区其他用户的信号交叉，大规模MIMO基站可以接收所有的信号，并追踪它们到达的时间和方向，然后使用波束成形的信号处理算法，对每个信号的来源进行精确的三角测量，然后规划出最佳的数据传输路线，再传回每一部手机。有时甚至会利用建筑物不同的方向上的反射来传输数据包，以防止信号互相干扰，结果是一连串的数据流只发送给一个特定的用户。

3. 5G技术应用

国际电信联盟将5G网络分为三大类，分别是增强移动宽带、极可靠低延迟通信和海量机械通信。

(1) 增强移动宽带　增强移动宽带（enhanced Mobile Broadband，eMMB）将在传输速度、覆盖广度等方面远优于4G技术，应用于视频下载及文件传输等，它是专门为手机等移动设备服务的5G网络。eMBB有希望成为三大类中第一个实现商用的，因为在技术成熟度上，手机要比后两类网络应用的设备高得多。

(2) 极可靠低延迟通信　极可靠低延迟通信（Ultra Reliable Low Latency Communications，URLLC）将主要应用于工业用途和自动驾驶车辆。

(3) 海量机械通信　海量机械通信（Massive Machine Type Communications，MMTC）是物联网场景中将被使用的网络类型。MMTC的特性是可以让大量相邻设备同时享受顺畅的通信连接。

4.7.2　无源光网络

1. 无源光网络的概念和组成

从技术上光纤接入可分为两大类：有源光网络（Active Optical Network，AON）和无源光网络（Passive Optical Network，PON）。PON是一种纯介质网络，由于消除了局端与客户端之间的有源设备，因此能避免外部设备的电磁干扰和雷电影响，减少线路和外部设备的故障率，提高系统可靠性，同时可以节省维护成本，是电信维护部门长期期待的技术。PON的业务透明性较好，原则上可适用于任何制式和速率的信号。

PON的组成包括：光线路终端（Optical Line Terminal，OLT）用于连接光纤干线的终端设备；光网络单元（Optical Network Unit，ONU）分为有源光网络单元和无源光网络单元；光网络终端（Optical Network Terminal，ONT）用于用户端的光网络终端；光配线网络（Optical Distribution Network，ODN）用于在OLT和ONU间提供光通道。

PON是一种基于点到多点（Point to Multiple Point，P2MP）拓扑的技术。“无源”指ODN不含有任何电子器件及电子电源，而是全部由无源光分路器（Passive Optical Splitter，POS）等无源器件组成，不需要贵重的有源电子设备。

2. PON的基本原理

如图4-24所示，一个PON包括一个安装于中心控制站的OLT，以及一批配套的安装于用户场所的ONUs。在OLT与ONU之间的ODN包含了光纤、POS或耦合器。OLT向外与公共交换电话网络（Public Switched Telephone，PSTN）、互联网（Internet）或社区公共电视天线系统（Community Antenna Television，CATV）相连。

PON的基本思想是在一定的物理限制和带宽限制条件下，让尽可能多的终端设备来共享局端设备和光纤。

3. PON的技术特点

PON是一种接入网技术，定位在常说的“最后一公里”，即在服务提供商、电信局端和商业用户或家庭用户之间提供解决方案。

PON的突出优点是消除了户外的有源设备，所有的信号处理功能均在交换机和用户宅内设备上完成。而且这种接入方式的前期投资小，大部分资金可以等到用户真正接入时才投入。它的传输距离比AON接入系统短，覆盖范围小，但它造价低，无须另设机房，维护容易，因此这种结构可以经济地为家庭用户服务。

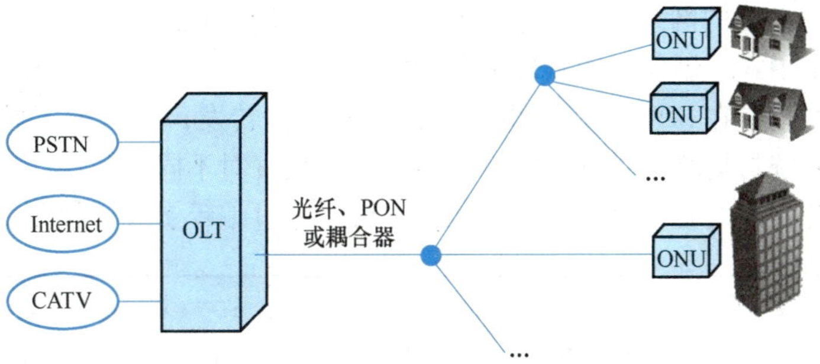

图 4-24　PON 的基本原理

4. PON 技术分类

1）APON 是 ATM PON 的简称，表示基于 ATM（Asynchronous Transfer Mode，异步传输模式）的无源光接入技术，在 20 世纪 90 年代中期由 ITU 和 FSAN（Full Service Access Network，全业务接入网论坛）提出并标准化，由于容易被用户认为只能提供 ATM 业务，2001 年该术语被扩展为 BPON（Broadband Passive Optical Network，宽带无源光网络），遵循 ITU-T G. 983 系列标准。

2）EPON（Ethernet Passive Optical Network，以太网无源光网络）是基于以太网的无源光接入技术。由 2000 年 11 月成立的 IEEE 研究小组，即后来的 EFM（Ethernet in the First Mile，第一英里以太网）工作组进行标准化，2004 年 4 月工作组形成 IEEE 802. 3ah 系列标准，并于 2005 年并入 IEEE 802. 3-2005 标准。

3）GPON（Gigabit-capable Passive Optical Network，具有千兆位功能的无源光网络）是基于 ATM/GEM（GPON Encapsulation Mode，GPON 封装方式）的无源光接入技术。由 FSAN 在 2001 年初提出，并由 ITU 和 FSAN 进行标准化，遵循 ITU-T G. 984 系列标准。

4）WDM PON 是基于 WDM（Wavelength Division Multiplexing，波分复用）的无源光接入技术，尚无统一标准。

4. 7. 3　软件定义网络

1. 软件定义网络概述

软件定义网络（Software Defined Network，SDN）是一种新型网络创新架构，是网络虚拟化的一种实现方式。其核心技术 OpenFlow 通过将网络设备的控制平面与数据平面分离，从而实现了网络流量的灵活控制，使网络作为管道变得更加智能。

现有网络中，对流量的控制和转发都依赖于网络设备实现，且设备中集成了与业务特性紧耦合的操作系统和专用硬件，这些操作系统和专用硬件都是各个厂家自己开发和设计的。

传统网络分为管理平面、控制平面和数据转发平面。传统网络是分布式控制的架构，每台设备都包含独立的控制平面和数据平面。管理平面主要包括设备管理系统和业务管理系统，设备管理系统负责网络拓扑、设备接口、设备特性的管理，同时可以给设备下发配置脚本。业务管理系统用于对业务进行管理，比如业务性能监控、业务报警管理等。控制平面负责网络控制，主要功能为协议处理与计算，比如处理用于路由信息的计算、路由表的生成的路由协议。数据转发平面是指设备根据控制平面生成的指令完成用户业务的转发和处理，例如路由器根据路由协议生成的路由表对接收的数据包从相应的出接口转发出去。

SDN 作为一种新型的网络架构，它的设计理念是将网络控制平面与数据转发平面进行分离，从而通过集中式控制器中的软件平台去实现对底层硬件的可编程化控制，实现对网络资源的灵活按需调配。在 SDN 中，网络设备只负责数据转发，可以采用通用硬件；而原来负责控制的操作系统将提炼为独立的网络操作系统，负责对不同业务特性进行适配，而且网络操作系统和业务特性及硬件设备之间的通信都可以通过编程实现，如图 4-25 所示。

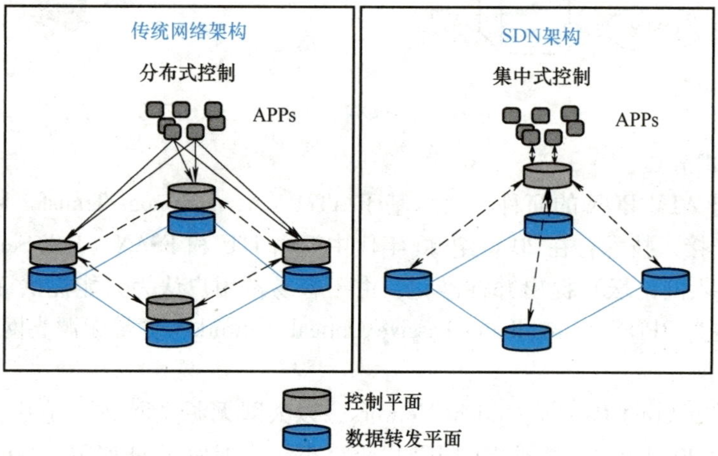

图 4-25　SDN 架构与传统网络架构对比

2. SDN 的典型架构

如图 4-26 所示，SDN 的典型架构共分三层，最上层为应用层，包括各种不同的业务和应用；中间的控制层主要负责处理数据平面资源的编排，以及网络拓扑、状态信息的维护等，通过各类 API（Application Programming Interface，应用程序编程接口）与上层应用进行通信；最底层的基础设施层负责基于流表（可视作是 OpenFlow 对网络设备的数据转发功能的一种抽象）的数据处理、转发和状态收集。

SDN 本质上具有“控制和转发分离”“设备资源虚拟化”和“通用硬件及软件可编程”三大特性，这带来了以下好处：

1）设备硬件归一化，硬件只关注转发和存储能力，与业务特性解耦，可以采用相对廉价的商用架构来实现。

2）网络的智能性全部由软件实现，网络设备的种类及功能由软件配置而定，对网络的操作控制和运行由服务器作为网络操作系统（Network Operating System，NOS）来完成。

3）对业务响应相对更快，可以定制各种网络参数，如路由、安全、策略、QoS（Quality of Service，服务质量）、流量工程等，并实时配置到网络中，开通具体业务的时间将缩短。

3. SDN 的基本特征

见表 4-2，与传统网络相比，SDN 的基本特征有如下三点：

1）数据转发与控制分离。数据转发平面由受控转发的设备组成，转发方式及业务逻辑由运行在分离出去的控制平面上的控制应用所控制。

2）集中式控制。逻辑上集中的控制平面可以控制多个数据转发平面的设备，也就是控制整个物理网络，因而可以获得全局的网络状态视图，并根据该全局网络状态视图实现对网络的优化控制。

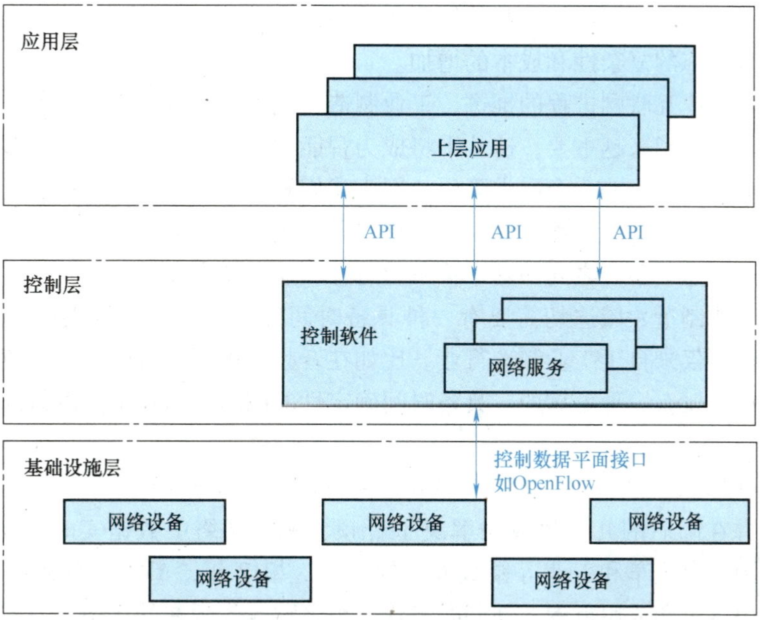

图 4-26　SDN 的典型架构

3）可编程化管理。SDN 为控制平面提供开放的可编程接口，可实现可编程化管理。通过这种方式，控制应用只需关注自身逻辑，而不需要关注底层更多的实现细节。

表 4-2　SDN 与传统网络相比的基本特征

传统网络		SDN
通信设备	路由器和交换机	OpenFlow 交换机
数据转发平面	与控制高度耦合	数据转发与控制分离
控制平面	分布式控制	集中式控制
管理平面	对于管理，难定制、优化等	可编程，简单、易于控制

4.7.4　时间敏感网络

1. 时间敏感网络概述

传统的通用以太网是以非同步的方式工作的，网络中任何设备都可以随时发送数据，因此在数据的传输时间上既不精准也不确定；同时，广播数据或视频等大规模数据的传输，也会因网络负载的增加而导致通信的延迟甚至瘫痪。因此，通用以太网技术仅仅是解决了许多设备共享网络基础设施和数据连接的问题，但却并没有很好地实现设备之间实时、确定和可靠的数据传输。

出于对设备控制性能的要求，工业制造领域比较早地意识到了这一点，于是从 20 世纪末开始，业内多家协议组织分别基于原有的现场总线技术开发出各自的实时工业以太网协议，并将其应用到工业制造现场。

不过，这些所谓的工业以太网协议很难被称之为“标准”。尽管它们普遍有着相似的用户需求和细分市场，但实际上相互之间的生态系统却有着极大的差异。它们中的大多数会通过一个组织运营，而在其身后则有着来自市场中某个企业的引导和资助。用户和制造商在产品设计、制造、运行、诊断、维护和使用过程中的每个环节都需要面临不同的技术方案，这无疑会带来技术实施的复杂性和成本的增加。

另外，随着工业互联网进程的推进，工业制造系统正在变得越来越庞大，各类设备间的互联互通也开始变得越来越重要，这几乎将成为智能制造成功的关键。然而多种以太网协议的并存却恰恰成了这其中的一个巨大障碍。因为我们真的很难想象在制造业现场从信息、控制、传感和执行机构等各个层面上都只使用来自某一家或一个组织的产品系统和解决方案，而与此同时，这些总线系统之间却基本谈不上有什么兼容性和互操作性。

所以，在工业制造领域迫切需要有一种具备时间确定性的通用以太网技术。然而事实上，这样的需求不仅来自于工业制造行业。比如在音频、视频领域或汽车行业中，多通道数据的同步传输也需要有一种可靠的、具备时间确定性的网络通信技术，以帮助简化复杂系统中的线路铺设。

2006 年，IEEE 802.1 工作组成立 AVB（Audio/Video Bridging，以太网音/视频桥接技术）任务组，并在随后的几年里成功解决了音频、视频网络中数据实时同步传输的问题。这一点立刻受到来自汽车和工业等领域人士的关注。2012 年，AVB 任务组扩大了时间确定性以太网的应用需求和适用范围，并同时将任务组名称改为现在的 TSN（Time Sensitive Network，时间敏感网络）任务组。

因此，TSN 是指在 IEEE 802.1 标准框架下，基于特定应用需求制定的一组子标准，旨在为以太网协议建立通用的时间敏感机制，以确保网络数据传输的时间确定性。而既然是隶属于 IEEE 802.1 下的协议标准，TSN 就仅仅是关于 ISO-OSI 参考模型中的第 2 层，也就是数据链路层（更确切地说是其中的 MAC 子层，即 Media Access Control，介质访问控制子层）的协议标准，ISO-OSI 参考模型的各层功能见表 4-3。需要注意的是，TSN 是一套协议标准，而不是一种协议，就是说 TSN 将会为以太网协议的 MAC 层提供一套通用的时间敏感机制，在确保以太网数据通信的时间确定性的同时，为不同协议网络之间的互操作提供了可能性。同时为标准以太网增加了可靠性，以确保以太网能够为关键数据的传输提供稳定一致的服务级别。

表 4-3　ISO-OSI 参考模型的各层功能

层　号	层　名	功　能
7	应用层	文件传输、电子邮件及文件服务、虚拟终端
6	表示层	数据格式化、代码转换、数据加密
5	会话层	解除或建立与别的节点的联系
4	传输层	提供端对端的接口
3	网络层	为数据包选择路由
2	数据链路层	传输有地址的帧、错误检测
1	物理层	以二进制数据形式在物理媒体上传输数据

2. TSN 技术内容

1）TSN 技术为所有工业以太网协议的 MAC 层提供了相互连通和融合的机会，它有能力在协议第 2 层提供网络间的互操作性，从而帮助实现真正意义上的网络融合。

2）TSN 可以应用于现有的工业以太网协议，如 PROFINET、EtherNet/IP、SERCOS、

POWERLINK 等，以帮助其获得更广泛、更优质的硬件支持。

3）TSN 可以实现协议第 2 层互通融合的实时通信模型的建立。

4）TSN 可以实现网络带宽的提升，实现千兆（甚至更高带宽）以太网等。

3. TSN 参考网络

图 4-27 为 TSN 的参考网络架构，每个节点都有对应的同步时钟及数据队列，看上去像是个路由网络，但 TSN 仅占有 MAC 层的定义。

在这个网络中，Talker（信息发出者）的信息抵达 Listener（接收信息者）需要经过几个桥接过程，而在每个节点上都会有分布式时钟进行时间的同步计算，而队列用于处理数据的优先级，包括为了高动态数据的快速通道方式、抢占式机制等。

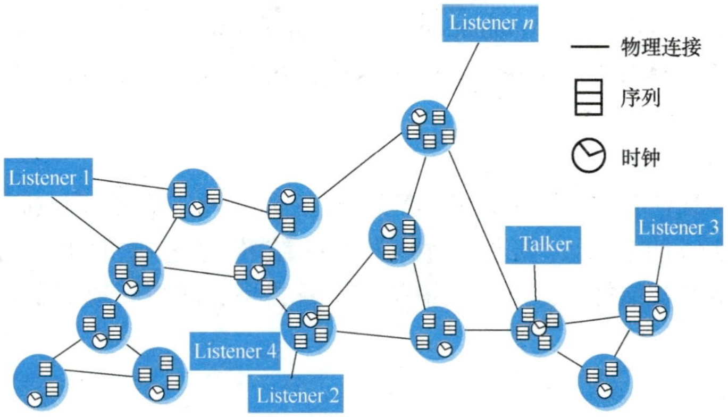

图 4-27　TSN 参考网络架构

4.7.5　工业无线技术

1. 工业无线技术概述

工业无线技术是继现场总线之后，工业控制领域的又一个热点技术，是降低工业测控系统成本、提高工业测控系统应用范围的革命性技术，是未来工业自动化产品新的增长点。工业无线技术是 21 世纪新兴、面向设备间短程、低速率信息交互的无线通信技术，适合在恶劣的工业现场环境中使用，具有很强的抗干扰能力、超低能耗、实时通信等技术特征。

目前我们所熟知的无线技术有 ZigBee、无线局域网（WiFi）、蓝牙（Bluetooth）、超宽频（Ultra Wideband，UWB）等。但他们由于自身协议的限制（如发射功率、安全等级、抗干扰性等方面的性能），通常应用于消费电子产品，不适合复杂的工业现场环境。其特点见表 4-4。

表 4-4　常用无线通信协议比较

名称	传输速率	通信距离	频段	安全性	功耗	主要应用
Bluetooth	1Mbps	20～200m	2.4GHz	高	20mA	通信、汽车、IT
WiFi	11～54Mbps	20～200m	2.4GHz	低	10～50mA	无线上网、PC、PDA
ZigBee	100kbps	20～200m	2.4GHz	中	5mA	无线传感网络、医疗仪器数据采集、远程控制

（续）

名称	传输速率	通信距离	频段	安全性	功耗	主要应用
UWB	53～480Mbps	0.2～40m	3.1～10.6GHz	高	10～50mA	消防、救援、医疗
NFC	424kbps	20m	13.6GHz	极高	10mA	手机、近场通信技术

注：PC—Personal Computer，个人计算机；PDA—Personal Digital Assitant，掌上电脑。

2. 工业无线技术协议标准

目前工业无线技术领域已经形成了三大国际标准，分别是由 HART（Highway Addressabe Remote Transducer，可寻址远程传感器高速通道）通信基金会发布的 WirelessHART 标准，ISA（原美国仪器仪表协会）发布的 ISA100.11a 标准，以及我国自主研发的 WIA-PA（Wireless Networks for Industrial Automation-Process Automation，面向工业过程自动化的工业无线网络）标准和 WIA-FA（Wireless Networks for Industrial Automation-Factory Automation，工厂自动化工业无线网络）标准。

3. 工业无线技术比较

目前，WirelessHART、ISA100.11a 和 WIA 这三大国际工业无线标准各具优势和特色。三大标准具有相似的特征，其标准协议体系结构都遵循 OSI 模型，并且都引用 IEEE802.15.4 作为物理层标准。从安全措施、设备类型、网络管理三个方面进行三大标准的对比见表 4-5。

表 4-5　三种无线标准对比

相关技术	WirelessHART	ISA100.11a	WIA（以 WIA-PA 为例）
安全措施	通信设备之间数据加密、消息鉴别、设备认证、健壮性操作等	数据加密和完整性鉴别、保护点到点和端到端安全、消息鉴别、设备认证、入网设备安全处理	分层分级实施不同的安全策略和措施，数据加密、数据校验、设备认证
设备类型	现场仪表、手持设备、网关、网络管理器	精简功能设备、现场路由器、手持设备、网关、网络管理器、安全管理器	现场仪表、手持设备、网关、网络管理器
网络管理	全集中网管	集中网管和分布网管	集中网管和分布网管

4.8 虚拟（增强）现实技术

4.8.1 虚拟（增强）现实技术概述

虚拟（增强）现实（Virtual Reality，VR/Augmented Reality，AR）是新一代信息通信技术的关键领域，具有应用空间大、产业潜力大、技术跨度大的特点，对带动核心元器件、泛智能终端、网络传输设备、云设备、电信服务、软件与行业领域信息服务的转型升级具有重要意义。作为一个新兴产业，VR 技术与产业的发展轨道尚未完全定型。从关键技术上看，以近眼显示、渲染处理、感知交互、网络传输、内容制作为主的技术体系正在形成。从产业构成上看，VR 产业体系依托器件（设备）、工具（平台）与内容（应用），相比较为成熟的智能终端，VR 产业体系看起来类似，实则差异较大。

随着技术和产业生态的持续发展，VR 的概念不断演进。业界对 VR 的研讨不再拘泥于特定的终端形态与实现方式，而是聚焦体验效果，强调关键技术、产业生态与应用领域的融合创新。中国信息通信研究院发布的《虚拟（增强）现实白皮书（2017 年）》对 VR/AR 目标的理解是："借助近眼显示、感知交互、渲染处理、网络传输和内容制作等新一代信息通信技术，构建跨越端管云的新业态，满足用户在身临其境等方面的体验需求，进而促进信息消费扩大升级与传统行业的融合创新。沉浸体验的提升有赖于相关技术的突破和进步，是分阶段演进的过程，将 VR 业务的发展划分为如下阶段，VR 沉浸感分级体验如图 4-28 所示，VR 沉浸体验-网络需求视图见表 4-6。

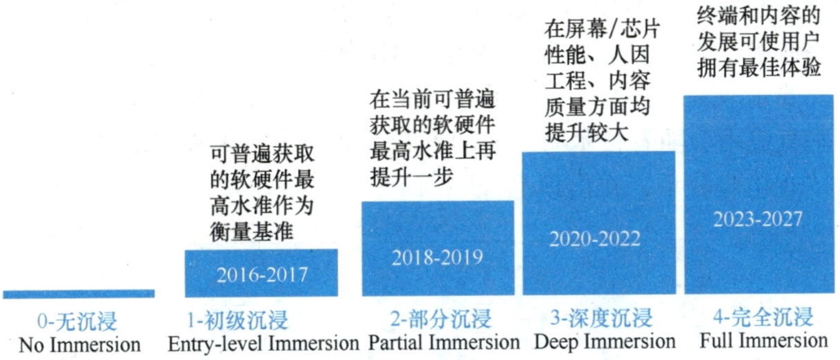

图 4-28　VR 沉浸感分级体验

表 4-6　VR 沉浸体验-网络需求视图

指标 / 等级	视频分辨率门槛	单眼分辨率门槛	典型网络带宽需求	典型网络 RTT 需求
初级沉浸（Entry-level Immersion，EI）	全视角 4K 2D 视频（全画面分辨率 3840×1920）	960×960 FOV 100°（约 20PPD）	20～50Mbps	<40ms
部分沉浸（Partial Immersion，PI）	全视角 8K 2D 视频（全画面分辨率 7680×3840）	1920×1920 FOV 110°（约 20PPD）	50～200Mbps	<30ms
深度沉浸（Deep Immersion，DI）	全视角 12K 2D 视频（全画面分辨率 11520×5760）	3840×3840 FOV 120°（约 30PPD）	200Mbps～1Gbps	<20ms
完全沉浸（Fully Immersion，FI）	全视角 24K 3D 视频（全画面分辨率 23040×11520）	7680×7680 FOV 120°（约 60PPD）	2～5Gbps	<10ms

注：RTT—Round Trip Time，往返时延。
FOV—Field of View，视场角。
PPD—Pixels Per Degree，角分辨率（空间分辨率）。

VR 终端由单一向多元、由分立向融合方向演变。

按终端形态划分，手机式成为现阶段主要终端平台。2016 年全球手机式 VR 占比接近 90%，预计 2020 年主机式与一体式 VR 渗透率将升至 50% 左右（如图 4-29）。随着谷歌、Facebook、苹果等 ICT 巨头 2017 年全球开发者大会的召开，手机式 AR 渐成大众市场的主流，以 Meta2 和 Hololens 为代表的主机式、一体式 AR 主导行业应用市场。此外，在自动驾驶与车联网发展浪潮的影响下，基于抬头显示的车载式 AR 成了新兴领域，隐形眼镜这一前瞻性产品形态代表了业界对 AR 设计的最终预期。

按终端功能划分，从广义来看，VR 包含 AR。早期学界通常在 VR 框架研讨内下设 AR 主题，随着产业界在 AR 领域的持续发力，部分从业者将 AR 从 VR 的概念框架中抽离出来。狭义来看，VR 与 AR 彼此独立，两者在关键器件、终端形态上相似性较多，而在关键技术和应用领域上有所差异（若不加额外说明，本文采用广义界定）。VR 通过隔绝式的音视频内容带来沉浸感体验，对显示画质要求较高。AR 强调虚拟信息与现实环境的“无缝”融合，对感知交互要求较高。此外，VR 侧重游戏、视频、直播与社交等大众市场，AR 侧重工业、军事等垂直应用。随着技术与产业的不断发展，预计未来 VR 与 AR 终端将由分立走向融合，两者“在山脚分手，在山顶汇合”。

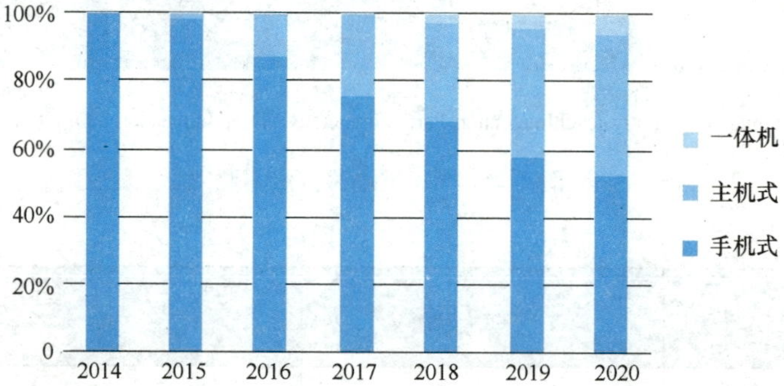

图 4-29　全球 VR 主要终端形态渗透率

4.8.2　VR/AR 关键技术

VR 涉及多技术领域，技术架构可划分为“五横两纵”，如图 4-30 所示。由于 VR 所固有的多领域交叉复合的发展特性，多种技术交织混杂，且产品定义处于发展初期，相关的技

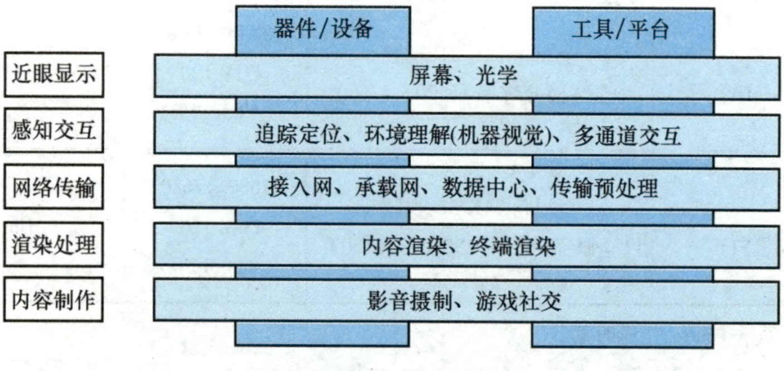

图 4-30　VR 技术“五横两纵”技术架构

术轨道尚未完全定型，目前对关键技术的界定及技术体系的划分尚不明确，中国信息通信研究院发布的《虚拟（增强）现实白皮书（2017）》尝试针对 VR 技术的发展特性，首次提出“五横两纵”的技术体系及其划分依据。“五横”是指近眼显示、感知交互、网络传输、渲染处理与内容制作的五大技术领域。“两纵”是指支撑 VR 技术发展的关键器件/设备与内容开发的工具/平台。

4.8.3　VR/AR 发展趋势及应用

VR 业务形态丰富，产业潜力大，社会效益强，以 VR 为代表的新一轮科技和产业革命蓄势待发，虚拟经济与实体经济的结合，将给人们的生产方式和生活方式带来革命性变化。目前，VR 应用可分为行业应用和大众应用，行业应用主要包括工业、医疗、教育、军事、电子商务等，大众应用包括游戏、社交、影视和直播。VR 应用正在加速向生产与生活领域渗透，“VR/AR +”（VR/AR 与其他领域相结合）的时代已开启，高盛公司预测 2025 年全球 VR 软件应用规模将达到 450 亿美元，其中游戏、社交、影视、直播类由大众推动，其余应用领域主要由企业及公共部门推动。

VR/AR + 工业方面，VR 成为智能制造领域发展重点。

当前，VR 被列为智能制造核心信息设备领域的关键技术之一，其基础是智能制造各个环节的信息获取、实时通信，以实现动态交互、决策分析和控制。以汽车产业为例，VR 技术在需求分析、总体设计、工艺设计、生产制造、测试实验、使用维护等环节的应用，实现了汽车设计制造测试的一体化。汽车厂商凭借 VR 可视化、可交互的技术特点，在与真实汽车同比例的虚拟空间中，动态调整设计细节与总体原型，同时进行各类路试、碰撞测试、风洞测试，通过虚拟设计、生产模拟、工艺分析与虚拟试验，大幅缩短了新车研发周期，降低了研发成本。

以工业互联网平台和物联网平台为基础，VR 成为实现数字孪生的核心技术之一。以工业软件巨头美国参数技术公司（Parametric Technology Corporation，PTC）为例，PTC 将其在产品设计、PLM 领域积累的核心优势整合至 Thingworx 平台，并推出以数字化映射为基础的整体框架和一揽子解决方案。依托 Creo、Windchill、Axeda 等本公司研发的平台软件，在虚拟空间中构建出与物理世界完全对等的数字镜像，成为将产品研发、生产制造、商业推广三个维度的数据全部汇集的基础，其 VR 解决方案 Vuforia 实现了数据信息与真实物理环境间的互动，成为进行阶段性数据验证、业务流程参考的重要依托。

参考文献

[1] 宋炯，柏松平，王燕华．基于人工智能的图像识别技术探讨［J］．科技传播，2018，10（01）：106-107.

[2] 中国电子学会．新一代人工智能发展白皮书（2017 年）［EB/OL］．（2018-01-29）［2018-08-01］．https://mp.weixin.qq.com/s/rY4gUU7s3L24k15V-KRgkw.

[3] 贺倩．人工智能技术的发展与应用［J］．电力信息与通信技术，2017，15（09）：32-37.

[4] 顾泽苍．人工智能技术深度剖析［J］．机器人技术与应用，2017（01）：23-28.

[5] 中国电子技术标准化研究院．人工智能标准化白皮书（2018 版）［EB/OL］．（2018-01-24）［2018-08-01］．http://www.cesi.ac.cn/201801/3545.html.

[6] 潘云鹤. 中国新一代人工智能 [EB/OL]. (2017-06-29) [2018-08-01]. https://baijiahao.baidu.com/s?id=1571554437966262&wfr=spider&for=pc.
[7] 工业和信息化部，国家标准化管理委员会. 国家智能制造标准体系建设指南（2018 年版）[EB/OL]. (2018-08-14) [2018-09-15]. http://www.miit.gov.cn/n1146295/n1652858/n1653100/n3767755/c6013858/content.html.
[8] 周济，李培根，周艳红，等. 走向新一代智能制造 [J/OL]. Engineering: 1-20 [2018-07-05]. http://kns.cnki.net/kcms/detail/10.1244.N.20180321.1606.002.html.
[9] 陈旭，张军，陈文伟，等. 网络深度学习算法与实例 [J]. 广东工业大学学报，2017，34 (06): 20-26.
[10] 张润，王永滨. 机器学习及其算法和发展研究 [J]. 中国传媒大学学报（自然科学版），2016，23 (02): 10-18+24.
[11] 司景萍，马继昌，牛家骅，等. 基于模糊神经网络的智能故障诊断专家系统 [J]. 振动与冲击，2017，36 (04): 164-171.
[12] 温文. 基于改进 BP 神经网络的产品质量合格率预测研究 [D]. 广州：华南理工大学，2014.
[13] 娄小芳. 基于模式识别和数据挖掘的铝工业生产节能降耗研究 [D]. 长沙：国防科学技术大学，2010.
[14] 刘明周，马靖，张淼，等. 基于机器视觉的机械产品装配系统在线作业方法 [J]. 计算机集成制造系统，2015，21 (09): 2343-2353.
[15] 鲍达民. 中国人工智能的未来之路 [EB/OL]. (2017-03-18) [2018-08-05]. http://cdf2017.cdrf.org.cn/qybg/2705.jhtml#content.
[16] 张雪英，栾忠权，刘秀丽. 基于深度学习的滚动轴承故障诊断研究综述 [J]. 设备管理与维修，2017 (18): 130-133.
[17] 翟俊海，张素芳，郝璞. 卷积神经网络及其研究进展 [J]. 河北大学学报（自然科学版），2017，37 (06): 640-651.
[18] 郭静，罗华，张涛. 机器视觉与应用 [J]. 电子科技，2014，27 (07): 185-188.
[19] 董玲，杨洸陈，雷剑波. 基于机器视觉的激光再制造机器人离线自动编程研究 [J]. 中国激光，2013，40 (10): 114-121.
[20] 郝彦琴. 人工智能在模式识别领域的应用 [J]. 科技风，2018 (10): 37-55.
[21] 丰晓霞. 基于深度学习的图像识别算法研究 [D]. 太原：太原理工大学，2015.
[22] 工业和信息化部电信研究院. 物联网白皮书（2011 年）[EB/OL]. (2011-10-20) [2018-08-22]. https://wenku.baidu.com/view/0d2b5e20482fb4daa58d4b70.html.
[23] 工业和信息化部电信研究院. 物联网白皮书（2016 年）[EB/OL]. (2016-12-28) [2018-08-22]. http://www.cac.gov.cn/2016-12/28/c_1121534596.htm.
[24] 安筱鹏. 物联网在工业领域中的应用 [N]. 中国计算机报，2010-04-26 (016).
[25] 工业和信息化部电信研究院. 大数据白皮书（2014 年）[EB/OL]. (2014-06-18) [2018-08-22]. http://www.cac.gov.cn/2014-06/18/c_1111184441.htm.
[26] 中国信息通信研究院. 大数据白皮书（2018 年）[EB/OL]. (2018-04-25) [2018-08-22]. http://www.cac.gov.cn/2018-04/25/c_1122741894.html.
[27] 工业和信息化部电信研究院. 云计算白皮书（2020 年）[EB/OL]. (2020-08-05) [2018-08-22]. https://www.199it.com/archives/1096164.html.
[28] 中国信息通信研究院. 云计算白皮书（2016 年）[EB/OL]. (2016-11-23) [2018-08-22]. https://wenku.baidu.com/view/edc537fc9a89680203d8ce2f0066f5335a816726.html.
[29] 龚强. 云计算应用展望与思考 [J]. 信息技术，2013，37 (01): 1-4，8.

[30] 中国信息通信研究院 IMT-2020（5G）推进组. 5G 网络架构白皮书（2015 年）[EB/OL]. (2017-06-07) [2018-08-22]. https://max. book118. com/html/2017/0607/112172759. shtm.

[31] 中国信息通信研究院 IMT-2020（5G）推进组. 5G 概念白皮书 [EB/OL]. (2015-03-20) [2018-08-22]. https://wenku. baidu. com/view/8a131165c281e53a5802ffbe. html.

[32] 华为技术有限公司. EPON 技术白皮书 [EB/OL]. (2013-05-04) [2018-08-22]. http://www. doc88. com/p-7468436060627. html.

[33] 中国信息通信研究院，华为技术有限公司. 虚拟（增强）现实白皮书（2017 年）[EB/OL]. (2017-09-30) [2018-08-22]. https://max. book118. com/html/2018/0215/153285733. shtm.

[34] 佚名. SDN 是什么？[EB/OL]. (2013-02-21) [2018-08-22]. http://network. 51cto. com/art/201302/380574. htm.

[35] 宋华振. TSN-工业通信的未来在这里？ [EB/OL]. (2018-06-13) [2018-09-20]. http://bbs. gongkong. com/d/201806/761737_1. shtml.

[36] 作者不详. 干货｜工业无线技术领域的三大标准 [EB/OL]. (2017-07-21) [2018-09-20]. http://www. eetrend. com/article/2017-07/100073193. html.

“两弹一星”功勋
科学家：孙家栋

第 5 章

离散型智能制造

20 世纪 90 年代以来，以信息技术革命为中心的高新技术迅猛发展，世界经济越来越融为整体，同时也深刻地改变了全球制造业的原有格局。资源配置的便利性、产品与资本的流动性使制造业市场的竞争更为激烈，而传统的制造模式难以满足动态的市场需求。制造企业需要更为灵活的制造系统保持其核心竞争力。

除传统的自动化、信息化基础外，未来的制造系统还应该具备智能感知、分析、决策与控制能力。本章将以离散型智能制造为对象，从其内涵、架构与典型案例三个方面对离散型制造企业未来的制造系统——离散型智能制造工厂展开叙述。

5.1 离散型智能制造的内涵

5.1.1 离散型制造概述

离散型制造的生产过程是指将原材料加工成零件，再使零件经部件组装和总体组装成为成品，完全按照装配方式生产加工的过程。离散制造过程中，物料离散地、间断地按一定工艺顺序运动，在运动中不断改变形态和性能，最后形成产品。离散制造生产的产品是可数的，零件、半成品和成品之间存在一定的定量关系。离散型产品在日常生活中随处可见，如图 5-1 所示，例如钟表、汽车、发动机、电子设备等，都是由一系列数量确定的零部件经过加工装配而成。离散制造企业差异较大，既有按订单生产的订货式制造，也有按库存生产的备货式制造；既有大批量生产，也有单件小批量生产。

从完整的制造环节来看，离散型制造在市场需求、产品开发、物料供应、产品生产四个方面具有显著的特点。在订单侧，客户对离散型制造产品的个性化需求较多，根据不同需求定制的产品变化较大。为灵活地满足不同的需求，离散型制造产品往往设计为由可拆分的零部件组装而成，零部件的替换与配合可满足不同的功能需求。根据设计要求，这类产品的生产往往需要种类繁多、数量较大的原材料、外购件、外协件与标准件；同时，总体设计也决定了产品的加工效率、质量与性能。

在生产侧，离散型制造产品的生产往往由多个毛坯或零件，经过一系列不连续的工序进

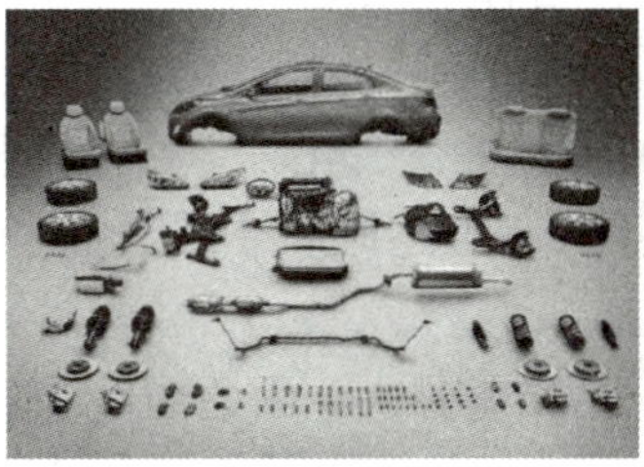

a) 汽车

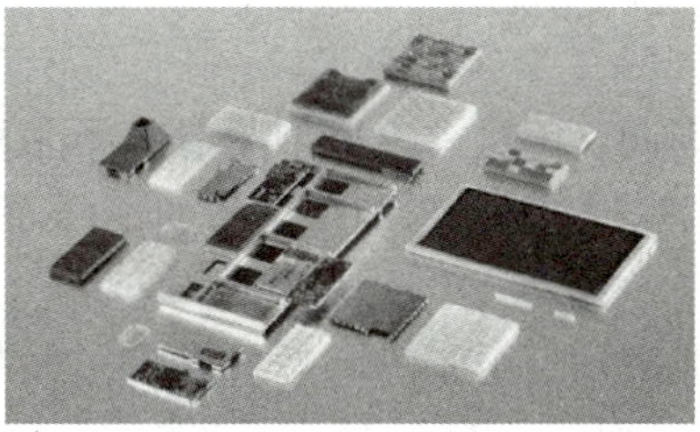

b) 手机

图 5-1　常见的离散型制造产品

行加工、装配而成，因此，整个生产过程通常被分解成很多加工或装配任务，每项任务仅需要企业的小部分能力和资源。一般而言，功能类似的设备可按照空间和行政管理建成一些生产组织，如部门、工段或小组等在每个部门，工件从一个工作中心到另外一个工作中心进行不同类型的工序。

总体而言，离散型制造业主要有以下特点：

1）产品个性化需求多，定制变化大，产品种类多，规格繁杂，功能多样化。

2）产品设计为多个零部件组装而成，设计结构复杂，技术难度较大。

3）生产过程中大批量、单件生产混合，生产管理难度大。

4）产品原料需求量大、种类繁多，生产工艺链长，协作关系复杂，物流管理复杂。

5.1.2　离散制造业开展智能制造的必要性与可行性

20 世纪 60～70 年代，面对用户需求量大、竞争比较缓和的市场环境，在全球范围内，无论是装备制造商还是消费品生产企业，都以扩大生产规模、降低生产成本、抢占市场份额为主要目标，实现产业化发展。到 20 世纪 80～90 年代，精益生产、敏捷制造等当时先进的制造技术对离散制造业的发展有着重大的影响，伴随着市场空间的不断缩小，制造企业提升竞争力的主要潮流向追求产品质量、加快市场响应能力方向转变。

进入 21 世纪，在资源配置日益便捷、生产成本不断降低和用户个性需求变化快等因素的影响下，制造业需要适应变化更快、要求更高的市场需求。在高新技术和先进制造理念的推动下，全球化、数字化、网络化、智能化和绿色化是离散型制造业发展的主要趋势。

在全球化潮流中，为应对竞争强度不断提升的市场、客户趋向多元化的需求，传统离散型制造模式已不能满足企业跟进发展的步伐，制造企业急需向数字化、网络化、智能化方向进行改造。在实现离散型智能制造的过程中，离散型制造企业或多或少面临如下问题：

1）生产层级自动化程度差别大。产品的生产可能通过流水产线、数控机床组成的柔性制造系统（Flexible Manufacture System，FMS）、柔性制造单元（Flexible Manufacture Component，FMC）、分布式数控（Distributed Numerical Control，DNC）系统等，也有可能通过手工作业完成。

2）数据采集方式随底层自动化水平的不同而不同。联网的数控机床系统可以自动从制造系统中获取生产信息和设备运行状态信息；手工作业的车间只能靠条形码、RFID 等技术获取信息。

3）物流管理复杂。离散型制造产品根据其设计要求，所需的原材料品种多、需求量大，外购件、外协件和标准件多，生产工艺链长，协作关系复杂，上述原因导致物流管理复杂。

4）生产计划调度困难。离散型制造产品品种多，批量变化大，产品结构复杂，生产过程不连续，生产工艺随零件与加工设备的不同而不同，上述原因导致产品生产计划调度较为困难。

5）系统集成困难。由于配套设备繁多，数据结构差异大，因此 MES 与底层控制系统集成接口实现较为困难。

6）车间形态不同，管理需求不同。根据生产对象不同，离散型制造车间可分为铸造车间、锻造车间、热处理车间、机械加工车间、装配车间等，各车间生产模式、目标均不相同，因而管理需求也不同。

虽然离散型制造企业在向智能化制造迈进的过程中存在上述问题，但是在离散型产品的制造过程中，由于产品生产一般在常温、固体状态下进行，零部件的加工与装配过程、设备运动状态大多可采用线性模型进行描述，因此离散型制造较易实现数字化管理。然而，离散型制造中产品种类繁多，设备配套复杂，自动化与信息化程度不一，导致生产过程的组织与管理脉络流程繁多，效率较低，组织与管理数字化、智能化的过程漫长。但只要有足够的计算机能力和有效得当的算法，离散型产品生产过程的物理机制和模型在原理上是可以实现数字化、网络化与智能化的。

随着 RFID、传感器网、工业无线网络等物联网技术和普适计算技术的成熟和发展，在无处不在的感知服务与智能化信息服务的基础上，新一代信息化制造技术正在不断地发展与完善。在离散制造过程中，新一代信息制造技术可主动感知产品生产过程、人机交互过程、供应链与物流过程，将原有离散的、杂乱的、滞后的制造过程和管理流程变得实时、有序，实现离散制造过程的数字化与透明化，增强技术人员对完整流程的了解。在此基础上，智能化判断、分析、决策元素的增加可实现离散型制造的智能化，有助于大幅度提高企业的制造效率，改善产品质量，降低产品成本和资源消耗，同时也可为用户提供更加透明化和个性化的服务。

在技术发展与市场竞争的双重驱动下，传统离散制造工厂的运作模式正逐渐被带有智能特征的新型制造模式所代替。我国明确提出了深化信息化与工业化的“两化融合”，发展一批具有高度自动化、柔性与智能特征的离散型智能工厂。在技术、市场、政策的三重驱动下，离散型智能制造在我国已崭露头角。

离散型智能制造的产生和发展是一个长期的渐进过程。它顺应全球制造业总体发展趋势，符合制造全球化、数字化、智能化和绿色化发展要求，是经济、社会、科技共同发展和作用的必然结果。

5.1.3 离散型智能制造的内涵与特征

离散型智能制造是面向未来的离散制造企业的新型制造模式，具有高度自动化、柔性化、数字化与智能化。它是以物联技术为基础，制造模式与管理模式建立在泛在信息感知、智能信息服务和先进制造技术之上。相对于传统离散型工厂，离散型智能工厂对个性化、大批量生产具有实时动态调度的能力，制造系统具有快速重构能力，因此能针对产品和环境变化进行快速应变，从而大幅提高生产效率。

离散型智能制造的基本特征可从智能化生产、智能化管理与智能化决策三个方面进行概述。

1. 智能化生产

（1）具有自主感知与自主决策能力的智能化设备 智能化设备可主动感知周围环境与自身状态的变化，理解外界与自身的状态信息，根据情景变化进行判断、分析，并规划自身行为。智能化设备可自动识别加工对象身份，根据加工对象的个性化特征进行分析决策，执行特定的工艺操作；可根据自身运行状况对预期故障状况进行诊断、预测和自调整；具有智能化的人机交互模式，可与人协调合作，在各自不同的功能领域间相辅相成；支持多种方便灵活的访问与接入方式，展示界面友好、信息丰富；支持高级的交互式人机对话，如多点触控、自然语言等。

（2）智能化仓储管理与物流供应 智能化仓储管理系统可自主感知、实时优化与智能决策，具体表现为对库存信息、库房系统运行状态及环境状态的主动感知，对流转过程的实时监控和智能化分析决策，以及对上下游请求与服务的无缝接入。此外，智能化仓库的智能化能力还包括库存的动态调整与自动化存取、操作的自动化与无人化（或少人化）、库存物品的统一身份标识、库存装置的智能化管理、诊断与维护。智能化物流供应系统可利用识别技术对每个物流环节信息实时采集，实现物料消耗、物流周转过程的智能化监控，通过智能化决策可实现实时调度、生产过程精准化、自动化运转。

（3）基于高度自动化与数字化的柔性化、自组织生产 生产过程高度自动化、少人化甚至无人化；制造系统具有协调、重组及扩充特性；系统各部分可实现完全自主调度，根据工作任务，能够快速整合系统中的加工资源，实现个性化订单的自组织生产。

（4）自动化质量检测与处理 在检测环节，利用自动化检测设备对所要求的各种检测参数进行自动检测，自动生成检测报告和处理意见。

2. 智能化管理

（1）制造资源管理与自主维护 生产环境内各制造资源（工作人员、设备、容器等）的状态参数（位置、设备健康状态参数、工况参数等）与环境参数（温度、湿度、噪声等）可被各种传感器及其他数据采集器件主动感知；感知数据经过处理和分析后，分类分批存入数据库。制造资源管理系统具有自主学习功能，通过对工业数据的分析学习实现知识库补充、更新，对感知到的实时信息进行智能分析，实现自主诊断、健康状态预测、自主维护等功能。

（2）制造过程数据管理与追溯 通过 RFID 等各类信息采集装置，实现制造过程中制造进度、物料位置、质量跟踪等的全流程跟踪与产品质量、资源消耗、生产过程等的信息追溯。

3. 智能化环境与智能决策

（1）一体化的网络环境 工厂内底层控制网络、传感网络与上层企业内网的互联互通，充分发挥无线网络的技术优势，支持多种无线传输协议的无线网络互联集成生产现场网络、企业内部网络，形成一体化网络环境，实现信息系统与物理系统的融合。

（2）智能决策 基于一体化网络环境，综合企业外部信息（供应链信息、客户信息等）与企业内部信息（人力资源信息、财务信息物料信息、工厂生产过程信息、设备信息等），采用智能算法进行分析，实现不同层面的知识融合；依靠智能化制造系统的面对复杂环境变化的自组织能力，实现生产计划制订、物料需求计划制订、实时调度、底层控制等制造全流程的智能化决策。

5.2 离散型智能制造的架构

5.2.1 离散型智能制造总体架构

根据离散型制造的特点，离散型制造企业智能化方向主要集中在工厂/车间总体设计、产品设计与工艺数据的数字化管理与智能分析、工艺流程及其布局的数字化模型建立、生产组织与管理的数字化与智能化调度、设备自动化与数字化程度的提升等。根据制造过程与数据流向，制造企业的离散型智能制造架构可分为生产资源层、工厂/车间层、企业层三层，如图 5-2 所示。

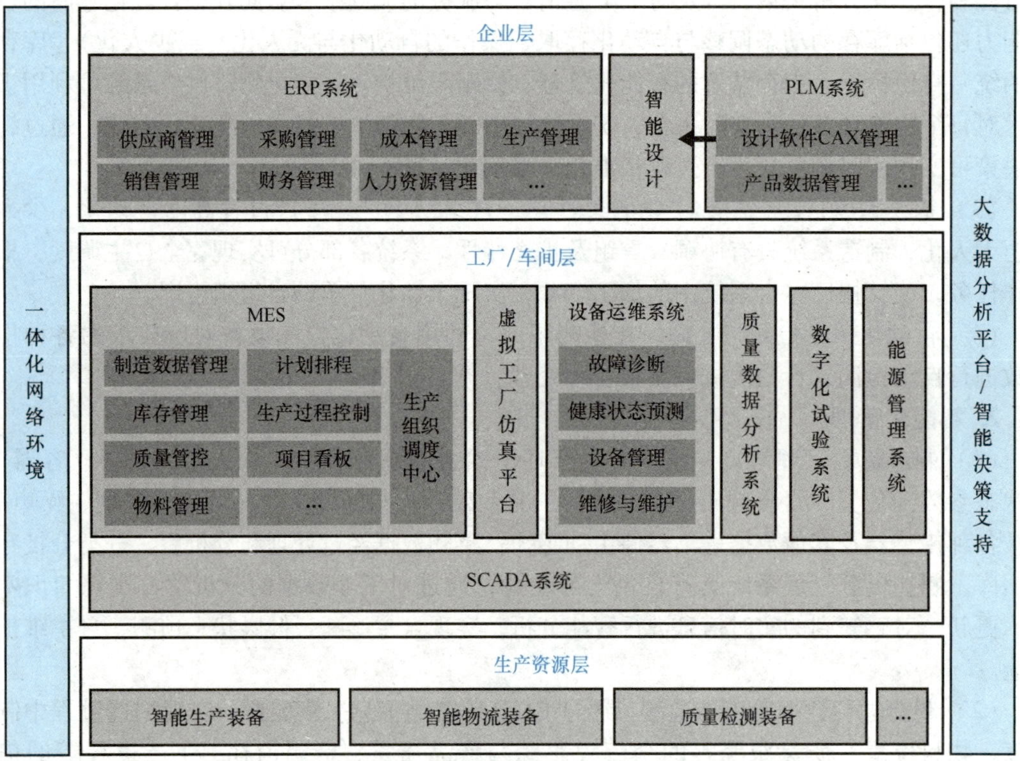

图 5-2 离散型智能制造总体架构

基于层次化的离散型智能制造架构，可实现离散型智能制造过程中产品需求、产品开发、物料供应、产品生产的横向贯通，依托新一代信息制造技术，可实现离散型制造企业内部结构的纵向集成。架构中，企业层主要通过 ERP 系统与 PLM 系统对各项数据进行汇总管理与分析决策；工厂/车间层主要实现生产过程的管理与控制；生产资源层主要完成产品的生产过程与质量检测过程。此外，一体化网络环境可集成企业内外各类制造信息，依托各类智能算法进行智能决策支持，进一步实现制造系统的闭环控制。

5.2.2　企业层关键要素

企业层级主要通过 ERP 系统对各项数据进行汇总分析，实现供应商管理、采购管理、成本管理、生产管理、销售管理、财务管理等企业功能，同时可通过协同制造平台与 PLM 系统集成，实现对产品及其生产过程的优化、产品跨供应链的全流程追溯，提高企业竞争力。

1. ERP 系统

ERP 系统源于 MRP，在 MRP 的基础上，扩展了企业员工、资产、物料、产能、供应链、销售的管理。ERP 围绕产品生产所需的所有资源配置进行优化，达成信息流、物流、资金流三流合一，旨在最大程度减少资源占用。

ERP 系统在离散型制造企业中的基本功能包括如下四点：

1）订单管理。整合企业采购和销售环节，根据订单、库存、生产信息等制订采购计划；自动生成销售和采购信息，实现销售和采购的全程控制和跟踪。

2）财务管理。实现现金流向和流量预算的实时查询与预估功能，提高资金利用效率；财务业务一体化，自动生成财务报表，支撑财务决策。

3）生产管理。根据财务、订单、库存信息，实现生产计划制订与动态调度；对生产计划生成到产品入库计划完成的生产全过程进行严密的管理；实现生产流程的可视化管理，实时掌握当前生产状况。

4）库存管理。涵盖所有的出入库明细，能实现复杂的存货出入库管理；可自动生成库存批号，实现物料、产品的追溯等多层次处理；对超储、失效存货等情况自定义预警，保持库存数量在合理水平，减少资金占用，避免物料积压或短缺；有效支持生产进行，并与采购、销售、生产、财务等系统实现数据双向传输，保证数据统一。

2. PLM 系统

PLM 系统是从 PDM 系统发展而来的针对产品的全流程管理系统，PLM 包含了从人们对产品的需求生成开始，到产品淘汰报废的全部生命历程信息。

PLM 系统作为企业管理产品信息的基础平台，所有和产品相关的人员都可通过 PLM 系统实现数据共享和业务协同，提高工作效率。PLM 系统包含的主要内容有应用软件及管理软件集成、文档管理、工作流管控、产品结构管理、权限管理、构型管理、工程变更及控制、数据可视化和项目管理等。

3. 智能设计

制造业的信息化和经济的全球化使制造业产品的全球市场竞争加剧，市场对产品功能、产品质量、响应速度、性价比等要素提出了更高的要求。在整个制造过程中，产品设计的成本仅占制造总成本的 3% 左右，但却决定了产品总成本的 70%，设计过程对产品结构、功能、质量、成本、可制造性、可维修性等主要性能指标都有重要影响。由此，采用智能化设计快速提升产品的研发水平和能力是制造业竞争的关键之一。

智能设计的设计过程独立于 PLM 系统，但其依赖的数字化设计软件 CAX（包括 CAD/CAE/CAM/CAPP）及其集成系统、产品设计信息都由 PLM 系统管理。从设计任务来分，设计工作主要可分为两类：基于数学模型的数值处理等计算型工作与图形绘制工作、基于符号性知识模型与符号处理的推理型工作。

随着计算机技术的不断进步，CAD 技术的发展大大扩展了技术人员的设计能力。传统 CAD 主要完成基于数学模型的数值处理等计算型工作与图形绘制工作；而更进一步的推理型工作则是智能化 CAD 与智能设计的发展方向与主要任务。

在传统 CAD 的基础上，以计算机代替人的智能设计系统最核心的任务是利用计算机代替人做设计当中的决策，即实现计算机的自主决策，这主要需要完成两个基本任务：将设计过程中的决策活动模型化为复合知识模型、利用计算机系统自动进行基于知识的推理过程。

在计算机自主决策的两个基本任务中，核心任务是“设计知识模型”的建立。其中，知识库的建立是基础，推理规则的建立是核心。根据不同的推理方法，智能设计中常用的知识模型主要包括基于原型推理（Model Based Reasoning，MBR）、基于规则推理（Rule Based Reasoning，RBR）、基于案例推理（Case Based Reasoning，CBR）的三种知识模型。

5.2.3 工厂/车间层关键要素

工厂/车间层主要包含 SCADA 系统、MES、设备运维管理系统及虚拟工厂仿真平台。其中，SCADA 系统主要完成底层生产单元的状态数据采集、控制指令的下发等任务，同时也对采集的数据进行规范化处理，而后分发给各个功能模块。MES 根据 ERP 系统下发的生产计划，实现工厂/车间级生产调度，并通过对底层设备的管控实现生产过程的控制。设备运维管理系统主要根据监控数据获取设备的健康状态，实现预测性维护。虚拟工厂仿真平台通过对生产过程进行仿真分析，支撑技术人员对工厂布局、生产工艺的优化。

（1）SCADA 系统　SCADA 系统是以计算机为基础的分布式控制与自动化监控系统。SCADA 系统拥有多种网络通信方式，可对底层生产单元中的多种数据进行实时采集，可对底层生产单元发放控制指令，能够处理大量数据。

（2）MES　MES 即制造企业制造执行系统，是一套面向制造企业车间执行层的生产信息化管理系统。美国先进制造研究中心将 MES 定义为位于上层的计划管理系统与底层工业控制之间的面向车间层的管理系统。MES 主要完成企业层生产决策到实际生产过程中的衔接工作，是企业层 ERP、PLM 等系统与底层生产单元间必不可少的中转环节，其主要功能可概括为车间/工厂级的生产调度工作与车间/工厂级的管控工作，具体如下：

1）车间生产计划优化。根据 ERP 的生产指令，紧密结合车间的人员、设备、物料等实时情况，进行工序级排产，得到优化的生产排程。

2）生产数据管理与追溯。对物料、在制品、废品进行全流程信息录入；根据生产需求进行调用查询，实现产品质量与在制品状态的全流程追溯；根据反馈数据优化管理业务。

3）电子看板管理。根据采集数据自动发布生产信息，实现生产流程透明化。

（3）设备运维管理系统　准确、可靠、实时或周期性地进行设备状态的在线监测、数据存储、数据可视化展示；对设备的健康状态在线监测，对监测数据进行有序融合与分析，制订维护与维修计划，实现预测性维护功能。

（4）虚拟工厂仿真平台　运用数字仿真技术，在虚拟环境中构建覆盖生产全过程所有作业单元的三维数字化虚拟工厂，合理高效地实现沉浸式交互式空间形态展现，将抽象思维与直观感受相互联系，为数字化工厂/车间的规划提供评估手段与优化支持。

5.2.4　生产资源层关键要素

生产资源层主要包括完成整个生产过程所需的智能生产装备、智能物流装备与产品质量检测所需的装备，以及在智能制造模式下有机组合形成的智能制造系统。典型的离散型智能装备包括数控加工中心、多关节机器人、AVG、增材制造装备等。智能制造模式包括柔性制造与自组织制造。

1. 智能化装备

（1）数控加工中心　数控加工中心（Computer Numerically Controlled Production Center，CNCPC）是从数控机床（Computer Numerical Controlled Machine Tool，CNCMT）发展而来的，是由机械设备与数控系统组成的适用于加工复杂零件的高效率自动化机床，如图 5-3 所示。与数控机床的最大区别在于，CNCPC 具有自动更换加工刀具的能力，可在一次装夹中通过自动换刀装置改变主轴上的加工刀具，实现铣削、镗削、钻削、攻螺纹和切削螺纹等功能的集中。对形状较复杂、精度要求较高的单件加工或中小批量的多品种生产，其效率是普通设备的 5 ~ 10 倍。

数控加工中心的加工方式具有以下特点：

1）大量减少工装数量，加工形状复杂的零件也不需要复杂的工装。如要改变零件的形状和尺寸，只需要修改零件加工程序，适用于新产品研制和改型。

2）多品种、小批量的生产情况下生产效率较高，能减少生产准备、机床调整和工序检验的时间，而且由于使用最佳切削量而减少了切削时间。

3）可加工按常规方法难以加工的复杂型面，甚至能加工一些无法观测的加工部位。

4）加工质量稳定，加工精度高，重复精度高，适应飞行器的加工要求。

5）数控加工的缺点是机床设备昂贵，对维修人员技术水平要求高。

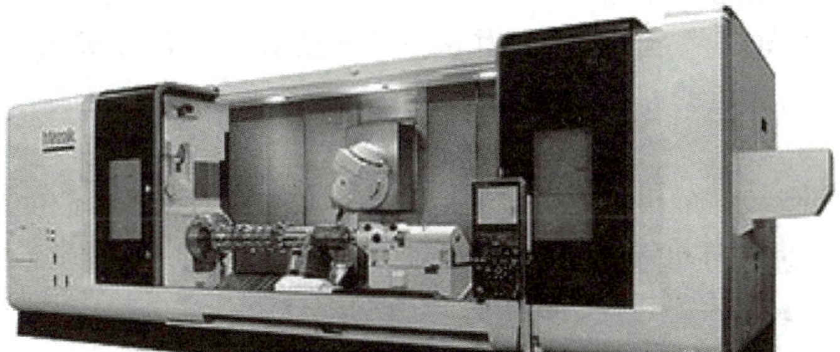

图 5-3　五轴联动数控加工中心

（2）工业机器人　工业机器人是面向工业领域的多关节机械手或多自由度的机器装置，它能自动执行工作，是靠自身动力和控制能力来实现各种功能的一种机器。它可以接受人类指挥，也可以按照预先编排的程序运行，现代的工业机器人还可以利用人工智能技术而更智能地工作。

典型的多轴工业机器人如图 5-4 所示。相对本体尺寸，机器人的工作空间比较大，动作灵活，结构紧凑，占地面积小，有很高的自由度，5 ~ 6 轴机器人几乎可适合任何轨迹或角度的工作。

工业机器人最显著的特点有以下几个：

1）可编程。生产自动化的进一步发展是柔性化。工业机器人可随其工作环境变化的需要而再编程。因此，它在满足小批量多品种的生产需求、实现柔性化制造的过程中能很好地发挥作用，是柔性制造系统中的一个重要组成部分。

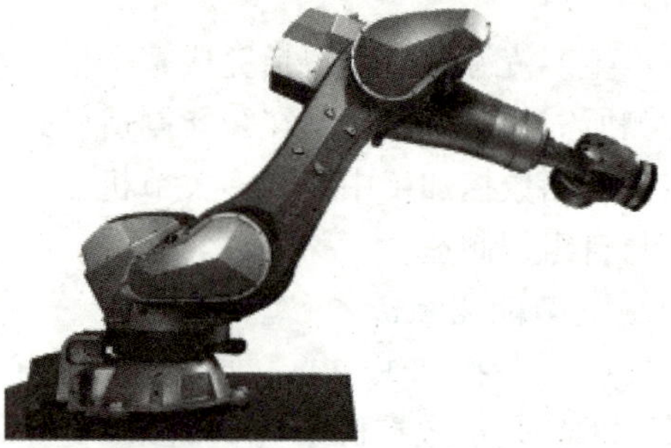

图 5-4　多轴机器人本体

2）拟人化。工业机器人在机械结构上可具有类似人的腿、腰、大臂、小臂、手腕、手指等部分，在控制上有计算机。此外，智能化工业机器人还有许多类似人类的“生物传感器”，如皮肤型接触传感器、力传感器、负载传感器、视觉传感器、声觉传感器、语言功能器件等，传感器提高了工业机器人对周围环境的自适应能力。

3）通用性。除专门设计的专用工业机器人外，一般工业机器人在执行不同的作业任务时具有较好的通用性。比如，更换工业机器人的手部末端操作器（手爪或其他工具）便可执行不同的作业任务。

4）涉及机电一体化技术。第三代智能机器人不仅具有获取外部环境信息的各种传感器，而且还具有记忆能力、语言理解能力、图像识别能力、推理判断能力等人工智能，这些都是微电子技术的应用，特别是计算机技术的应用，体现了机电一体化技术在机器人上的应用。

（3）AGV　AGV 是指通过磁条、激光或轨道等装置自动导引，沿规划好的路径行驶，以电池为动力，并且装备安全保护及各种辅助机构（例如移载、装配机构）的无人驾驶的自动化车辆，如图 5-5 所示。通常多台 AGV 与控制计算机（控制台）、导航设备、充电设备及周边附属设备组成 AGV 系统，主要工作原理表现为在控制计算机的监控及任务调度下，AGV 可以准确地按照规定的路径行驶，到达任务指定位置后，完成一系列的作业任务。AGV 有以下优点：

1）自动化程度高。AGV 由计算机、电控设备、激光反射板等控制。当车间某一环节需要辅料时，工作人员向计算机终端输入相关信息，计算机终端将信息发送到中央控制室，专业的技术人员再向计算机发出指令，在电控设备的配合下，这一指令最终被 AGV 接收并执行——将辅料送至相应地点。

2）充电自动化。当 AGV 的电量即将耗尽时，它会向系统发出请求指令请求充电（一般技术人员会预先设置好一个值），在系统允许后自动到充电的地方“排队”充电。

3）AGV 电池寿命和采用电池的类型与技术有关。使用锂电池，其充放电次数到达 500 时仍然可以保持 80% 的电能存储。

4）美观。提高观赏度，从而提高企业的形象。

5）方便，减少占地面积。生产车间的 AGV 可以在各个车间穿梭往复。与物料输送中常用的其他设备相比，目前采用的 AGV 在活动区域内大多无须铺设轨道、支座架等固定装置，不受场地、道路和空间的限制，因此，在自动化物流系统中，最能充分体现其自动性和柔性。

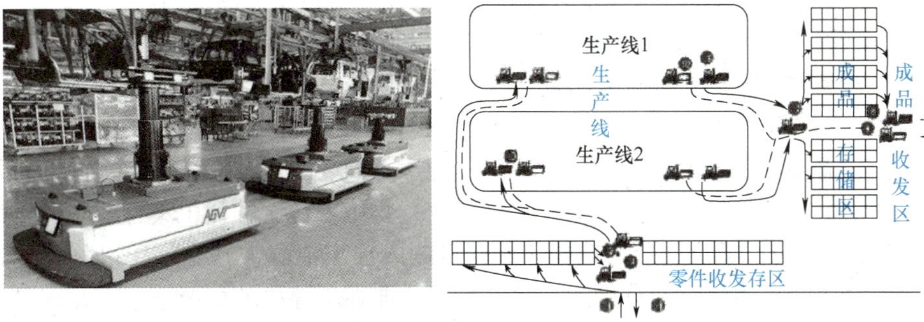

图 5-5　离散生产中 AGV 物料配送现场与布局

（4）增材制造装备　增材制造俗称 3D 打印，是融合了计算机辅助设计、材料加工与成形技术，以数字模型文件为基础，通过软件与数控系统将专用的金属材料、非金属材料及医用生物材料，按照挤压、烧结、熔融、光固化、喷射等方式逐层堆积，制造出实体物品的制造技术。相对于传统的、对原材料去除的先切削、再组装的加工模式不同，增材制造是一种“自下而上”通过材料累加的制造方法，实现零件从无到有的制造过程。这使得过去受传统制造方式约束，无法实现的复杂结构件的制造变为可能，同时满足离散型制造中的个性化需求，3D 打印设备与其个性化定制产品如图 5-6 所示。

增材制造技术不需要传统的刀具、夹具及多道加工工序，利用三维设计数据在一台设备上即可快速而精确地制造出任意复杂形状的零件，从而实现“自由制造”，解决许多过去难以制造的复杂结构零件的成形，并大大减少了加工工序，缩短了加工周期。而且越是结构复杂的产品，制造的速度作用越显著。近年来，增材制造技术取得了快速的发展。增材制造原理与不同的材料和工艺结合形成了许多增材制造设备。目前已有设备的种类达到 20 多种。该技术一出现就取得了快速的发展，在各个领域都获得了广泛的应用，如在消费电子产品、汽车、航空航天、医疗、军事、地理信息、艺术设计等。

图 5-6　3D 打印设备与个性化定制产品

2. 智能制造模式

（1）柔性制造　柔性制造是指在计算机的支持下，能适应不同品种产品的生产要求、不断变化的市场需求和系统内外的其他不确定因素的新型制造模式。制造过程中的柔性主要包含以下八类：

1）加工柔性：指设备通过切换刀具、改变装夹等方式加工复杂工件的能力。

2）工艺柔性：指生产不同工艺要求的产品的能力。

3）产品柔性：指生产过程中快速、经济地切换产品类型的能力。

4）路径柔性：指处理宕机、切换生产路径的能力。

5）产量柔性：指根据需求，灵活改变产量的能力。

6）可扩展性：指灵活重组、快速扩展生产系统的能力。

7）工艺路线柔性：指灵活调整工艺路线、改变设备运行状态的能力。

8）生产柔性：综合以上特点，结合生产实际，对制造系统柔性的总体评价。

根据以上八类柔性的侧重与程度不同，柔性制造系统的主要包含以下四种类型：

1）柔性加工单元。柔性加工单元指由一台或数台数控机床或加工中心构成的加工单元。该单元根据需要可以自动更换刀具和夹具，加工不同的工件。柔性加工单元适合加工形状复杂、工序简单、工时较长、批量小的零件。它主要体现较大的加工柔性与工艺柔性。

2）柔性制造系统。柔性制造系统是以数控机床或加工中心为基础，配以物料传送装置而组成的生产系统。该系统由计算机实现自动控制，能在不停机的情况下，满足多品种的加工。柔性制造系统适合加工形状复杂、工序多、批量大的零件。它具有较大的加工柔性、工艺柔性、产品柔性和路径柔性。

3）柔性自动生产线。柔性自动生产线是把多台可以调整的机床（多为专用机床）连接起来，配以自动运送装置而组成的生产线。该生产线可以加工批量较大的不同规格零件。柔性程度低的柔性自动生产线在性能上接近大批量生产用的自动生产线，柔性程度高的柔性自动生产线则接近于小批量、多品种生产用的柔性制造系统。柔性自动生产线具有较大的工艺路线柔性和可扩展性，但其加工柔性、工艺柔性与路径柔性较低。

4）多路径柔性生产线。该类系统包含多条柔性生产线，且不同生产线可有机组合的生产线。其同时具有柔性制造系统与柔性生产线的各种优点。

（2）自组织制造　所谓自组织是指不依赖外部指令，系统能够按照相互默契的某种规则，各尽其责而又相互协调地自动构成有序结构。随着网络技术与制造技术的深度融合，制造组织形态和制造过程都发生了很大的变化，新的制造系统满足开放性与非线性相互作用的特征，具有自组织结构。

针对单个企业而言，制造过程具有强实时性，随着信息化水平的提高，在制品的生产依靠实时调度具有一定的可行性。传统离散车间受到如设备故障、紧急插单、工件返修、加工时间波动等多种不确定扰动因素带来的影响，依赖自组织生产、各智能生产单元间信息交互和单元内部的高效运算，可实现突发事件的动态处理。

具有自组织结构的制造系统具有以下突出优点：

1）更强的驾驭复杂性的能力。非常复杂的制造过程可以通过跨行业、跨地区、甚至跨国的制造企业按自组织原则组织起来，由相互作用的、相对简单的制造系统来实现。

2）更强的适应环境的能力。各生产单元可以根据自身需求，见机行事，而不必待命或听命于某个指挥中心。因此，对于环境的随机变化和突然扰动，具有更为灵活机动的响应特性。

3）更强的自行优化的能力。自组织制造系统一旦开始运行，就具有自提升的功能，能够在内部机制的作用下，不断优化其组织结构，完善其运行模式。

5.2.5　一体化网络环境建设与智能决策支持

一体化网络环境主要通过主动感知技术与网络技术（互联网、无线网和物联网），汇集企业内外来自制造环境、各种制造过程、制造资源、管理系统等的信息，将物理与信息空间相互融合，实现企业内外各类信息的互联互通与透明化。一体化网络环境可通过底层生产单元集成与网络化纵向集成来实现。

大数据分析平台依托于一体化网络环境，基于数据挖掘算法对生产资源层、工厂/车间层、企业层三个层级中的各类数据进行进一步的处理、加工、分析，提取其中的语义信息；基于智能决策算法（聚类分析、深度学习、迁移学习、关联规则分析）对大量原始的、信息密度低的数据进行提取与高度抽象，将其转化为知识，为三个层级的决策任务提供智能决策的支持，进一步实现对制造系统的闭环控制。

1. 底层生产单元集成

通过 SCADA 系统，将底层传感器网络实时监测的制造环境数据（声、热、光、电等）、制造过程状态数据、控制数据汇集，实现底层生产单元之间、底层生产单元与上层结构之间的互联互通与底层制造信息的集成。

2. 网络化横纵向集成

离散制造业的制造过程与生产方式决定了产品在生产作业过程中信息复杂、不易控制，生产计划和作业计划均衡生产难以得到保证。此外离散型制造中各个系统功能间存在交叉重叠，系统与系统之间的交互渠道较少，信息在各个系统间难以形成完整的循环。

网络化横纵向集成主要就是解决企业内部的系统功能交叉与信息孤岛问题的方法。其中，纵向集成主要需要实现以下目标：

1）实现从设计、工艺到制造、控制的数据自动化传递。

2）MES 作为企业中间层枢纽系统，起承上启下的作用。

3）上层系统数据自顶向下地分解传递到底层控制系统，形成管控数据流。

4）下层系统的数据自下向上地收集反馈到上层管理系统，形成状态数据流，作为分析与决策的依据。

企业内部的横向集成主要需要实现以下目标：

1）提高企业数字化、网络化、智能化的管理水平。

2）减少系统间数据的重复采集、存储工作。

3）统一数据格式，规范数据源头。

4）建立系统与系统、设备与设备、人与机器的互联沟通机制，提高信息利用效率。

在具体的实施过程中，横纵向集成可涵盖但不限于以下内容。

（1）ERP 系统与 PLM 系统集成　在企业层中，PLM 系统与 ERP 系统分别涉及产品数据管理与企业内部信息管理两个领域，两者之间稍有重叠。PLM 系统中存储的产品技术数据（设计数据、工艺数据、制造数据等）是进行生产活动的基础。而 ERP 系统则从后端的库存管理、财务管理、资源计划等向产品延伸。通过 PLM 系统与 ERP 系统的集成，能够建立技术信息化系统与管理信息化系统的连接，实现数据在信息化系统之间的传递、共享和交换。如设计部门可以从 PLM 系统中获取 ERP 系统中的物料库存信息（如毛坯、加工材料等信息）；PLM 系统中产品配套的外购件、外协件、标准件等的需求信息可以通过 ERP 系统传递给采购部门，由采购部门统一规划采购。

（2）ERP 系统与 MES 集成　在 ERP 系统与 MES 中，ERP 系统侧重宏观层面的生产决策，而决策的实际执行、更细节的计划排程与调度则由 MES 完成，两者之间是典型的上下层结构，如图 5-7 所示。通过 MES 与 ERP 系统的集成，MES 可获得 ERP 系统的物料信息作为精确排产的依据，保证生产的高效性和及时性；在完成了生产计划制订后，进行生产任务执行时，MES 可及时将工序状态信息、计划确认信息及产品交付信息反馈到 ERP 系统中，使得管理人员可以即时监控和跟踪生产计划的执行情况，并根据生产部门的产品交付信息实时采购、调整库存，为后续主生产计划的制订提供参考，以利于计划修改和滚动优化。

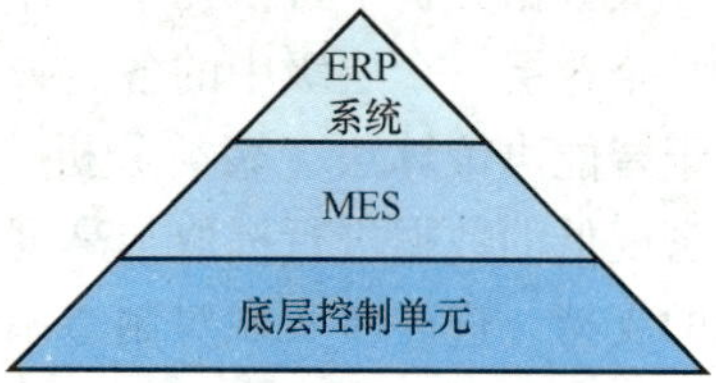

图 5-7 纵向集成三层模型

(3) PLM 系统与 MES 集成　在 MES 与 PLM 系统中，PLM 系统偏重于产品信息的维护与管理，而产品的实际生产过程则由 MES 负责。通过 MES 与 PLM 系统的集成，MES 可从 PLM 系统中获得设计和工艺等信息，进行生产计划的编制和质量、进度的监控，以及在生产加工时对具体生产操作的指导，保证高效生产；MES 中记录的生产制造质量问题可以通过 PLM 系统及时地反馈给工艺与设计部门，实现质量、成本的分析和优化，探索更多、更快、更有效的生产价值链。

3. 智能决策支持

随着信息技术产业与工业的深度融合，传统的工业数据也逐步向大数据模式转变。在离散型制造中，多样化的产品系列、复杂的设备组成、离散的生产过程等都在源源不断地产生工业大数据。21 世纪是从数据这片“土地”上钻出“石油”的时代，从体量大、信息密度高、时效性强的大数据中，可以分析、挖掘、提取出有价值的数据与知识，助力制造业的发展。

智能决策是离散型智能制造中供应链与物流管理的核心，需要对供应链与物流系统中的多个环节进行决策，如采购决策、库存决策、配送决策、营销决策、设施选址决策等。在制造服务中，企业与用户、供应商频繁接触，可以使企业掌握大量的外部信息；在制造过程中，产品设计、物料供应、生产管理、物流管理等过程可以使企业掌握大量的内部信息。智能决策支持指基于上述企业内外部数据，利用商务智能、人工智能和计算智能等方面的理论和方法辅助建立数学模型，再结合实际问题分析求解，给出最佳实施方案，为供应链与物流管理人员提供决策支持的过程。

供应链与物流决策强调供应链与物流所有环节的系统性、协调性、一致性、关联性、互动性和平衡性，通过智能化决策为企业合理定位、精确控制和准确决策提供依据，智能决策中心是整个供应链的业务集散与调度中心、信息处理中心、资金运作中心。智能决策中心对供应链与物流业务中的物流、信息流、资金流进行智能化规划、协调和控制，其目的是实现在正确的时间和地点，将正确的需求项目按照正确的数量交给正确的交易对象。

智能决策中心采用计划、协调与管理相结合的方式对供应链与物流业务及系统进行决策与优化。在规划和执行过程中，还可以针对意外情况进行协商和调整。如库存不足，则决策中心下发采购建议，由采购部门调整确定任务。

5.3 典型案例

5.3.1 案例基本情况

昆明云内动力股份有限公司，简称云内动力，是我国多缸小缸径柴油机行业的首家国有控股上市公司，开发和生产能力居同行业前列。2016 年云内动力柴油机销量 31.72 万台，国内市场占比 11.00%。

本案例为云内动力柴油发动机离散型制造工厂的智能化改造项目，该项目以提升柴油机的数字化设计和智能化生产水平为目标导向，通过数字化车间技术在发动机行业的应用，将铸造车间及乘柴车间建设成为汽车发动机制造数字化、智能化车间。智能化改造主要用于生产 D19、D20、D25、D30 四种柴油机，改造内容包括仿真、工艺设计、生产制造过程的管控（包括计划、物料、工艺、质量等的管理），以实现柴油机产品的智能化生产，年产能 40 万台以上。

本案例围绕四种柴油机的生产，建设了离散型智能工厂，主要着力于以下五个方面进行智能化改造：

1）智能制造车间全局数字化建模与优化。基于虚拟工厂仿真平台对柴油机智能制造车间进行全局数字化建模设计与优化，实现覆盖车间布局、工艺、物流等全业务流程的规划与改善。

2）安全可控的核心智能装备引入与生产线建设。引进智能设备，对一条铸造生产线、一条缸体柔性生产线、一条缸盖柔性生产线、两条装配及测试生产线进行智能化改造。

3）一体化智能管控系统。应用 ERP、PDM、MES 等智能管控系统，结合设计与工艺仿真软件将各系统集成，实现产品的设计、工艺、制造、营销等全流程贯通的一体化管控。

4）安全可控的通信网络互联与信息集成架构。构建面向所有设备与管理终端的一体化网络，实现标准规范、开放互联、安全可靠、管理灵活、资源丰富、数据服务高效的网络环境。

5）工业云平台的搭建与智能决策支持。构建数据中心，将部分应用系统部署在公有云上，实现工业大数据的云存储，为智能决策支持奠定基础。

5.3.2　柴油发动机生产车间智能化改造的必要性

现代柴油发动机已发展成为机电一体化的高技术产品，在国家节能减排的经济发展目标下，内燃机是今后实现节能减排最具潜力、效果最为直观的产品。国家对排放、振动、噪声、能耗、机动车安全的政策和法规的逐个出台，用户对发动机动力性、经济性、可靠性要求越来越高。同时，为抓住制造业智能化的发展浪潮，依靠以信息技术为核心的智能制造技术，实现企业资源优化、生产效率与产品质量提高、生产成本与能源消耗降低的智能化和绿色化发展，云内动力进行柴油发动机生产车间智能化改造十分必要。

此外，云内动力柴油机生产过程中主要存在以下问题：能耗信息主动感知与能耗优化问题待解决，产品质量难以精细化管控，产品试制周期长且制造工艺不稳定，产品的可制造性难以评估、工艺设计和验证手段落后，工艺知识缺乏有效管理，工厂物流急需具有相应仿真分析能力的支持系统等。

为此，云内动力运用当今先进的制造业数字化、网络化、智能化技术，实施了多缸小缸径柴油发动机制造车间智能化改造。

5.3.3　关键绩效指标

本案例中，针对 D19、D20、D25、D30 系列柴油发动机的铸造、柴乘车间改造，改造后关键绩效指标定为生产效率提高 20% 以上，运营成本降低 20% 以上，产品研制周期缩短 30% 以上，产品不良率降低 20% 以上，能源利用率提高 10% 以上。智能化改造后，生产效率提高 79.22%，运营成本降低 53.9%，产品研制周期缩短 31.25%，产品不良率降低 28.24%，能源利用率提高 34.67%。

5.3.4 柴油发动机智能制造系统架构

本案例以柴油发动机的铸造、机加工、装配、试车涂装的智能装备及生产线为基础，以车间智能化管控系统为枢纽，结合产品数字化三维设计与工艺仿真、PDM、ERP 等系统，实现企业从设计、工艺到管理、制造、物流等环节的集成优化，全面提升企业的资源配置优化、操作自动化、生产管理精细化和智能决策科学化水平。

如图 5-8 所示，柴油发动机智能制造架构主要分为企业协同层、企业层、工厂/车间层、生产资源层四个层次。接下来将按各层的改造措施和实现效果具体展开介绍。

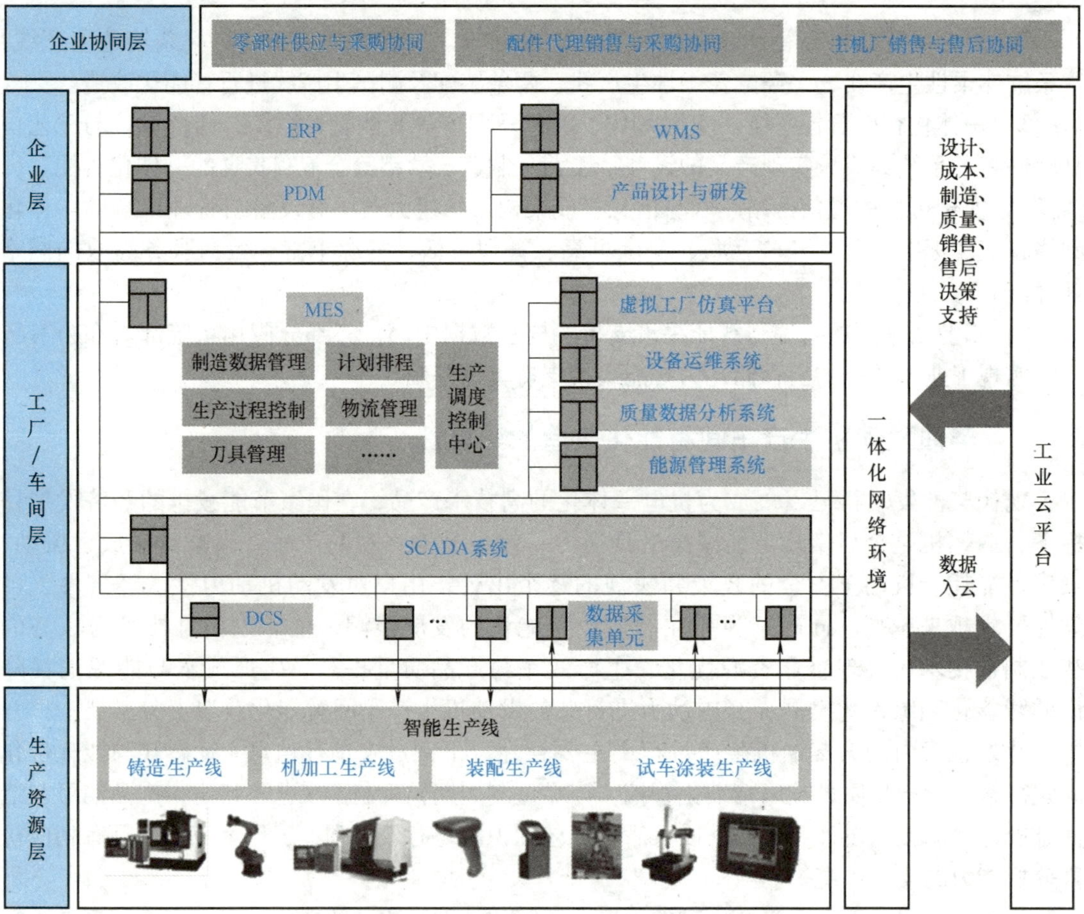

图 5-8 柴油发动机智能制造架构

5.3.5 智能化改造方案

1. 企业层智能化改造实现

(1) ERP 系统生产管理与物料配套拓展建设 本案例中，云内动力采用浪潮的 ERP 系统，主要实现了销售管理、人力资源管理、生产管理、供应商管理四大功能。各个管理功能的实施效果如下：

1）销售管理。实现数据的规范化与销售流程的规范化，梳理了各个业务部门的职能职责，实现了业务分解与细化管理。销售业务数据在 ERP 系统中记录存档，销售各部门间数据共享，可快速有效地追踪任一单据的流转情况。销售系统的使用提高了工作效率，节省了不必要的办公成本。

2）人力资源管理。帮助人力资源部门员工实现了人力资源数据和系统中业务流程的规范，转变了工作模式，提升了工作效率。

3）生产管理。

① 强化生产计划，实现产供销平衡：根据月度销售计划形成月度自制件生产计划、月度采购需求，在满足整机销售需求的基础上，尽量减少自制件和外购零部件的库存，实现产供销平衡。

② 高效协同：优化了采购、收货、生产、入库等全流程中的制造单据流转过程，利用统一平台，使制造过程中各个部门乃至供应商都利用相同的系统进行办公协同，促进了部门间、公司间业务流程的规范衔接。

③ 计划精准下达与及时反馈：与车间级 MES 集成，及时下发生产任务，及时获取 MES 完工数据，了解生产任务执行情况。

4）供应商管理。开放供应商门户，将供应商纳入到信息化体系中。规范供应商准入条件，对供应商进行动态、实时评价，控制风险，优化供应商渠道。

（2）PDM 系统建设　本案例中，云内动力首先建立 PDM 系统，作为 PLM 的基础，搭建了云内动力研发平台。通过技术文档的电子化管理，以及技术规范、研发工具、编码规则等的统一，实现了研发业务流程的规范化，多中心多用户可协同办公，各类数据实现了共享利用，极大地提高了研发效率。本案例中 PDM 系统建设带来的成效主要体现在两个方面：

1）实现规范化管理。

① 图文档案电子化管理：实现多类设计图样（UG、Invertor、AutoCAD 等不同设计软件的设计图样）的多样化管理，集中分类，确保图样的准确性与唯一性，方便快捷查询。

② 研发业务流程规范化：PDM 系统对各中心近 60 种研发业务统一管理，实现了流程执行过程的完整记录、文件签审的电子化签名的统一管理等，改变了过去人工管理低效的状况。

③ 编码管理规范化：统一了编码规则，自动生成编号，保证了文件编码的唯一性与准确性。

④ 统一研发工具：各个中心统一设计工具为 UG6.0，技术文件编制软件统一为 Office2007，PDF 阅读及修改软件统一为 Adobe Acrobat 9.0，系统中各项制造属性与 CAD 文件保持一致。

2）提升研发效率，确保安全性。

① 产品物料清单统一管理：在 PDM 系统中搭建物料清单，可与零部件技术文件关联，可实现新老版本的对比与追溯，支持批量更改，提升工作效率。

② 监控更改行为，技术文件可追溯：保留历史版本，技术文件的更改行为受控，修改行为和历史版本追溯方便。

③ 技术文件印制流程化。

④ 实现数据共享，多用户协同工作：数据统一存放在 PDM 系统中，上传、下载快捷。

⑤ 数据权限统一管理，确保安全性：各个研发中心共用一套服务器，通过权限控制来限制访问，确保数据安全。

（3）产品设计与研发

1）计算机辅助设计与可靠性评价。云内动力采用 UG 软件支持实体造型、曲面造型、虚拟装配和生成工程图等设计功能，如图 5-9 所示。此外还集成了 CAD、CAE、CAM 于一体的产品生命周期管理软件，支持产品从概念、设计、分析、制造的完整开发流程。

a) 实体造型　　b) 曲轴曲面造型　　c) 虚拟装配

图 5-9　柴油发动机产品 CAD 模型

根据研发达到国家机动车污染物排放标准的柴油发动机产品对企业设计平台智能化能力的需求，采用商业 CAE、NVH（Noise、Vibration、Harshness，噪声、振动与声振粗糙度）仿真分析软件，建立发动机设计与开发技术知识库、计算方法库、数据库，确立计算结果的评估方法，实现柴油发动机的结构和性能计算、结构力学有限元分析、非线性结构多体动力学计算、运动学分析、热力学分析、流体动力学计算、气体动力学计算、材料力学计算、振动噪声和气动噪声仿真分析、电控策略仿真（电子控制技术），如图 5-10 所示。可高度迭代和预测的计算机辅助设计与可靠性评估软件的应用大大缩短了产品的上市时间。

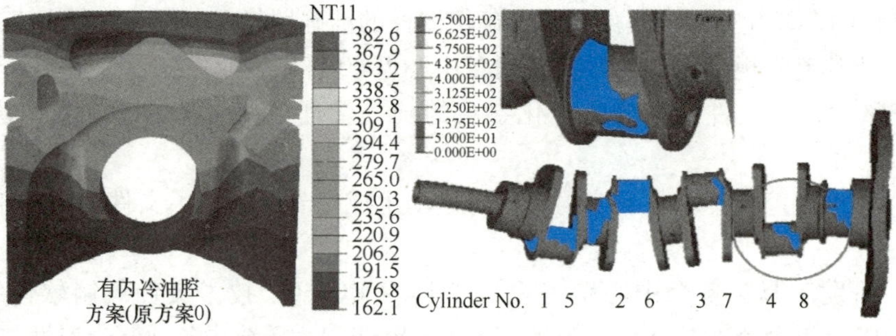

图 5-10　柴油发动机产品的结构力学有限元分析云图

2）基于参数优化的智能化三维工艺规划。通过建立三维刀具/刀柄库、工装夹具/设备库等，实现刀具轨迹和 NC 加工代码驱动的机床仿真，保证了与实际加工环境的高度一致性，保证了 NC 加工的安全性提高了 NC 程序的可靠性，实现工艺经验的积累和有效重用，最终实现设计面向制造。如图 5-11 所示，通过构建机加工、装配、铸造的工艺仿真分析平台，提供了一个交互式的仿真环境，集成了加工仿真、自动路径求解等一系列核心功能。通过该平台可以仿真柴油发动机零部件的加工、装配路线，再以此为依据优化工艺，减少工艺验证时间和资金投入数量。

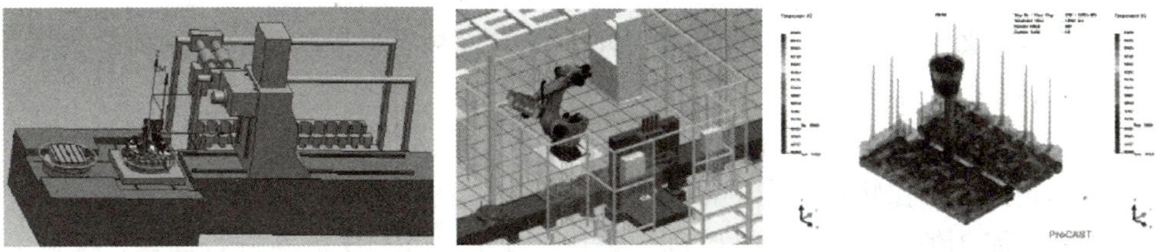

a) 机加工仿真　　b) 装配仿真　　c) 铸造仿真

图 5-11　智能化工艺规划与加工流程仿真

（4）仓储管理系统　本案例采用部署在私有云中的仓储管理软件结合自动化立体仓库、自行葫芦输送系统、激光导航 AGV 等智能仓储和智能物流硬件设备，构建了智能化仓储系统，实现了仓储管理和物流的精细化，缩短了装配生产线上的待机待料时间，降低了物料库存量，大大缩短了零件转运距离及等待时间，实现了 10% 以上的能耗降低，同时打造了环保、绿色的制造环境。智能物流装备与立体仓库的介绍将在生产资源层智能化改造实现部分中详细展开。

2. 工厂/车间层智能化改造实现

（1）精准化 MES　本案例中，车间 MES 的建设充分结合了云内动力柴油发动机生产的实际情况和企业经济发展需求，实现了制造资源的组织与优化、生产过程的透明化与可视化、物流过程的数字化全程跟踪、产品质量的管理和追溯、生产活动的智能分析，实现了人、机、物、料、法（流程规范、管理制度等）的实时闭环管控。

本案例中 MES 引入带来的成效主要体现在三个方面：

1）车间管理规范化。

① 基础数据规范化：实现物料档案、人员基础档案、设备基础档案、工装模具基础档案的电子化与规范化，实现编号唯一，方便快速查询。

② 生产计划规范化：实现从生产计划下单、订单自动分解、工单计划生成与修正、工单计划排程、到最后的在控制工位进行加工生产的全流程规范化，实现了 75% 的调度效率提升。

③ 设定锁定期：在锁定期内，不允许插单。

④ 库房与物料管理规范化：精细化记录物料的类别、来源、库存地、库存量、出入库记录，在系统中严格按照出入库流程规范操作。

⑤ 质量管理规范化：根据不同的质量检测要求，在系统中制订了相应的检测规范，检测过程由传统的纸质材料逐级传递，变为在系统中填写检测记录、逐级评审的过程，简化了检测流程。

⑥ 制造资源管理规范化：实现了工装模具、刀具、夹具、检具等制造资源的信息维护、状态监控、故障类型绑定、工艺工序绑定，可在 MES 客户端手动输入维护记录，制订点检、巡检计划。

⑦ 异常管理规范化：由人为报警改为系统报警，并通过电子设备及时推送信息。

2）制造过程透明化。

① 生产数据透明化：生产设备、操作时间、操作人员相互关联，生产数据及时录入，

MES 客户端随时更新当前生产状况，现场生产数据看板也实时反映生产情况。

② 质量数据透明化：各项实验数据、实验结论及检测员信息均记录在 MES 中，可通过 MES 客户端实时查看，同时针对不同的检测项，均有检测看板反映当前检测项的状态。

3）制造过程可追溯。

① 物料追溯：依靠物料与库存管理模块，对物料的入库、出库、移库、盘点等业务进行灵活调用和查询，确保物料数据的准确性、空间利用的合理性。

② 工件/产品追溯。工件按单件管理，采用二维码或 RFID 标签进行标识，准确、方便地进行现场数据（如在制品信息、任务状态信息等）采集。基于现场数据和车间物料的标识，能够查询加工记录，实现工件/产品质量和状态的可追溯性。

（2）虚拟工厂仿真平台　通过运用数字仿真技术，构建覆盖制造全过程所有作业单元的三维数字化仿真模型，通过沉浸式的交互体验，为云内数字化车间的规划提供全新的评估和展示手段。基于虚拟仿真技术，在三维虚拟环境中进行车间总体设计，涵盖从车间布局、工艺和物流规划到工艺、物流展示的全业务流程，针对生产需求不断验证、修改工艺和物流方案，指导车间规划和进行现场改善，为后续其他项目的实施及新产品的制造提供依据。仿真平台的主要工作包括以下两个部分：

1）三维建模仿真与布局分析。通过开展乘柴车间、铸造车间的三维数字化建模仿真与优化，进行乘柴车间自动化改造方案的布局规划和分析，并根据布局规划图进行生产元素三维数字模型的建立，如图 5-12 所示，具体包含：建立了百台设备的三维模型，覆盖了乘柴车间和铸造车间，形成了云内项目组设备模型库；开发了乘柴车间、铸造车间的三维场景漫游模式，实现了关键设备的快速浏览与动态演示。

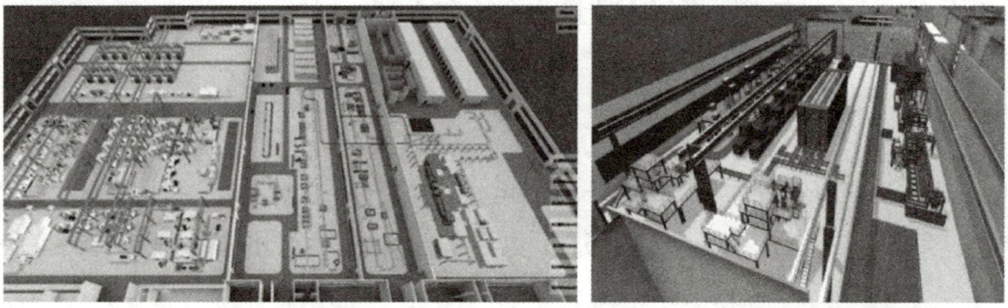

a) 乘柴车间布局全景图　　b) 铸造车间局部图

图 5-12　三维建模仿真与布局分析

2）生产系统仿真与分析。结合智能物流和自动化改造方案，基于生产系统仿真模型，输出相关的生产仿真数据，验证需求的波动对物流配送准时率、物流设备效率等产生的影响，评估验证方案中物流设备、物流路径的合理性，优化线边缓存量等，如图 5-13 所示。

（3）设备运维管理系统　本案例中，云内动力所建设备的运维管理系统包括 1 套设备运维管理系统软件平台、1 套试车台架故障在线监测系统、2 套加工中心故障在线监测系统、1 套关键设备巡检系统（包括 2 个手持终端）、1 套设备点检系统（包括 8 个手持终端）。该系统建成后达到了以下成效：

1）点检、巡检流程规范化，维护记录可追溯。

2）以状态维护与维修取代计划性维修。

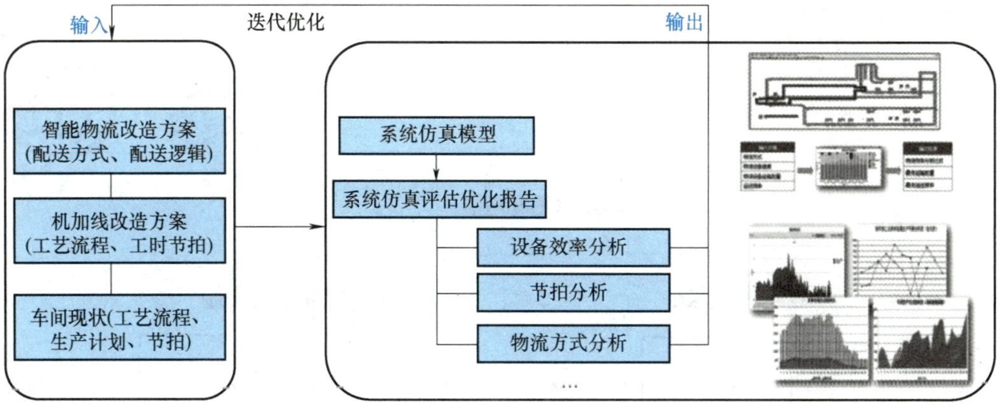

图 5-13　生产系统仿真过程示意图

3）以综合状态监测与点检手段取代五感（人的目、耳、鼻、手、口的感觉）检测与简单的点检手段。

4）以网络数据化共享取代手工报表的信息通道。

（4）能源管理系统　本案例中，云内动力所建能源管理系统包括 1 套能源管理系统软件平台、44 台接入能源采集终端、619 只接入电能表。系统实现了数据召测、冻结表码、终端调试、任务补招、产量录入、能耗标准录入、电能耗查询及分析、报表分析、报表管理、能耗展示、实际单位能耗分析等具体功能。系统建成后，对各车间重要用能工序或单元进行用能监控，对比标准化指标，通过数据分析制订节能措施，跟踪措施落实情况。

（5）采用 SCADA 系统实现异构环境下生产过程数据的实时感知、采集与识别　发动机生产过程所涉及的生产数据类型多，产生途径多，产生频率各异，数据量大，实时性高，因此要实现计划反馈、历史数据追溯、生产过程可视、企业生产过程持续改进必须基于完整、实时的车间生产数据的感知、采集与识别。

生产线现场设备通过现场总线实现设备级连接，关键智能部件及工位智能终端通过工业以太网与车间服务器实现互联。系统能自动地采集机床数据、状态和工件的特定信息，通过提供 OPC 服务和总线 DP（Display Port，一种高清数字显示接口标准）转换器的方式完成数据采集，智能识别中间件实现基于二维码的设备管理、数据容错及协议转换。感知、采集与识别系统框架如图 5-14 所示。

1）机加工柔性生产线设备互联及数据采集。机加工柔性生产线采用流水线工艺生产缸体缸盖，每个工位是顺序生产的。生产线设备的控制具有高可靠性和灵敏度，保证了生产的连续性和稳定性。为实现生产过程的自动或手动数据采集，需要在缸体、缸盖生产线上设置相应的数据采集点，通过数据采集，实现对车间的透明化监控。

缸体缸盖柔性生产线运用元数据控制器（Meta Data Controller，MDC）或 PLC 采集、条码采集及系统手工录入方式对加工中心、SPC 检测站、泄漏测试、清洗、专机自动线、打码、拧紧力矩、识别装置、现场管理装置等 15 ~ 30 个点进行信息采集，通过工业以太网、现场总线、转化器等，实现质量、设备、生产管理等数据的交换和管理。

2）装配及测试生产线设备互联及数据采集。发动机装配线设备主要由拧紧、试漏、涂胶、打刻、压装和测试等设备组成。装配线运用 MDC/PLC 采集、条码采集及系统手工录入

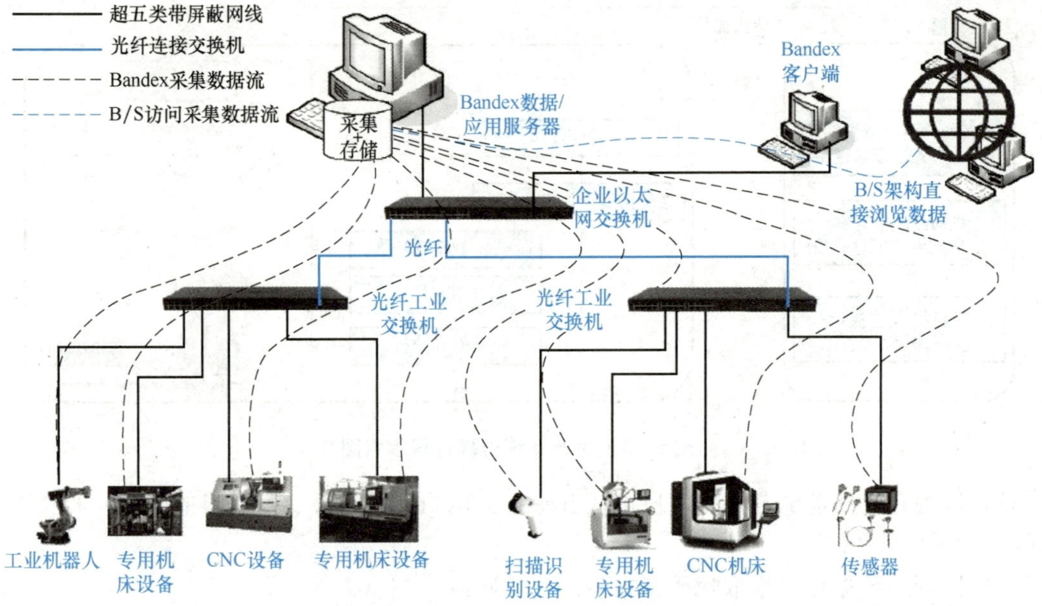

图 5-14 生产线 SCADA 系统设备联网示意图

方式对涂胶、在线检测、泄漏测试、清洗、打码、拧紧力矩、识别装置、现场管理装置等50～60个点进行信息采集，通过工业以太网、现场总线、转化器等，实现质量、设备、生产管理等数据的交换和管理。

3）铸造生产线设备互联及数据采集。铸造生产线数据采集主要是依靠生产设备自身的数据记录功能，对生产过程进行数据记录，记录的数据会通过局域网传输到服务器上，MES会根据服务器提供的接口取得采集的数据进行展示及分析。

3. 生产资源层智能化改造实现

本案例介绍的智能装备主要包含自动上下料机器人、智能仓储与物流装备，以及智能检测设备。

（1）自动上下料机器人 根据柴油发动机数字化工厂缸体、缸盖加工实际操作的需要，采用3自由度机械手进行上下料，如图5-15所示。机械手由机械系统、驱动系统、传动系统和控制系统组成。机械手的机械结构主要包括手爪、支架、驱动机构等功能部件。

机械手在完成抓、取工件的过程中都有检测信号来控制其动作的准确性，保证机械手抓、取工件准确；机械手控制系统与加工中心集成，保证放件动作的自动准确定位。机械手取下加工好的工件、抓取下一工件、装卡工件、关防护门到完成零件的加工，整个过程协调统一。采用机械手自动上下料，实现了加工过程的全自动控制。

（2）智能仓储与物流装备 数字化车间的自动化物流配送中心负责管理车间范围内各机型发动机外协件、外购件等全部物料的物流过程，物流配送中心包括立体库、平库、小件库、组盘区、发货缓存区、包装箱板摆放区等，设备包括立体库的巷道堆垛机、立体库货架、库前输送系统、托盘、电控系统，以及AGV、自行葫芦输送系统、计算机管理系统的软件和硬件等。

图 5-15　机械手自动上下料

1）自动化立体仓储系统。云内动力采用的自制件自动化立体仓库如图 5-16 所示。该立体仓库主要用于 D19、D20 的机体和缸盖、D25、D30 机体完工品的立体仓库自动存储，实现了 5000 件以上缸体、缸盖的存储，优化了车间内自制件的物流体系，提高了物流配送效率，减少了人员劳动强度，提高了仓储利用效率；通过立体仓库的防尘设计，可保证自制件成品的清洁度，提高装配质量。

图 5-16　立体仓库

2）装配线至热试台架的 AGV 应用。本案例中配备了 10 套 AGV 用于智能物流配送，如图 5-17 所示，解决了试车区域人工转运发动机带来的劳动强度大、转运效率低等问题。AGV 通过自动控制程序，可完成上下料及来回运输工作，可实现不停机换料，规避了人员因素，缩短了换料时间。项目实施后单台 AGV 利用率达到 95%，生产效率提高 120%。

图 5-17　激光导航 AGV 自动转运状况

3）发动机下线口的自行葫芦输送线改造。为满足装配线改造后发动机下线口数量的新增及位置的变化，满足生产节拍 40s/台的要求，云内动力对自行葫芦输送线进行了改造，如图 5-18 所示。本案例新增了 6 台 SZDSOO 型自行小车，延长轨道 52m，增加了总装上线口、预降结构、总装下线口，总节拍提速至 35s/台，接近生产节拍要求。

（3）智能检测设备　生产线具有完善的高精度和高可靠性的在线检测系统，包括德国尼泊丁（Nieberding）研发制造的发动机缸盖气门座圈的先进测量系统、发动机缸孔在线测

图 5-18　改造后延长的自行葫芦输送线

量系统和意大利马波斯（Marposs）制造的缸体主轴孔测量及分组打标机。

Nieberding 的气动检具主要以 SPC 测量站的形式分布在生产现场，采用 16 通道测量工控机结合工艺窗口统计过程控制测量与计划（Process Windows SPC Measuring and Planning）软件实现测量分析。该系列检具的核心部件是气电转换器，通过把变化的气流量转换成变化的电流值传输到工控机来完成数据的采集，同时实现了精密的非接触式测量和快速准确的过程控制。测量过程中若发生误操作，可立即取消当次测量并重新开始，测量结果精确到 0.0001mm，直接在显示屏上显示，并辅以柱状图动态效果，超限值用不同的颜色区分，测量数据可自动生成 SPC 图，为过程的调整提供及时有效的依据。

Marposs 测量机如图 5-19 所示，其测量分组和打标及输送等整个过程为全自动的，单件节拍为 1.5min/件，测量机带有环境温度和工件温度补偿传感器，当工件温度与环境温度有差异时，将进行自动温度补偿。工件瞬时温度探头和温度自动补偿功能让测量的实时性更加可靠；采用活动测头实现精准检测，从各截面采集多个直径，以最小测得直径作为分组依据，同时对圆度做出评价，对主轴孔的准确分组保证了后续轴瓦装配的合理性，提高了主轴的工作性能和整机质量的可靠性。

图 5-19　机体主轴承孔自动测量分组打标机

4. 一体化智能管控系统构建

以云内动力的铸造车间、乘柴车间为对象，通过结构化的综合布线系统和计算机网络技术，将各个分离的设备、系统等集成到相互关联的、统一和协调的一体化架构之中，主要表现为纵向集成和横向集成。云内动力信息系统架构如图 5-20 所示，其集成内容和主要目标包括如下几个方面：

1）MES 与 PDM 系统集成，实现工艺文件、工序卡的相互传递，实现了车间现场工艺文件电子化。

2）MES 与 ERP 系统集成，实现物料信息、物料清单信息、生产订单、完工数据及出入库信息等信息的传递，规范生产计划信息来源，保证物料信息与对应清单信息在系统中的唯一性。

3）通过 MES 与智能设备、读码器、SCADA 系统的集成，实现对设备数据采集的管控与分析。

4）通过 MES 与设备运维管理系统的集成，实现了设备状态、设备综合效率、设备台账等数据的传递，支撑了 MES 中设备综合效率的计算，同时 MES 数据采集为设备运维管理系统中的设备故障分析提供支持。

5）通过设备运维管理系统与车间设备及数据采集系统的集成，实现了对设备数据的维护与管理。

6）ERP 系统与 PDM 系统集成，实现物料信息、BOM 信息的传递，规范数据来源，保证了数据唯一性，实现数据系统与管理系统的连接。

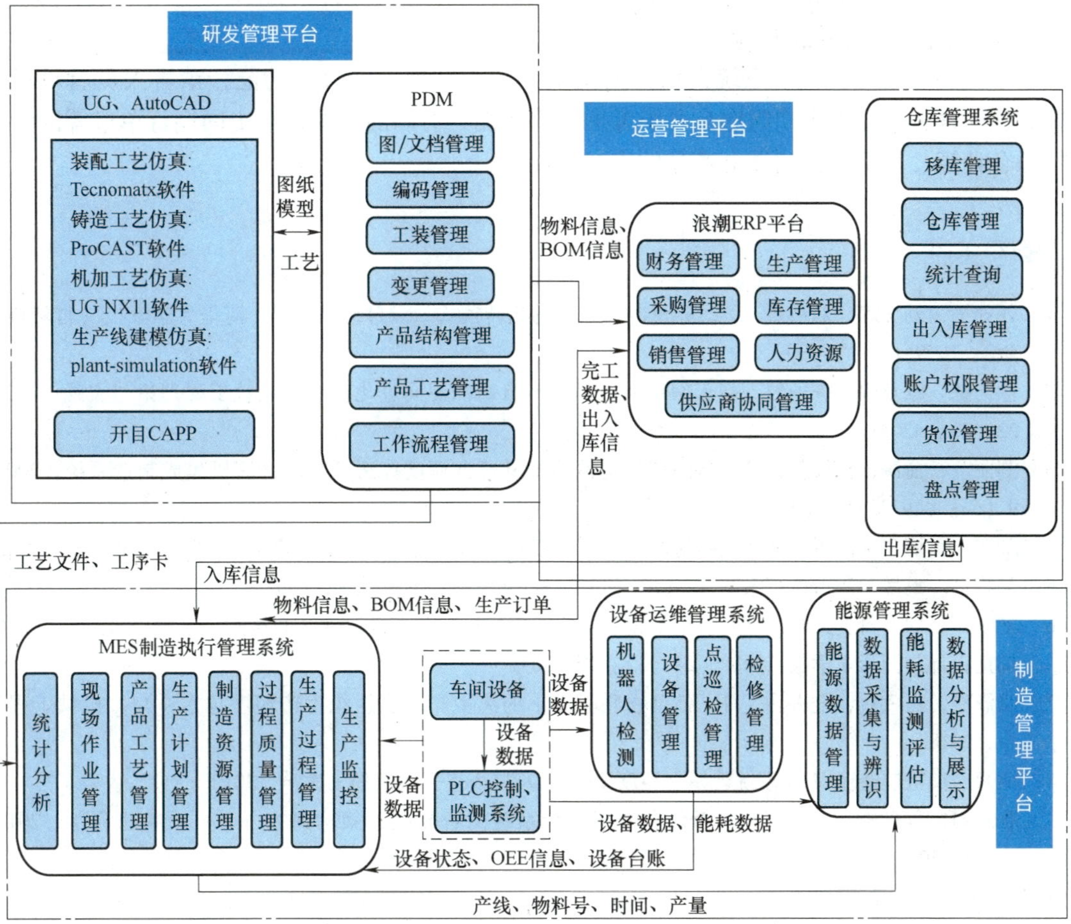

图 5-20　一体化智能管控架构

OEE—Overall Equipment Effectiveness，设备综合效率

5. 制造过程大数据分析

提供各种生产过程数据关联性分析、数据追溯及设备状态分析功能。在系统中，生产计划、工艺数据、设备数据、产品定义等信息是一个有机的整体，通过寻找与建立各种数据的关联性进而进行数据的挖掘与分析。

（1）质量缺陷分析　系统根据生产过程中各种数据的关联性，分析缺陷出现的原因。分析的重点主要集中在制造过程中出现的质量异常、设备参数异常及设备警报等方面，通过分析大量历史数据，寻找出造成质量缺陷最可能的因素，帮助工程师决策整改方向。

（2）设备故障原因相关性分析　系统通过工厂生产现场采集的大量数据，以及设备的故障现象，提供设备故障原因相关性分析功能。主要分析加工哪一类产品容易发生故障，哪一个班次容易发生故障，哪一个时段容易发生故障，设备连续加工多长时间容易发生故障等，根据分析结果，工艺工程师与设备工程师制订相应的解决方案。

（3）设备故障预测及运行维护　通过设备故障原因的分析结果，可以知道哪一些因素是引起设备故障的主要原因，系统通过实时收集现场信息（设备加工哪种产品、已工作多长时间、部件磨损情况等），做出具有针对性的设备故障发生趋势预测，及时通知设备维护人员，进行设备维护和零部件更换等工作。反过来，通过分析设备维护后发生故障的概率，验证设备故障趋势预测的正确性。

（4）订单交期预测　系统提供订单交货期预测功能，通过此功能，销售人员就可以很客观地回答客户订单交期问题。系统考虑工厂产能，对制品情况、历史同期订单量等因素进行综合计算、分析、预测该类产品的生产周期。

参考文献

[1] 任守榘，刘文煌，刘祖照，等. 先进制造系统的运转模式——自组织 [J]. 清华大学学报（自然科学版），1999（1）：87-90.

[2] 徐向紘，顾新建，陈子辰. 基于网络制造的仿生自组织协同进化 [J]. 系统工程理论与实践，2002，22（2）：42-48.

[3] 刘丽兰，俞涛，施战备，等. 自组织制造网格及其任务调度算法 [J]. 计算机集成制造系统，2003，9（6）：449-455.

[4] 刘飞，雷琦，宋豫川. 网络化制造的内涵及研究发展趋势 [J]. 机械工程学报，2003，39（8）：1-6.

[5] 吴梅磊. 离散型制造执行系统（MES）研究 [D]. 济南：山东大学，2007.

[6] 刘士军，曲本科，武蕾，等. 自组织云制造资源聚集框架与多维属性区间搜索方法研究 [J]. 计算机辅助设计与图形学学报，2012，24（3）：299-307.

[7] 张泽群，唐敦兵，金永乔，等. 信息物联驱动下的离散车间自组织生产调度技术 [J]. 机械工程学报，2018.

[8] 潘颖. 离散制造业 MES 系统建模与调度研究 [D]. 大连：大连理工大学，2012.

[9] 张彩霞，程良伦，王向东. 基于信息物理融合系统的智能制造架构研究 [J]. 计算机科学，2013，40：37-40.

[10] 殷瑞钰. 过程工程与制造流程 [J]. 钢铁，2014，49（7）：15-22.

[11] 陈伟兴，李少波，黄海松. 离散型制造物联过程数据主动感知及管理模型 [J]. 计算机集成制造系统，2016，22（1）：166-176.

[12] 邓斌. PLM 在大型离散型制造企业的应用研究 [D]. 成都：西南交通大学，2017.

[13] 殷瑞钰. 关于智能化钢厂的讨论——从物理系统一侧出发讨论钢厂智能化 [J]. 钢铁，2017，52（6）：1-12.

[14] 傅建中. 智能制造装备的发展现状与趋势 [J]. 机电工程，2014，31（8）：959-962.

[15] 肖人彬，周济，查建中. 智能设计：概念，发展与实践 [J]. 中国机械工程，1997（2）：74-76.

[16] 潘云鹤，孙守迁，包恩伟. 计算机辅助工业设计技术发展状况与趋势 [J]. 计算机辅助设计与图形学学报，1999，31（3）：248-252.

[17] 蔡毅，娄臻亮，张永清．基于模型推理的智能注塑模设计系统［J］．上海交通大学学报，2002，36（4）：474-477.

[18] 李乾鹏，方家骐．基于 RBR 和 CBR 规划中的知识表示方法研究［J］．计算机工程与设计，2009，30（22）：5166-5170.

[19] 崔凯．基于 CBR 的发动机智能设计的研究［D］．济南：山东大学，2012.

[20] 徐元浩，殷国富，许德帮，等．基于 CBR 的机床导轨智能设计研究［J］．西南大学学报（自然科学版），2014，36（12）：177-186.

[21] 中国智能城市建设与推进战略研究项目组．中国智能制造与设计发展战略研究［M］．杭州：浙江大学出版社，2016.

[22] BROWNE J，DUBOIS D，RATHMILL K，et al. Classification of Flexible Manufacturing Systems［J］. The FMS Magazine，1984，2：114-117.

[23] OLFATI-SABER R，FAX J A，MURRAY R M. Consensus and Cooperation in Networked Multi-Agent Systems［J］. Proceedings of the IEEE，2007，95（1）：215-233.

[24] BUZACOTT J A，SHANTHIKUMAR J G. Stochastic Models of Manufacturing Systems［M］. London：Pearson，1993.

[25] SETHI A K，SETHI S P. Flexibility in manufacturing：A survey［J］. International Journal of Flexible Manufacturing Systems，1990，2（4）：289-328.

"两弹一星"功勋

科学家：杨嘉墀

第 6 章

流程型智能制造

流程工业在国民经济中占据重要地位。传统流程型制造面临来自生产、销售、服务、安全、环保等方面日趋严峻的挑战。流程型智能制造模式提供了新的解决方案和广阔机遇。本章首先概述流程工业的典型特点、面临的转型升级挑战，而后重点介绍智能制造体系架构下流程型智能制造的总体架构与关键环节，分析流程型智能制造关键组成要素和关键技术框架，小结其中涉及的先进制造技术的演进阶段。结合某石化企业智能工厂的建设，分析传统流程型工业企业进行智能制造改造升级过程中所引入的总体技术图及取得的若干成效。围绕我国智能制造战略的行动计划，分析流程型智能制造在智能工厂、智能生产、智能物流和智能服务等方面开展研发与建设的若干思路。

6.1 流程型智能制造的内涵

6.1.1 流程工业概述

流程工业也称过程工业（Process Industry），是利用物质的物理变化和化学变化，实现大宗原料型工业产品的生产、加工、供应、服务的一种工业；其原料和产品多为均一相（固、液或气）的物料，而非零部件和组装成的产品；其产品质量多由纯度和各种物理、化学性质表征。流程工业主要包括石化、冶金、电力、轻工、食品、制药、造纸等在国民经济中占重要地位的行业，是形成人类物质文明的基础工业，其发展状况将直接影响国家的经济基础。

与离散制造等生产过程相比，流程工业在以下方面具有行业的特点：

（1）产品结构　流程企业的产品结构与离散制造行业有较大的不同。上级物料和下级物料之间的数量关系可能随温度、压力、湿度、季节、人员技术水平、工艺条件不同而有差异。在每个工艺过程中，相伴产出的不只是产品或中间产品，可能还细分为主产品、副产品（在生产主要产品过程中附带生产出的非主要产品）、协产品（主要指用相同的原料，经过相同生产过程，生产出两种或两种以上的不同性质和用途的产品）、回流物和废物等，描述这种产品结构的配方有批量、有效期等方面的要求。

（2）工艺流程与生产设备　流程工业生产的另一特点是产品品种、工艺流程相对固定，批量往往较大，生产设备成本较高，而且按照产品进行布置，设备通常是专用的，不易改做其他用途；生产线上各工艺流程的设备的维护特别重要，一旦发生故障，损失严重。

（3）物料存储　流程工业企业的原材料和产品通常是液体、气体、粉状等，常采用罐、箱、柜、桶等进行存储。

（4）自动化水平　流程工业企业一般采用较大规模的生产方式，生产工艺较成熟，控制生产工艺条件的自动化设备相对完善。不少企业已利用 DCS、PLC 等进行生产过程自动化控制，生产车间人员主要负责管理、监视和设备检修等工作。

（5）生产计划管理　流程工业企业主要进行大批量生产，订单跟生产往往无直接关联。大多情况下，企业只有满负荷生产，才能将成本降下来，提高市场竞争力。在流程工业企业的生产计划中，年度计划很重要，物料采购计划受年度生产计划和销售计划影响。不少企业按月份签订供货合同及结算货款；每日、每周生产计划的物料平衡则主要依靠原材料库存来保证和调节。

（6）批号管理　在流程工业的生产工艺过程中，会产生各种协产品、副产品、废品、回流物等，对这些产品和其他物资的管理需要有严格的批号。例如，在制药业的药品生产过程中，有十分严格的批号记录要求，对从原材料、供应商、中间品到销售给用户的产品，都需要记录，在出现问题时，可以通过批号反查出是谁的原料，由哪个部门在何时生产的，直到查出问题。

由上可见，流程工业生产过程总体具有物流和能量流连续、产品相对稳定、生产周期长、工艺流程相对固定等特点。生产过程涉及各种物理及化学变化，具有机理复杂、数据信息量大、处理难度较大等难点。

传统流程工业企业一直面临能耗、产品质量、生产过程工艺、自动化水平、管理水平、信息集成度、综合竞争力等诸多方面的挑战，而且要求越来越高，竞争日趋激烈。流程型工业企业如何运用先进的工艺装备技术、控制与优化技术、计算机网络技术、现代管理技术等，将生产过程作为一个整体进行控制与管理，实现企业的优化运行、优化控制、优化管理和科学决策，是提高流程型工业企业核心竞争力的关键所在，也是流程型智能制造的主攻方向。

6.1.2　流程型工业开展智能制造的必要性和紧迫性

由于流程型工业企业复杂的原料物性、生产工艺、生产装备、安全环境因素和经济社会效益要求等，流程型工业企业面临的挑战日益严峻。如何利用智能制造技术实现流程工业产业转型升级、提质增效，是摆在流程型工业面前的重大问题。

智能制造这种新的生产模式或理念，为流程型工业的产业升级带来了新的愿景。智能化应用越来越颠覆、改变传统产业，同样也对流程工业企业生产过程带来重大影响。

流程型制造业在迈向智能制造的过程中，在生产装备及生产能力基本定型的情况下，通过智能制造改造，利用 3C 技术的有机融合与深度协作，在计划调度、生产执行、设备维护、安全环保、故障诊断等环节广泛应用智能化技术，实现复杂流程制造过程的实时感知、动态控制和信息服务，从而使流程工业生产过程更加优化、智能、稳定、高效、优质和绿色节能，是十分必要且紧迫的任务。

6.1.3 流程型智能制造的定义、内涵与特征分析

如前所述，智能制造于20世纪80年代因人工智能技术在制造领域中的应用而兴起，在20世纪90年代得到发展，于近年获得深化与飞跃。智能制造模式一般以智能工厂为载体，以关键制造环节智能化为核心，以端到端数据流为基础，以网络互联为支撑，旨在有效缩短产品研制周期、降低运营成本、提高生产效率、提升产品质量、降低资源能源消耗，为流程工业的转型升级提供了全新的机遇。

在智能制造被讨论时，许多焦点落在了离散型制造方面，大家都希望可以实现从离散型发展到完全定制化。主要的原因是，对于离散型工厂，产品种类多、批量小、不连续的工序装配过程往往包含许多变化和不确定因素，管控难度大；另外，产品单价不低、质量要求严格，使得离散型制造业不得不借助自动化和智能化技术来实现柔性的、智能的制造。而流程型制造业对智能制造的需求和侧重点则不尽相同。流程型工业企业同样也面临批量减小、种类增多、交货期缩短等市场因素，但其因生产连续性较强、流程更规范、材料与工艺相对稳定等特点尚未发生根本性改变。如果流程型工厂要进行改造升级，将不仅涉及工厂内部，更牵涉原材料与上游供应商，这就导致了部分流程型工厂进行数字化与智能化升级的意愿不如离散型工厂强烈。

（1）流程型智能制造的定义　目前，国内外对流程型智能制造尚缺乏统一的定义，结合流程型工业企业生产与服务的特点，一般可以认为，流程型智能制造的定义（主要任务和发展目标）为：结合以石化、钢铁产业为代表的流程制造行业需求，针对现有制造模式存在的亟待解决的资金流、物质流、能量流和信息流的集成和高效调控难题，从信息感知、管理决策、生产运行、能源安全环保等层面实现原材料与产品属性的快速检测、物流流通轨迹的监测及部分关键过程参量的在线检测；利用大数据、知识型工作自动化等现代信息技术进行制造过程计划和管理的优化决策；将物质转化机理与装置运行信息进行深度融合，建立过程价值链的表征关系，实现生产过程全流程的协同控制与优化；通过传感、检测、控制及溯源分析等新方法和新技术，突破流程工业过程监测、溯源分析及控制的基础理论与关键技术，实现生产制造全生命周期安全环境的足迹监控与风险控制。

流程工业智能优化制造最终要在工程技术层面实现“四化”，即数字化、智能化、网络化和自动化；在企业生产制造层面也要实现“四化”，即敏捷化、高效化、绿色化和安全化。

（2）流程型智能制造的内涵与特征分析　在已有物理制造系统的基础上，充分融合人的知识，应用大数据、云计算、（移动）网络通信和人机交互的知识型工作自动化及虚拟制造等现代信息技术，从生产、管理到营销的全过程优化出发，推进以高效化、绿色化和智能化为目标的流程工业智能优化制造，不仅要实现制造过程的装备智能化，而且制造流程、操作方式、管理模式也要实现自适应智能优化，使得企业社会效益和经济效益最大化。

6.2 流程型智能制造的架构

6.2.1 流程型智能制造的总体架构和环节分析

自18世纪中叶以来，以化学工业为代表的现代流程工业经历了若干主要发展阶段：工

业化阶段（流程工业 1.0）、规模化阶段（流程工业 2.0）和自动化阶段（流程工业 3.0）。近年来，物联网、大数据和人工智能等技术极大地推动了生产效率提升和生产过程集成。尤其是集成了资源、设备、人力和信息的新信息技术系统促进了产品创新和个性化水平、流通速度的提升，从而促进了新一代流程型工业智能制造的产生。图 6-1 为化学工业这几个发展阶段的示意图。

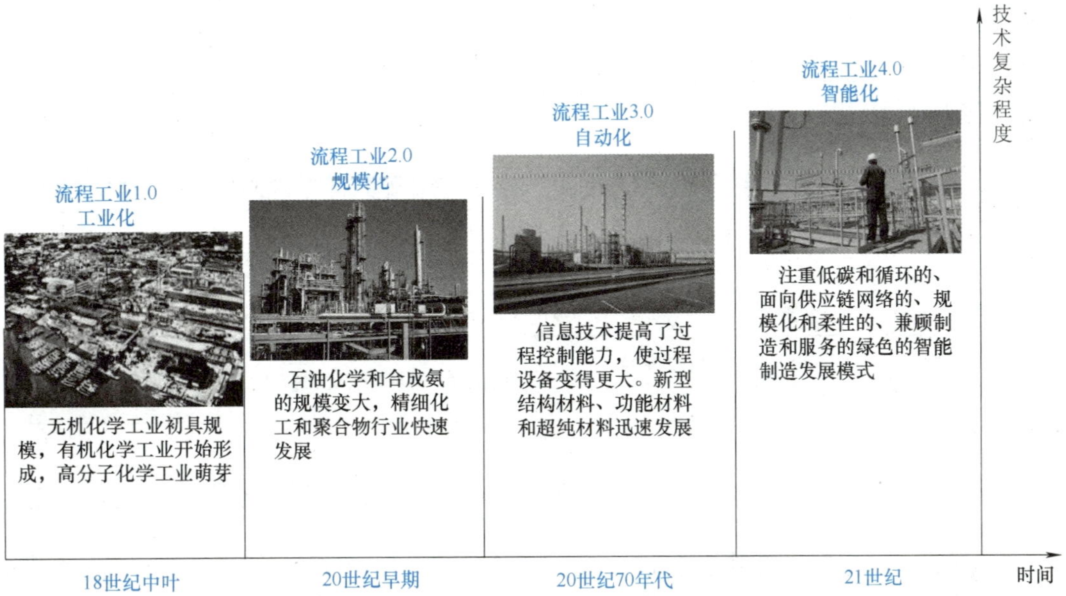

图 6-1　以化学工业为代表的流程工业的几个主要发展阶段

1. 流程型智能制造体系架构

伴随着各类先进技术尤其是信息技术、物联网技术的发展，云制造、面向服务的工业、柔性制造等新的工业制造模式不断涌现，智能化是这些制造模式的共同特征乃至前提。对于流程工业，鉴于其供应链所独有的特征，供应链的总体集成和优化应是关注的重点，主要体现在以下方面：

1）智能制造企业具有很强的知识学习、控制能力，为此，共同价值观、市场需求、可持续发展等可集成在一起。

2）整个供应链为过程协作控制模式，而不是嵌入式离散控制，将成为主要控制模式。

3）生产组织从“集中模式”逐步演化为“集成模式”。

4）在商务过程、决策过程的综合智能帮助下，企业可以适应更严苛的环境要求和多变的客户需求。

在此基础上，流程型智能制造总体架构如图 6-2 所示。在该架构

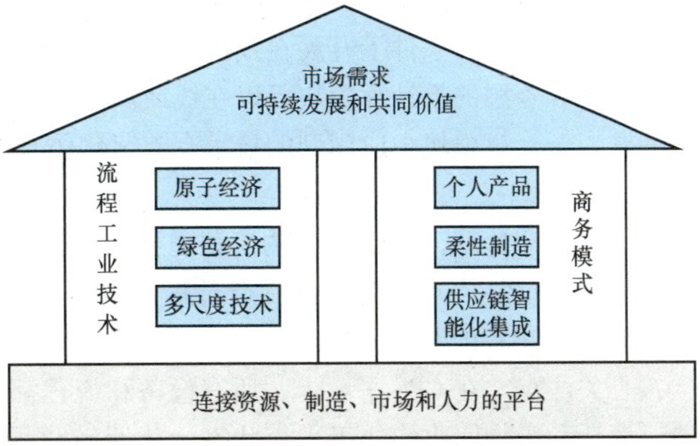

图 6-2　流程型工业智能制造总体架构示意图

中，流程工业技术和商务模式是流程工业发展的两大支柱，连接各类资源的平台则是基础支撑条件。智能流程制造和传统流程制造的对比见表6-1。

表6-1 智能流程制造和传统流程制造的对比

对比要素	传统流程制造	智能流程制造
集成模式	过程环节集成	供应链网络的集成
优化目标	特定条件下的利益优化	考虑市场需求、设备状态、节能减排等利益优化
优化方式	离线进行的串行模式	线上进行决策和控制调节的并行优化
技术经济特征	大规模	大规模和必要的柔性化之间的平衡
运作模式	专业制造	制造和服务的结合
决策因素	操作和技术因素	用户的需求、产品质量标准、操作条件、资源、系统可靠性等
控制模式	离散控制	先进过程控制
智能程度	低	嵌入人工智能方法的过程优化控制
控制平台	离散控制系统	现代集成过程系统
柔性	有限的柔性，自适应范围和功能冗余	更灵活的配置，适应多种优化控制模式
数据支持	局部有限数据	大数据
算法	传统统计分析	统计分析、数据挖掘、人工智能和可视化技术

总体而言，流程型智能制造的目标，不只是为了提升生产效率，而且还要实现整个供应链的最优化。为此，建立强大的协同制造支撑平台，用于连接整个供应链，具备感知、通信、存储、计算、控制、协同和优化等能力。基于CPS的流程型智能制造成为当前的研究热点。

2. 基于CPS的流程型智能制造主要设想

自2006年人们提出CPS概念之后，国内外开展了许多研究。作为一个综合平台，CPS拥有一定程度的自治能力，如自我感知、自我调节和自我控制。为此，CPS架构可作为流程型智能制造的信息与运行支撑平台，其架构示意图如图6-3所示。在该架构中，信息系统在物联网技术的支持下，连接了资源、环境、生产装备和供应链，形成了整个生命周期的物质、能量和信息交换系统。由于CPS具有更强的多目标协调能力和网络化集成能力，为此可更好地在全域网络条件下开展在线优化和协同工作。在生产和管理实时数据的基础上，整合了局部计算资源的云计算模块可以在线或离线地求解研发、控制优化、产品应用、用户服务等问题。云计算模块中应用到的技术有数字化仿真、动态模拟、知识管理、个性化定制等技术。

除了感知和计算，基于CPS的流程型智能制造还十分关注以下功能特性：

（1）代谢转化平衡　为评价制造过程中物料和能量流的环境影响机制，工业代谢转换平衡（主要指物料的数量、梯度分布、特性等的平衡关系）是化工等流程工业未来发展的一项核心关注点。在CPS平台上，所有设备和流程都被在线监控和协调，以确保资源挖掘、制造、消耗和废物回收均处于平衡状态。代谢转化平衡是CPS的重要评估指标，也是约束条件。

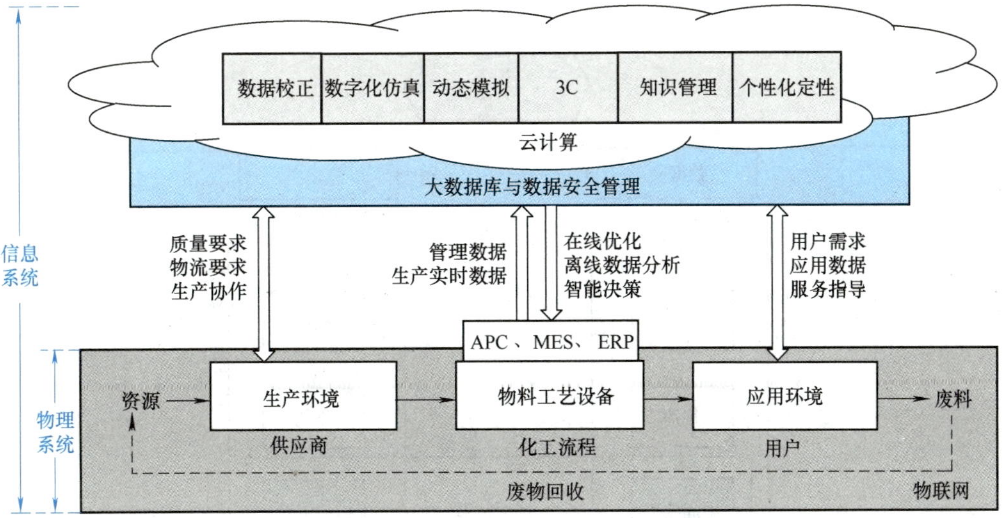

图 6-3 基于 CPS 的流程型智能制造技术架构示意图

（2）协作控制　为了在供应链的生命周期内保持物料和能源的平衡并实现最大利益，CPS 应具备整个供应链的优化、准确控制和远程协同的能力。

（3）柔性和敏捷性　CPS 流程制造模式通过灵活的流程结构、高效的配置，精益的管理和精细的操作，帮助企业实现各种运营目标。为了保持产、供、销等诸环节之间的协调和平衡，供应链中的各企业和企业中的各工作单元都应该具有柔性和敏捷性。

（4）人工智能　与常规控制系统不同，智能制造中的许多问题是非结构化、非数字化、模糊和离散的，如设备状态评估、异常识别、故障处理、过程综合、控制策略等，这些问题对于 CPS 的自我调节和自我控制都至关重要，并且用传统的数据处理和控制方法处理有较大困难。人工智能是解决上述问题并使 CPS 具有优越预测和优化能力的可行技术。

为了实现上述特性，在流程型智能制造体系中应用大数据技术和严格在线模拟技术显得非常重要。

（1）大数据技术　流程工业的大数据包括企业各级管理、过程监控、规划、设备操作和报警信息中产生的数据，这些数据是实时、多源、异构和动态的。目前，各层级的数据仍未得到充分利用，特别是生产实时数据和市场信息数据远未反映其在集成环境中应有的价值。由于 CPS 平台提供了数据收集、数据标记、数据处理和数据传输的基础条件，因此决策过程可以从被动业务驱动模式切换到主动数据驱动模式。基于工业大数据的应用需求，人们更加强调数据采集、数据预处理、模糊关联和关系模型、数据挖掘和面向知识的数据库等技术。当然，特殊设备或特殊业务所产生的小数据也是重要的。在数据预处理方面，由于可能有随机错误和实时噪声数据，数据在传输到分析系统之前需要经过筛选和校正。

为了应对大量数据和严格时效性的需要，可以采用分布式计算算法。分布式计算算法结合了本地计算资源和云资源，如图 6-4 所示。分布式计算算法根据数据量和工作站的计算负载将计算流分配到不同的工作站。

（2）严格在线模拟（Rigorous Online Modeling，ROM）技术　该技术是一种工作状态预测技术，它结合了过程在线仿真技术和实时数据。在流程工业中，ROM 用于掌握实时操作

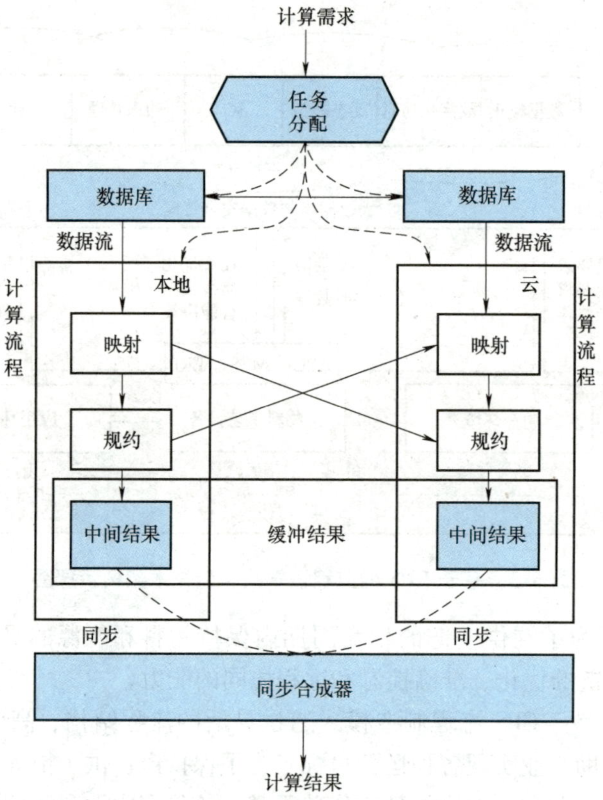

图 6-4　基于 CPS 的流程型智能制造分布式计算示意图

情况，并通过同步数字系统和实际系统来优化整个流程系统。ROM 包括离线稳态仿真和在线动态仿真。在实际应用中，ROM 要求所有模型都是准确和兼容的，并且可以根据实际操作反馈进行在线自学习和自改进。

大数据和 ROM 构成了知识系统的数字技术基础，这是流程工业智能化的重要技术方法。知识系统的结构示意图如图 6-5 所示。图中的箭头表示了数据和信息的获取、传递与集成方向。

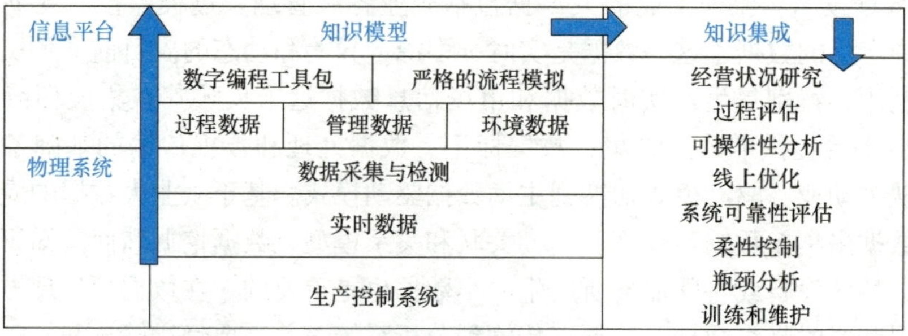

图 6-5　基于 CPS 的流程型智能制造知识系统结构示意图

6.2.2　流程型智能制造需要考虑的关键组成要素

在流程型智能制造的新模式中，应考虑以下关键要素：

1）对工厂总体设计、工艺流程及布局等建立数字化模型，进行模拟仿真，实现生产流程数据可视化和生产工艺优化。

2）对物流、能量流、物性、资产等进行全流程监控与高度集成，建立数据采集和监控系统，生产工艺数据自动数采率应达九成以上。

3）采用先进控制系统，关键生产环节实现先进控制和在线优化。

4）建立 MES，对生产计划、调度等环节均建立合适的模型，实现生产模型化决策、过程量化管理、成本和质量动态跟踪，以及从原材料到产成品的一体化协同优化。建立 ERP，实现企业经营、管理和决策的智能优化。

5）对于存在较高安全风险和污染排放的项目，对危险源和有毒有害物质排放进行严格的自动检测监控，实现全方位监控，做到安全生产，建立在线应急指挥联动系统。

6）建立互联互通网络架构，实现工艺、生产、检验、物流等环节之间，以及 SCADA 系统、MES 与 ERP 的高效协同，建立全生命周期数据统一平台。

7）建立具备网络防护、应急响应等信息安全保障能力的工业信息安全管理制度和技术防护体系。建立功能安全保护系统，采用全生命周期方法有效避免系统失效。

最终目标是实现生产过程动态优化、制造和管理信息可视化，显著提升流程型工业企业在资源配置、工艺优化、过程控制、产业链管理、节能减排及安全生产等方面的智能化水平。

6.2.3　流程型智能制造的若干关键技术分析

流程型智能制造面临生产与经营全过程信息的快速获取与集成、流程制造过程的计划管理、市场经营决策知识的有效关联和深度融合、制造过程不同层级的协同控制与优化、全生命周期的安全监控与风险控制等亟待解决的问题。为此，在 CPS 技术架构下，流程型智能制造需重点研发和攻关的关键技术分析如下：

（1）特殊参量原位检测与全流程泛在感知　流程工业原料采购、生产计划、作业安排的敏捷决策和制造过程调控的精细操作需要大量信息支撑，这方面需要重点研究的理论与关键技术包括：①面向物料成分、产品形貌等的无损、原位检测的方法及新型装置；②能源计量、关键设备状态、物流跟踪与产品质量的在线检测；③危化品属性与废水、废气、废固特性的快速检测；④现场信息高效获取与过程感知的一体化自组织物联网等。

（2）多源多尺度信息的统一表征与分布式处理　现有的信息感知与集成技术已很难高效支撑大数据环境下的企业决策和运行管理，需要突破的基础理论与关键技术有：①跨域多维异构信息的模型体系构建与标准化；②广域互联信息的互操作机制与知识推理；③边缘计算（Edge Computing）与云计算结合的协同计算模式；④面向模型与知识混合的智能系统推理机等。

（3）知识驱动的资源优化与自主决策　全球经济一体化环境下，企业的运营决策必须依托大数据技术敏捷响应市场的变化，需要解决的关键技术有：①基于物联网的大规模供应链与产品流通轨迹的建模和可视化；②融合过程机制与运行信息的大规模计划优化模型；③基于知识的决策流程自组织重构；④不确定条件下的资源动态配置；⑤供应链决策快速响应机制与融合市场、装置特性知识的优化决策等。

（4）大数据驱动的企业生产智慧管理　流程工业企业现有的多业务管理系统的自动化和集成性不够，严重依赖个别有经验的知识型工作者，造成管理效率低下、决策易出错等问题，需要解决的关键技术有：①资源、能源、安全和环境等多业务协调管理模式；②基于大数据的管理过程知识演化与深度学习；③基于大数据的管理决策风险评估与分析；④融合知识、模型的企业生产与运行绩效评估等。

（5）生产过程多维度智能建模　流程工业生产过程需要深度融合过程机理知识和运行操作经验以解决全流程动态多目标优化调控，其核心是模型，重点技术有：①面向高端制造的物质转化过程特征分析与建模；②机理与数据融合的全流程关系解析；③运行状态性能表征；④生产过程可视化与虚拟制造等。

（6）价值链导向的协同控制与优化　目前流程工业企业虽然拥有调度、实时优化和先进控制系统，但各层之间缺乏信息反馈，尤其是调度与优化控制之间还属于开环状态，过程控制层和优化决策层的目标往往不一致，解决这一问题的相关基础理论与关键技术有：①过程控制、实时优化与调度决策的闭环协同；②基于知识的智能控制与多目标协同优化；③生产过程智能监控、异常工况诊断与自愈控制等。

（7）绿色过程集成与多介质能源优化　流程工业消耗并产生大量能源，现有的粗放管理和操作模式造成大量的能源浪费，为此，需要重点研究能源的综合利用与绿色过程集成的理论方法和技术，包括：①供需协同的多介质能源优化与能源梯级利用；②融合市场与装置运行特性的能源多时空综合利用；③基于知识的流程重构与本质安全设计，追求生产流程中人、物、系统、制度等诸要素的安全、可靠、和谐统一；④绿色设计与制造过程的综合集成等。

（8）全生命周期安全和环境足迹监控、溯源分析与调控　安全是流程工业企业生产和管理的重中之重，危化品和环境足迹的监控也受到越来越多的关注，需要研究的理论方法与技术包括：①工业生产全生命周期环境足迹的监控与溯源；②高危原料、危化品的流通轨迹跟踪、溯源与信息网络集成；③废弃物的资源化综合利用与环境足迹范围最小化；④高危化合物的企业边界管理（Boundary Management）与风险防范；⑤生产安全和环境性能动态演化及自主调控等。

为此，在 CPS 技术架构下的流程型智能制造涉及的关键技术架构示意图如图 6-6 所示。

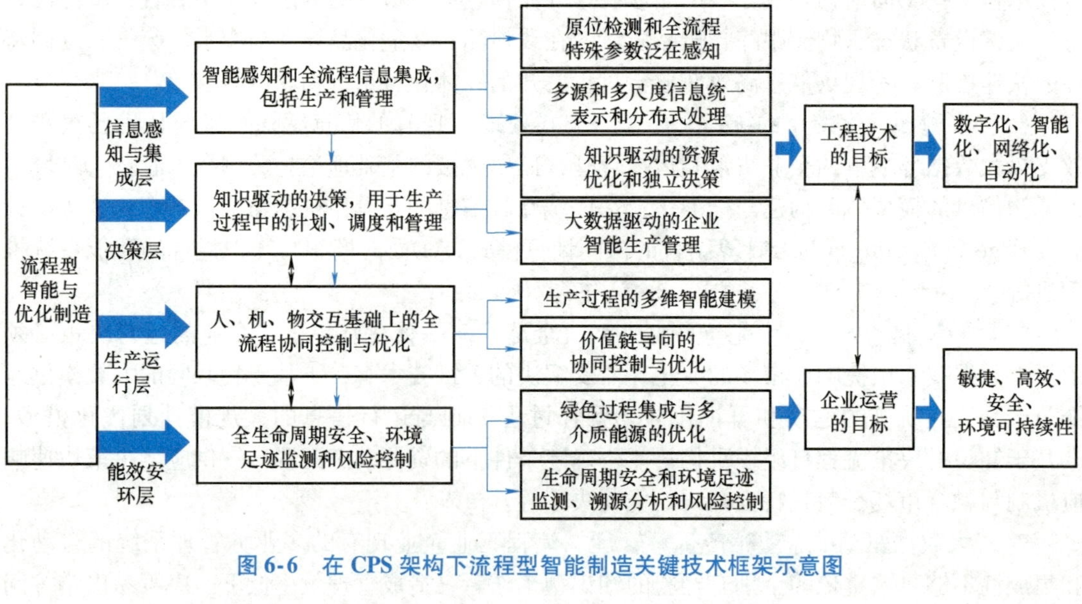

图 6-6　在 CPS 架构下流程型智能制造关键技术框架示意图

6.2.4　流程型智能制造先进技术的不断演进

流程型智能制造中，智能工厂为核心主体。智能工厂将实现从信息集成、信息粗加工、数据挖掘，到工厂运行信息的全方位融合，最终实现内涵型、效益型、环境友好型的智能决策和精细化操作运行的流程工业工厂。以下将结合流程型智能制造中的智能工厂及未来企业运行模式，说明流程工业智能化先进技术的不断演进的趋势。

（1）数据转化为知识　在流程工业智能制造中，任何数据都能够被准确地收集并传递给有需要的用户，数据工程师根据用户的反馈，进一步分析和处理得到的有效信息。这些信息能够帮助管理者更好地适应新形势，包括应对需求变化和价格波动等不确定因素带来的风险，从而更快、更好地达成经营目标。具体内容包括：①开发适合流程制造业智能工厂的通信标准和工具；②设计新一代通信网络与执行器，收集数据，使用更优控制方法，积累基于模型的状态评估和偏差检测知识；③利用标准方法构建流程制造智能工厂及其各种活动的模型。

（2）知识产生运营和操作模型　运营和操作模型是过程知识的一种外在表现形式，通过操作模型，我们能够准确地了解智能工厂的生产过程中包含的所有原料和组分，并对相关的操作、反应和转化的实时动态过程进行有效控制。这就要求我们：①能够快速建模和评估分子属性；②开发用于故障检测、隔离和根源分析的工具；③实施开发、管理和验证模型的方法；④开发用于实时、大规模操作的算法。

（3）运营和操作模型成为智能工厂的关键资产　在这一阶段，不同层次的运营和操作模型被整合起来，形成一个基于知识的综合智能化系统。这些模型包含了过程知识和操作经验，通过人、模型和实际过程的有机结合，实现对生产过程的综合计划、调度和管理。如解决调度问题时需要考虑各装置特性，包括物耗、能耗、开机时间、加工能力及它们与产量的动态关系，一个好的装置模型能够准确预测各种工况下的产量，从而为解决调度问题提供可靠的依据。因此，在流程工业智能制造中，运营和操作模型也将与人力资源和固定资产一起，成为智能工厂的关键资产：①为数据驱动的资产全生命周期管理积累知识并形成数据模型；②将模型作为公司关键资产进行开发和维护；③使过程操作中的设备能够自动地识别和响应工况变化；④开发智能实时工具来监控变化，对潜在过程或绩效风险主动做出反应；⑤实现装置状态数据可视化。

（4）模型推动全局应用　模型、智能装置和信息化系统在先进流程工业企业中的应用已经越来越广泛，如依靠过程模型有效地控制过程操作条件的变化，实现装置的变负荷生产；通过企业级生产计划和调度优化节能降耗，提升企业经济效益。然而，现代企业的生产越来越依赖全球化的协作过程，因此，真正的智能工厂还需要帮助企业更好地参与全球的合作与分工，实现整条供应链的共赢。为此，还需做更多的努力，包括：①采用统一的度量机制评估和集成全局生产过程；②开发跨供应链的集成技术和标准；③集成企业和装置层面的计划，实现多目标优化；④开发标准化的跨行业最佳实践和工具。

（5）人、知识、模型构建复合型 KPI（Key Performance Indicator，关键绩效指标）　流程工业智能化系统中优质、高效的生产过程不是与生俱来的，而是依赖于人、知识和模型的水平。为了达到智能生产的目标，未来企业的 KPI 将是包括人、知识和模型三者在内的复合型指标。流程型智能制造的最终目标是实现所有已知信息的充分利用，并通过计算机对新知识的不断学习，建立并完善过程模型，最终利用人、知识和模型保证企业所做的每一步决策都满足安全、经济、环保的要求。为了实现这一目标，一些重要的举措包括：①提供广泛的知识捕捉和知识管理解决方案；②流程制造的在岗培训；③建立复合型 KPI；④保障新员工的发展；⑤坚持长期培训和学习等。

6.3 典型案例

本节以某石化企业的智能工厂建设为例进行流程型智能制造分析。该企业作为中国石化首批试点建设智能工厂的四家炼化企业之一，于 2012 年起开始了智能工厂的建设。建设目标为提高发展质量、提升经济效益、支撑安全环保、固化卓越基因。重点围绕计划调度、安全环保、能源管理、装置操作、IT 管控五个领域，体现自动化、数字化、可视化、模型化、集成化等智能化制造特征。

该石化企业智能工厂总体架构如图 6-7 所示。这是一个三层结构，主要分为过程控制层（信息与运维平台）、生产执行层（生产运营平台）和经营管理层（经营管理平台）。该智能工厂建设取得的初步成效有如下几点：

（1）智能工厂框架已初步形成　在现有以 ERP 系统为核心的经营管理平台、以 MES 为核心的生产运营平台和以 IT 技术及其基础设施为核心的信息与运维平台三大平台基础上，进一步建成投用了集中集成平台、全流程（计划）优化平台、三维数字化平台和应急指挥平台，初步实现了“感知实时化、数据标准化、应用集成化、装置数字化、网络高速化、全厂互联化”，支撑企业在“全面感知、预测预警、协调优化、科学决策”等方面实现持续进步和提升。

（2）该智能工厂的神经中枢——生产管控中心建成投用　生产管控中心按照中心控制区、调度指挥区、运行管理区、基础设施区、辅助功能区布局，应用多项 IT 及管控技术，总体实现了经营优化、生产指挥、工艺操作、运行管理、专业支持、应急保障等“六位一体”的功能定位。

（3）集中集成和标准化取得重要进展　企业运营级数据库上线运行集成了 13 个业务系统的各类数据，为 9 个业务系统提供其所需求的有效数据。在中国石化标准化平台基础上，通过“采标、扩标、建标”方式，完成了生产物料等 40 个标准化模板和 36 类主数据收集。

（4）生产装置数字化平台投用　基于工程设计的三维数字化平台以业务需求为导向，以运营级数据仓库为支撑，以三维数字化装置为界面，集成了实时数据、精细化管理和安全生产所需信息，如实时工艺参数、实时设备状态和信息、班组操作绩效、采样点质量分析数据、实时环境分析数据、可燃及有毒有害气体报警与视频监控信息等。实现了工艺管理、设备管理、操作培训、三维漫游、视频监控等多类深化应用。

（5）全流程优化平台投入运行　炼油全流程优化平台的投入使用，提升了管控一体化联动优化功效，实现了全流程优化的闭环管理。平台采用“中心交换式”集成模式，通过运营级数据仓库与原油评价、ERP 等系统共享数据，提升了全流程优化的敏捷性和准确性，助力企业持续提升经济效益。

（6）HSE 管理和应急指挥平台上线运行　建立了集健康（Health）、安全（Safety）和环境（Environment）三位一体的 HSE 管理体系，及时发现身边安全隐患，实现从事后管理向事中、事前管理的转变；HSE 备案系统长期有效运行，通过对当天每项作业实行有效监管，确保每项作业受控；各类报警和视频监控实现集中管理和联动，增加了事前预防功能，异常情况可实现快速响应；环保地图系统实时在线监测各类环境信息，异常情况发生时可实现及时处置和闭环管理。应急指挥实现了实时化、可视化，应急事件按预案及时响应、有效处置。

经智能化改造之后取得了比较突出的效果，该企业本质安全水平不断提升管理取得较好成效，实现了敏捷生产，提高了经济效益，管理效率也大幅提升。

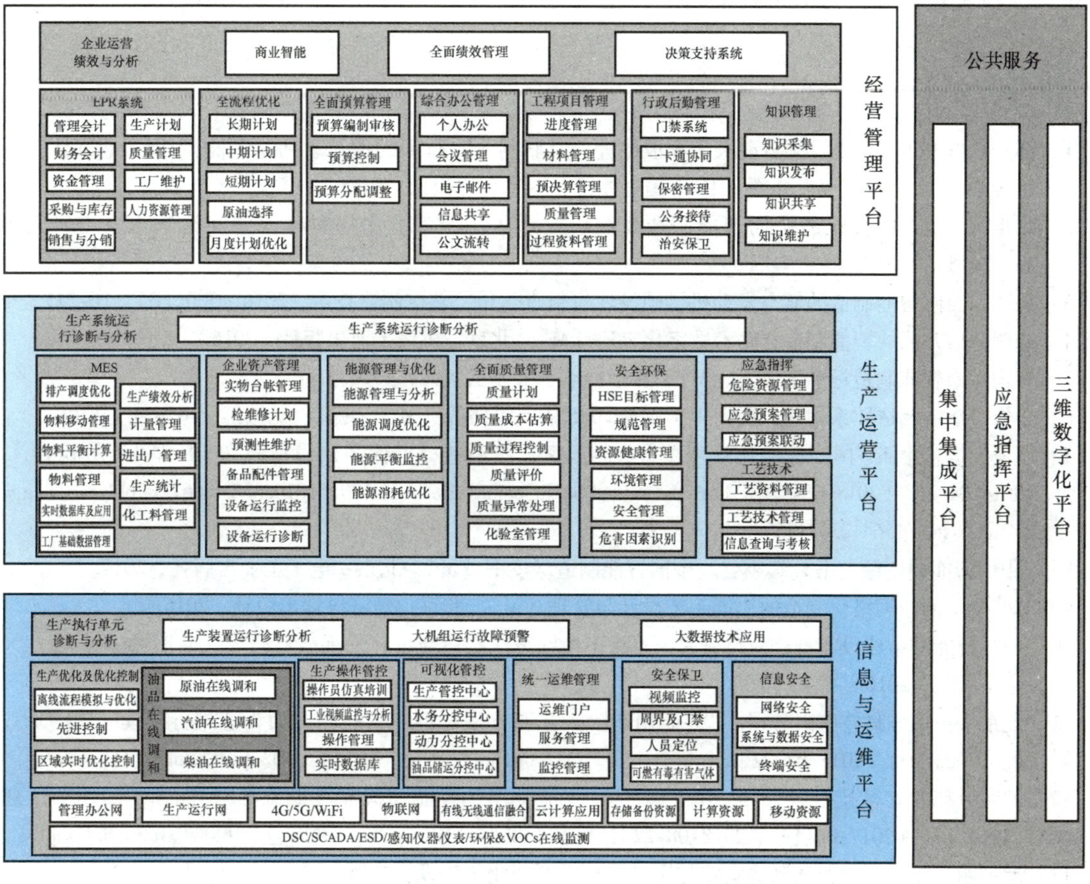

图 6-7　某石化企业智能工厂系统架构示意图

6.4　流程型智能制造的下一步发展趋势

流程型智能制造是“工业 4.0”和“中国制造 2025”的重要组成部分，我们可以结合四大主题——智能工厂、智能生产、智能物流和智能服务来分析流程型智能制造下一步的发展趋势。从侧重点来看，智能工厂侧重点在于企业的智能化生产系统、网络化分布式生产设施的建立、管理和应用。智能生产侧重点在于企业的生产物流管理、制造过程人机协同等技术在企业生产过程中的协同应用。智能物流作为制造企业非常重要的资源节点，其侧重点在于通过互联网、物联网，整合物流资源，充分发挥现有资源的利用效率。智能服务作为制造企业的后端网络，其侧重点在于通过（服）务联网结合智能产品为客户提供更好的服务，发挥企业的最大价值。

在这四大主题中，智能工厂是传统流程型制造企业发展的必由阶段；智能生产是由用户参与实现“定人定制”的过程；智能物流以客户为中心，促进资源优化配置；智能服务促进新的商业模式，促进企业向服务型制造转型。

相信在不久的未来，工业社会将步入工业 4.0 的时代，实现由自动化向智能化的飞跃。通过不断研究和发展 CPS 网络，传统的流程型工业将实现人、装备和产品的实时连通、相互识别和有效交流，为消费者定制个性化的商品，并且提供及时、高效的服务。

参考文献

[1] 孙舒，赵俊丹，李杰．国务院关于积极推进“互联网+”行动的指导意见［C］// 中国工业气体工业协会第 25 次会员代表大会暨 2015 中国气体行业发展高峰论坛．2015.

[2] 张祖国．基于社会化的协同智能制造系统研究［D］．北京：中国科学院空间科学与应用研究中心，2015.

[3] 陈冰．面向智能制造的航空发动机协同设计与制造［J］．航空制造技术，2016，500（5）：16-21.

[4] 陈明，梁乃明．智能制造之路：数字化工厂［M］．北京：机械工业出版社，2016.

[5] 辛国斌．智能制造标准案例集［M］．北京：电子工业出版社，2016.

[6] 田锋．智能制造体系构建：面向中国制造 2025 的实施路线［M］．北京：机械工业出版社，2017.

[7] 工业和信息化部，国家标准化管理委员会．国家智能制造标准体系建设指南（2015 版）［EB/OL］．(2016-04-26)［2018-08-22］．https://wenku.baidu.com/view/bbaec129551810a6f4248661.html?rec_flag=default&sxts=1564123674866.

[8]《中国智能制造绿皮书》编委会．中国智能制造绿皮书［M］．北京：电子工业出版社，2017.

[9] 苏莹莹．面向网络化制造的协同工艺设计与管理［M］．北京：经济科学出版社，2016.

[10] 中国智能城市建设与推进战略研究项目组．中国智能制造与设计发展战略研究［M］．杭州：浙江大学出版社，2016.

[11] 北京天拓四方科技有限公司．“智能制造”天拓四方从制造和智能两方面为您进行解读［EB/OL］．(2017-05-03)［2018-08-22］．http://blog.sina.com.cn/s/blog_c129f8bc0102xpwi.html.

[12] 北京天拓四方科技有限公司．智能工厂、智能生产、智能物流和智能服务-工业 4.0 的四个主题［EB/OL］．(2017-06-19)［2018-08-22］．http://blog.sina.com.cn/s/blog_c129f8bc0102xrg6.html.

[13] 罗敏明．流程企业智能制造实践与探讨［J］．石油化工建设，2016，38（1）：16-18.

[14] 刘馨．网络协同制造视角下我国造船生产能力研究［D］．哈尔滨：哈尔滨工程大学，2016.

[15] 许竹君．协同制造系统中若干关键技术的研究与应用［D］．杭州：浙江工商大学，2009.

[16] 李亚白．面向服务的协同制造执行系统集成与重构技术研究［D］．南京：南京航空航天大学，2007.

[17] 姚倡锋．复杂零件异地协同制造资源优化配置技术研究［D］．西安：西北工业大学，2006.

[18] 魏从刚．网络化协同制造项目进度管理技术研究［D］．西安：西北工业大学，2006.

[19] 孟凡生，赵刚．传统制造向智能制造发展影响因素研究［J］．科技进步与对策，2018（1）：66-72.

[20] 唐文献，陈羽．基于遗传算法的企业间协同制造战略伙伴选择的方法［J］．江苏科技大学学报（自然科学版），2009，23（5）：399-402.

[21] 兰昆，唐林．智能制造信息安全保障体系分析［J］．通信技术，2016，49（4）：469-474.

[22] 王有远，钱伟伟，张振华．基于本体的协同制造知识建模［J］．制造技术与机床，2018（5）：132-137.

[23] 丁涛，闫光荣，刘爱军. 基于层次化的智能协同制造平台框架 [J]. 制造业自动化，2017，39（10）：117-122.

[24] 董蓉，何卫平，吉锋. 面向网络协同制造的制造服务优化选择研究 [J]. 制造业自动化，2006，28（9）：39-44.

[25] 吉锋，何卫平，董蓉，等. 复杂零件网络协同制造平台研究 [J]. 制造业自动化，2005，27（8）：1-5.

[26] 熊晓洋. 大型流程型企业智能工厂建设探索 [J]. 当代石油石化，2016，24（7）：9-12.

[27] 杨舒涵. 流程工业的智能制造 [J]. 科技资讯，2018（5）：100-101.

[28] 周忠峰. 智能制造：让梦想照进现实 [J]. 中国工业评论，2016（6）：78-78.

[29] 丁涛，王芳. 网络化协同设计制造研究现状及进展 [J]. 石油化工设备，2011，40（3）：41-44.

[30] 鹿崇. 流程型制造业创新的催化剂 [J]. 装备制造，2016（10）：90-91.

[31] RAUCH E, SEIDENSTRICKER S, DALLASEGA P, et al. Collaborative Cloud Manufacturing: Design of Business Model Innovations Enabled by Cyber Physical Systems in Distributed Manufacturing Systems [J]. Journal of Engineering, 2016 (3): 1-12.

[32] JI X, HE G, XU J, et al. Study on the Mode of Intelligent Chemical Industry Based on Cyber-physical System and its Implementation [J]. Advances in Engineering Software, 2016, 99: 18-26.

[33] ROBLA-GÓMEZ S, BECERRA V M, LLATA J R, et al. Working Together: A Review on Safe Human-Robot Collaboration in Industrial Environments [J]. IEEE Access, 2017 (5): 26754-26773.

[34] JIANG P, LENG J. The Configuration of Social Manufacturing: a Social Intelligence Way toward Service-Oriented Manufacturing [C]// Int. Conference on Innovative Design and Manufacturing, 2016: 4-19.

[35] QIAN F, ZHONG W, DU W. Fundamental Theories and Key Technologies for Smart and Optimal Manufacturing in the Process Industry [J]. Engineering, 2017, 3 (2): 154-160.

[36] ZHONG R Y, XU X, KLOTZ E, et al. Intelligent Manufacturing in the Context of Industry 4.0: A Review [J]. Engineering, 2017, 3 (5): 616-630.

[37] CENCEN A, VERLINDEN J C, GERAEDTS J M P. Design Methodology to Improve Human-Robot Coproduction in Small- and Medium-Sized Enterprises [J]. IEEE/ASME Transactions on Mechatronics, 2018, 23 (3): 1-1.

[38] ÖZDEMIR V, HEKIM N. Birth of Industry 5.0: Making Sense of Big Data with Artificial Intelligence, "The Internet of Things" and Next-Generation Technology Policy. [J]. Omics-a Journal of Integrative Biology, 2018, 22 (1): 65-76.

[39] DU S, WU P, WU G, et al. The Collaborative System Workflow Management of Industrial Design Based on Hierarchical Colored Petri-Net [J]. IEEE Access, 2018, 6: 27383-27391.

[40] LI J H, LI L Y, YANG B X, et al. Development of a Collaborative Scheduling System of Offshore Platform Project Based on Multiagent Technology [J]. Advances in Mechanical Engineering, 2015, 6 (10): 1-15.

[41] DAVID, LOCKHART, BOGLE. A Perspective on Smart Process Manufacturing Research Challenges for Process Systems Engineers [J]. Engineering, 2017, 3 (2): 161-165.

“两弹一星”功勋
科学家：钱学森

第 7 章

网络协同制造

在全球新一轮科技革命和产业变革中，互联网与各领域的融合发展具有广阔前景和无限潜力。我国适时地提出了“互联网 +”行动计划。网络协同制造正是在这个大潮中方兴未艾。本章主要概述了“互联网 +”和协同制造产生的背景、网络协同制造的迫切需求，分析了网络协同制造的总体技术架构和关键技术，介绍了在实践中提出来、侧重点各异而实质内涵相同的网络协同制造总体技术架构示例，小结了网络协同制造的基本组成要素，简要分析了若干案例。根据我国“十三五”期间“互联网 +”和协同制造的行动路线图，分析了网络协同制造在基础前沿与关键技术、装备/系统与平台、集成技术与应用示范等研究方向上的主攻任务。

7.1 网络协同制造的内涵

7.1.1 网络协同制造概述

1. “互联网 +”和协同制造产生的背景

“互联网 +”主要指的是把互联网的创新成果与经济社会各领域深度融合，推动技术进步、效率提升和组织变革，提升实体经济创新力和生产力，形成更广泛的以互联网为基础设施和创新要素的经济社会发展新形态。

2015 年 7 月，国务院发布了《关于积极推进“互联网 +”行动的指导意见》，主要围绕“互联网 +”，推动互联网的创新成果与经济社会各领域深度融合，促进社会发展。

该指导意见发布的主要背景是，2015 年以来，中国在互联网技术、产业、应用及跨界融合等方面取得了积极进展，已具备加快推进“互联网 +”发展的坚实基础，但也存在传统企业运用互联网的意识和能力不足、互联网企业对传统产业理解不够深入、新业态发展面临体制机制障碍、跨界融合型人才严重匮乏等问题，亟待加以解决。为此，国务院制定了我国“互联网 +”行动计划的发展目标，力争在若干年内，互联网与经济社会各领域的融合发展进一步深化，基于互联网的新业态成为新的经济增长动力，互联网支撑大众创业、万众创新的作用进一步增强，互联网成为提供公共服务的重要手段，网络经济与实体经济协同互动的发展格局基本形成。到 2025 年，网络化、智能化、服务化、协同化的“互联网 +”产业生态体系基本完善，“互联网 +”新经济形态初步形成，“互联网 +”成为经济社会创新发展的重要驱动力量。

在“互联网 +”行动的指导意见中，所制定的重点行动包括：“互联网 +”创业创新、协同制造、现代农业、智慧能源、普惠金融、益民服务、高效物流、电子商务、便捷交通、绿色生态、人工智能共 11 个行业领域，既涵盖了制造业、农业、金融、能源等具体产业，也涉及环境、养老、医疗等与百姓生活息息相关的方面。其中一项重要行动计划即是“互联网 +”协同制造。

2. “互联网 +”协同制造的几个相关概念

（1）“互联网 +” “互联网 +”是新一轮科技革命推动下的互联网形态演进及其催生的经济社会发展新形态。通俗地说，“互联网 +”也即“互联网 + 各个传统行业”，这里并不是简单的两者相加，而是利用信息通信技术及互联网平台，让互联网与传统行业深度融合，充分发挥互联网在社会资源配置中的优化和集成作用，将互联网的创新成果深度融合于经济、社会各领域中，提升全社会的创新力和生产力，形成更为广泛的以互联网为基础设施和实现工具的经济发展新形态。

“互联网 + 工业”即传统制造业企业智能化，采用移动互联网、云计算、大数据、物联网等信息通信技术，改造原有产品及研发生产方式，其内涵与工业互联网“工业 4.0”是总体一致的。

（2）协同制造 目前，国内外研究人员对协同制造尚未形成严格的统一定义，可以一般地、定性地认为，协同制造是充分利用互联网技术为特征的网络技术、信息技术，将串行工作变为并行工程，实现供应链内及供应链间的企业关于产品设计、制造、管理和商务等开展合作的生产模式，通过改变业务经营模式与方式达到资源最充分利用的目的。

不同研究单位和人员对协同制造的具体阐述可能不尽相同，但均体现以下内涵。

协同制造的主体：多数学者认为协同制造的主体是一个企业群，或者说企业联盟，它们在主权上相互独立，地理上相对分散，各自有着优势生产资源和技术，依靠协同机制组织在一起。

协同制造的对象：协同制造面向的是产品制造任务，通过将制造任务分解成各个子任务，交由具有对应生产优势的企业来完成，以实现整体最优。

协同制造的目标：市场机制下时间、成本、质量是生产主体最关心的问题。围绕制造任务，通过协同制造实现整体生产效率的提高和效益的提升是协同制造的目标。这也是企业走向协同制造的主要原因。

协同制造的支撑技术：协同制造需要借助通信技术和各种先进制造技术来实现。

（3）网络化协同制造 在当前发达的网络化协同背景下，协同制造有了新的外部环境，网络为协同制造提供了一个更为开放的平台，企业间的集成效应更加突出。相对于早期的协同制造，网络化协同制造有了更新的“互联网 +”基因。可以定性地认为，“网络化协同制造”主要含义是：在网络社会环境下，以网络为基础，面向产品制造任务，借助网络、制造、通信等技术，将具有不同优势资源的企业通过动态联盟的形式组织在一起，把各子任务分配给相应制造企业，以缩短产品制造周期、提高制造效益的一种生产方式。其核心是利用网络为不同企业之间的协同制造提供平台，通过网络工具实现不同企业之间的信息集成、过程集成、资源集成，进而实现整体资源的优化配置来提高效率和效益。

在制造业向着大型、精密、数控、全自动趋势不断靠拢的时代下，需要将制造环节与设计、营销、运行、维护直至回收处理联系起来，由传统的数据孤岛转为信息化协同管理，将各个环节的数据采集并输入到全生命周期数据库以形成总知识库，通过信息技术、自动化技术、现代管理技术与制造技术相结合，构建面向企业的网络化协同制造系统，实现企业间的协同和各个环节资源的共享，以提高生产效率、产品质量和企业的创新能力，从而提高企业的竞争能力，同时减少生产和消费过程中的资源消耗与污染排放。

7.1.2 网络协同制造的迫切需求分析

工业制造是国民经济的重要支柱。在“互联网+”时代，以物联网、云计算、大数据等基于互联网的新一代信息技术正成为驱动制造业产业变革的核心力量。“互联网+”协同制造强调充分利用互联网技术及理念，促使制造企业、用户、智能设备、全球设计资源及全产业全价值链各环节之间的互联互通与高效协同，即强调制造企业利用互联网加强企业内部、企业之间，以及产业链各环节之间的协同化、网络化发展，更多地发挥我国互联网的比较优势，提升我国制造业竞争力。

1. 互联网与制造业融合整体态势

当前，全球新一轮科技革命和产业变革风起云涌，增材制造、工业互联网、工业大数据、工业4.0等新的生产理念不断涌现。以互联网为核心的新一代信息技术融合创新，已经成为驱动信息技术与实体产业融合发展的新引擎。发达国家政府和产业界高度重视这一趋势，通过政企合作，建立研发应用和产业化的多方共享协作机制，不断加快新型网络化智能制造方式的发展步伐，旨在寻找新一轮增长动力，把握未来国际经济科技竞争的主动权。在我国，经历多年的探索、实践与培育，互联网与工业融合已具备相当规模的创新主体，新产品、新业态、新模式不断涌现，孕育了新兴市场，带动长尾需求力释放。融合创新赖以实现的技术、网络、平台等基础正加速完善，以“中国互联网与工业融合创新联盟”为代表的行业平台组织相继成立，产业生态初步构筑，已具备持续规模推进的现实基础。

我国一些领先的工业企业、互联网企业和生产性服务企业已成为融合生态体系中各种创新活动的主要载体和践行者，由于各自基础和优势不同，不同类型企业融合创新的模式、路径、方向和重点也有所差异。

1）传统工业企业互联网化转型明显加快。部分工业企业在互联网浪潮中主动把握发展机遇，在战略、组织、业务、管理等方面实施由内而外的全面变革，将客户、供应商、服务商、员工集聚于企业全互联阵营中，推动实现从有界向无界、垂直向扁平、制造向服务的转型，并由此成为融合创新的主力军。

2）互联网企业借助新产品新服务融入工业基因。互联网企业依托其固有的通用性、交互性、开放性和共享性等属性，充分发挥其便捷、扁平、聚集等优势，通过与工业各领域、各环节不断融合创造出新产品、新业态和新模式，实现快速渗透。

3）生产服务企业借助互联网拓展服务空间。来自不同领域的生产服务企业积极顺应工业发展需要，通过向平台企业转型、创新服务模式或拓展服务外延等方式向工业领域加速渗透，成为引领融合发展的重要力量。

2. 互联网与制造业融合面临的主要问题

"互联网 +" 协同制造是一个有机的生态体系，各环节之间的融合发展并不是一蹴而就，由于互联网与制造业之间有着各自不同的属性和特征，且不同环节、领域、企业的应用水平差距悬殊，使得当前互联网与制造业的融合发展还存在一系列问题。

1）侧重消费服务的互联网暂难满足制造业生产性需求。当前我国互联网服务主要是消费型，重在用户体验，发展的模式也是重市场开拓，轻资源和技术的研发与整合，这种互联网基因与企业生产性需求存在较大差异。

2）核心技术仍是制约我国互联网与制造业融合创新发展的关键。大量核心技术如制造业操作系统、大规模集成电路、网络传感器、工业机器人、工业控制器、高端数控机床、高端工业软件等仍严重受制于国外厂商，制造企业在拓索创新应用模式的时候往往受到技术瓶颈约束，对互联网的深度应用受限，网络化、智能化的生产组织能力薄弱。

3）制造业企业信息化水平参差不齐，很难形成通用的融合创新推广路径。部分地区和行业仍处于以初级或局部应用为主的阶段，且不同地区、行业及不同规模企业间信息化水平差距明显。按照德国"工业 4.0"战略的划分标准，相当一部分企业还处在工业 2.0 的阶段，尚需补上从工业 2.0 到 3.0 的差距。

4）互联网与制造业融合的供需双方存在认识差异。因行业差异与专业壁垒影响，作为供需双方的制造企业和互联网服务企业对互联网的认识存在不同。一些制造企业或对互联网创新理解不够，缺乏开放共享的精神和自我变革的勇气，或对互联网思维认识盲目，迷失于各种似是而非的概念中。而一些互联网企业对制造业领域创新需求的理解和挖掘也不到位，或固步于消费者端琢磨"眼球经济"，或因缺乏对制造业生产的足够认识而"不接地气"。

5）支撑创新转型的旧体系改造和新产品推广的专业服务尚待完善。如何在保证安全可靠的前提下将既有生产运营、管理体系更好地与互联网结合，是传统企业互联网化转型中普遍面临的问题。此外，相应的标准体系目前在行业上下游间暂未统一，接口困难，各方自行推动的标准建设带来较高的重复建设成本，相关的政策法规也有所缺失。

7.2 网络协同制造的架构

7.2.1 网络协同制造的总体架构

1. 网络协同制造总体架构概述

网络协同制造主要是利用工业互联网提供跨企业资源共享与协同操作的技术支撑，实现产品的异地、跨企业的制造模式。并行工程、多学科设计优化、多学科虚拟样机模拟、三维建模与辅助制造等技术获得了应用。

通过网络协同制造模式，将设计、制造、销售、服务等各环节的串行工作变为并行工作，实现供应链内及跨供应链的企业间的产品设计、制造、管理和商务等的合作，达到资源最充分利用的目的。串行工作和并行工作模式对比示意，如图 7-1 所示。

网络化协同模式可分为三个层级的协同：制造企业内部各个部门或系统的协同、企业集团（联盟）内工厂之间的协同制造、基于供应链的协同制造。其价值主要体现在以下方面：

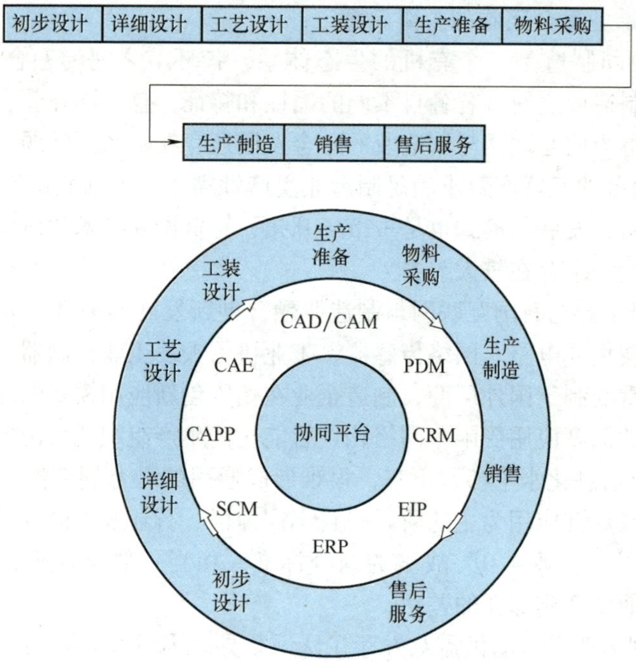

图 7-1　网络协同制造的并行工程示意图

EIP—Enterprise Information Portal，企业信息门户

1）降低企业原料物料库存成本，使从最终产品到各部件的基于销售订单拉动的生产成为可能。

2）可以有效地在企业内各个工厂、仓库之间调配物料、人员及生产等，缩短订单交付周期，更灵活地实现整个企业的制造敏捷性。

3）实现整个企业各工厂和环节的物流可见性、生产可见性、计划可见性，更好地监控企业的制造过程。

4）实现企业的流程管理，节约实施成本和流程维护与改善成本。

5）降低企业系统维护资源消耗。

一般而言，协同设计制造系统主要由协同系统管理、协同工作管理、协同应用、决策支持、协同工具、安全控制及分布式数据管理等不同的功能模块组成。其中，协同系统管理模块对整个系统进行管理。协同工作管理模块负责对协同设计制造过程进行管理，统筹安排开发中的各种活动、资源。协同应用模块则提供系统核心功能，协同设计制造人员在数据库的支撑下，利用该模块进行协同应用，包括协同 CAD、CAPP、CAM、虚拟制造仿真及 DNC 等。决策支持模块承担协同设计制造决策支持任务，包括约束管理和群决策支持等。协同工具模块为协同设计制造提供通信工具，包括视频会议、文件传输及邮件发送等。安全控制模块负责对进入系统的用户、协同过程中的数据访问和传输进行安全控制，主要包括安全认证、保密传输以及访问控制等，以保证整个系统的数据安全。分布式数据管理模块负责对所有的产品数据信息、系统资源及知识信息进行组织和管理，这些信息主要包括用户信息、产品数据、会议信息、决策信息、密钥信息、知识库及方法库等。

以网络协同制造为一种创新模式，国内外研究人员和相关单位开展了不少研究，提出了侧重点不尽相同但核心内涵相似的网络协同制造技术架构。

2. 网络协同制造总体技术架构示例一

如图 7-2 和图 7-3 所示，有学者研究提出了一种典型区域性网络化产品协同设计制造平台系统方案总体架构，并提出了其运营管理模式。

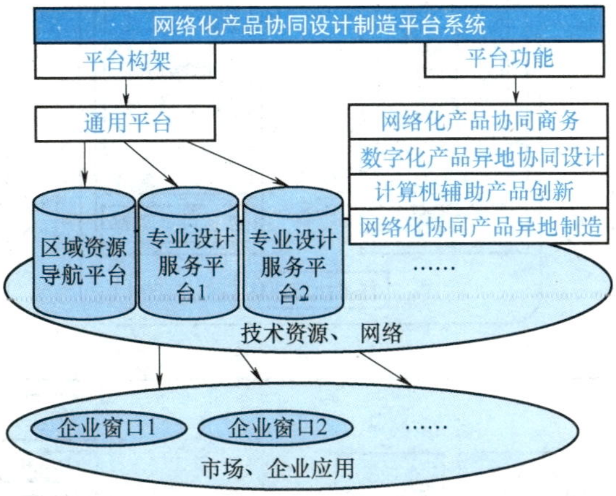

图 7-2　网络化产品协同设计制造平台系统总体架构

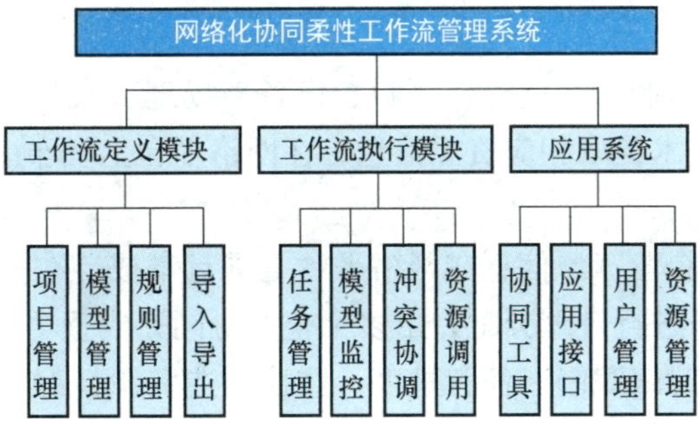

图 7-3　网络化协同柔性工作流管理系统结构

该系统平台方案中，平台架构中的通用平台主要包括区域资源导航、分布式专业设计服务平台等；平台功能包括网络化产品协同商务、数字化产品异地协同设计、计算机辅助产品创新、网络化协同产品异地制造等。在网络系统的支持下，各协作企业或部门信息互通，各司其职，完成协同模式下的智能制造过程。柔性工作流管理系统则负责网络化协同制造中各类工作流的定义、执行和应用系统的管理工作。

3. 网络协同制造总体技术架构示例二

有学者则从协同制造企业“动态联盟”的角度，提出了网络协同制造的技术方案，如图 7-4 所示。这里的协同制造企业“动态联盟”主要是指由分布在不同地区的、专长于不同专业的多个企业、研究机构、组织、公司等，基于某个项目或产品，利用先进的电子手段和已有的社会技术基础，为了共同赢得竞争而组成一个临时性网络组织或动态联盟。

基于该技术架构，网络化协同制造过程如下所述：

1）协同制造动态联盟内的制造企业依据实际情况，提交制造任务需求，并将制造任务分解成各个子任务，通过信息技术提取各个子任务的信息，在网络平台上发布。

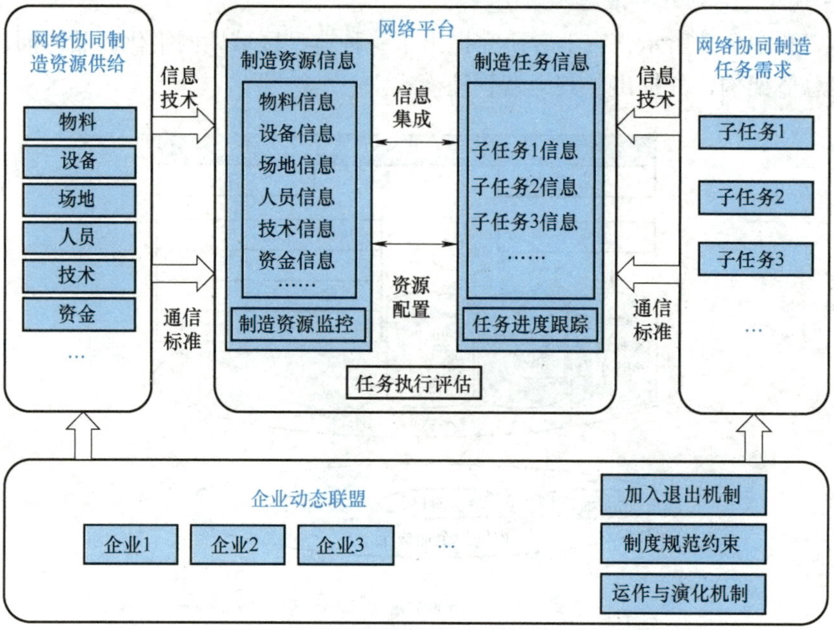

图 7-4 基于企业动态联盟的网络协同制造技术架构示意图

2）动态联盟内的各个制造企业整合物料、设备、场地、人员、技术、资金等资源，凝聚制造能力。通过信息技术提取相应资源信息，在网络平台上发布。这些资源信息代表了各企业的制造能力。

3）制造任务信息和企业资源信息在网络平台上进行集成，在资源共享的基础上，通过资源配置技术对制造任务进行合理分配，由多个企业协同完成整个制造任务。

4）通过网络平台实时跟踪制造任务进度、监控制造资源情况，及时发现异常状况，进行动态调度和异常情况处理。

5）发出任务需求的制造企业通过网络平台对任务的执行情况进行评估，完成本次网络协同制造过程。

6）网络协同制造架构中，会逐步制订和完善企业动态联盟的加入、退出、约束、运作与演化机制。

进一步分析可知该种技术架构下的网络协同制造具有如下特性：

1）网络协同制造的核心环节在于借助网络平台围绕制造任务实现不同企业间的资源优化配置。网络的主要作用在于将空间对象“信息化”来发挥作用。

2）协同制造的关键在于资源配置，可通过合理调度资源来实现总体效益最大化。

3）资源共享是网络协同制造的前提，而对现实空间制造资源信息的获取是实现资源共享的基础。现实空间制造资源信息的获取需要电子、传感、监测、通信等技术的支持，同时也需要标准化技术来建立统一的通信标准，实现不同种类信息的对接和共享。

4. 网络协同制造总体技术架构示例三

有研究人员提出了一种由资源共享服务平台和协同制造系统管理平台构成的网络协同制造系统技术架构。该技术架构的主要思路为：将核心企业与合作伙伴的生产技术、业务流程、任务及执行者与其他关联资源有机地整合在一起，以便迅速完成制造任务和目标。以此技术架构方案为指导，对企业技术构成、资源形态、组织结构和运作模式等进行了如下调整。

1）更加突出协同制造平台中各个企业的核心技术，使企业的竞争力主要建立在通过核心技术完成的企业特色产品或服务上，成本和价格权重则退于其次。

2）围绕企业自身技术特色，对企业资源进行快速重组。

3）为实现资源的快速重组，企业建立更具有灵活性、开放性和自主性的组织结构，在企业组织中人与人之间将更强调具有较强自主性的协调与合作，而不是行政式命令。

4）技术、资源和组织的调整促使企业运作模式发生变化，原来单个企业封闭完成一个产品的模式将要被围绕产品全生命周期运作的企业集团或多个优势互补的企业组成的虚拟企业所取代。对单个企业来说，与其他企业的协作能力是衡量市场竞争力的重要因素。

据此而建立的网络协同制造系统的体系结构如图 7-5 所示。

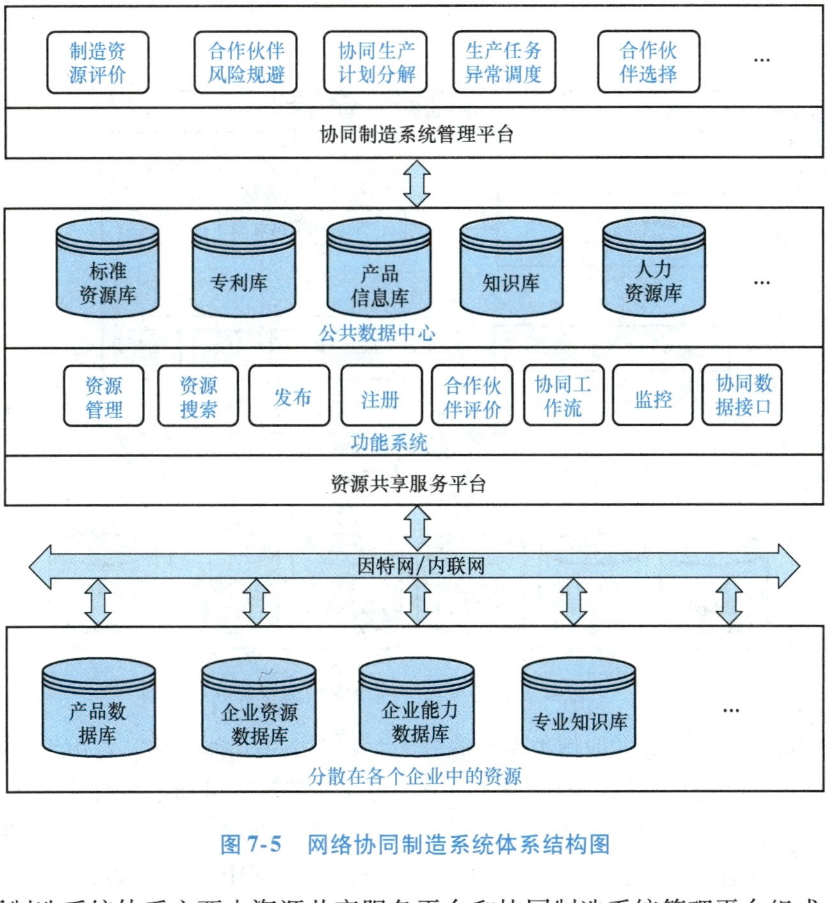

图 7-5 网络协同制造系统体系结构图

该协同制造系统体系主要由资源共享服务平台和协同制造系统管理平台组成。

（1）资源共享服务平台 该服务平台主要通过互联网/内联网（Internet/Intranet）获取各合作伙伴企业中的可共享资源并加以归整，使各企业实现资源共享，并为企业间的相互协作提供支持。资源共享服务平台需要建立以标准资源库、专利库、产品信息库、知识库和人力资源库等为核心的公共数据中心，以此为基础为协作企业提供资源管理、资源搜索、发布、注册、合作伙伴评价、协同工作流、监控、协同数据接口等服务功能。包括公共数据中心和功能系统两部分。

公共数据中心利用信息技术，特别是通过 Internet/Intranet 建立的企业网上制造资源信息库，使信息和知识为尽可能多的需求者服务，并通过有效地连接和共享各个分散的合作伙伴企业的制造资源，加快企业产品的开发速度，使企业资源得以优化利用。在网络化制造模式下，使可共享制造资源为各合作伙伴企业之间的协作提供支持的首要条件就是对其进行分析、归整、组织、系统化和数字化，并实现集中管理。

功能系统具有面向协同制造平台的资源共享服务功能，它在公共数据中心所管理的可共享资源的支撑下，便捷地为各合作伙伴企业提供各种资源共享服务功能。主要提供资源管理、资源搜索、发布、注册、合作伙伴评价、协同工作流等服务。其中，协同工作流服务主要功能是在协同制造平台范围内，为各企业间的合作伙伴选择、异地协同设计、异地协同制造等协作提供技术和信息支持，即提供协作工作流引擎，以便通过网络将分布在各地的分散企业联系在一起进行协同作业。

(2) 协同制造环境下资源获取和集成技术　资源共享服务平台支持下的网络化制造资源获取模型如图 7-6 所示。

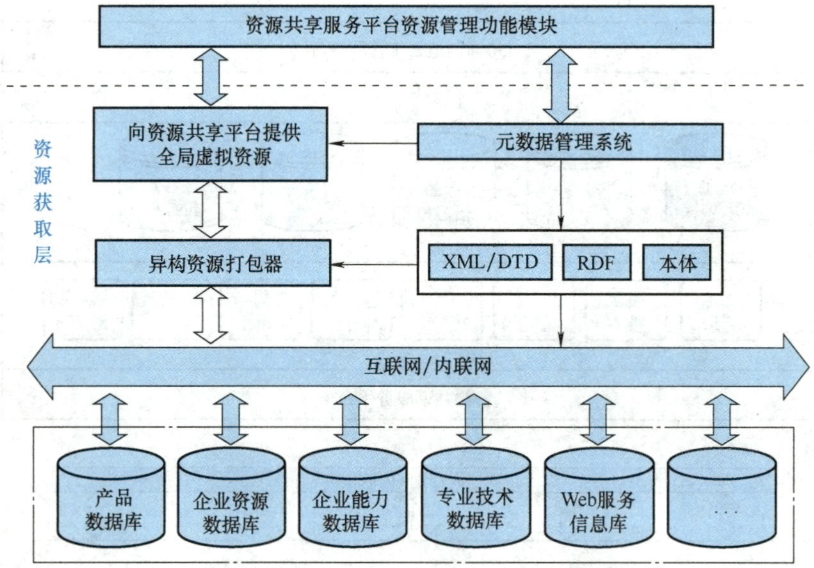

图 7-6　资源共享服务平台下的协同制造资源获取模型

从图中可以看出，资源获取层根据功能分为左右两个子功能系统。右边为元数据管理系统，具有智能搜索功能，能够自动搜索网络上的可共享资源；可动态抽取元数据，存储到专门的元数据库中；为资源共享服务平台提供元数据定义、浏览、查询、维护和输出等功能。该系统利用可扩展标记语言（Extended Markup Language，XML）作为标准的描述元数据的语言，交换格式由模式文档类型定义（Document Type Definition，DTD）来限制。在 XML 基础上，利用资源描述框架（Resource Description Framework，RDF ）语言强大的资源描述能力，在网络上搜索相关的资源信息。左边为模型与具体资源交换数据和信息的部分，它利用元数据库提供的资源信息，把资源共享服务平台获取资源的请求分发到具体的资源，并把资源信息经组合后返回给资源共享服务平台。分发和组合过程依赖于元数据管理系统提供的信息。该系统为资源共享服务平台屏蔽了互联网上错综复杂的分散资源环境，提供了一个全局虚拟资源环境。通过互联网获取的资源由资源共享服务平台的资源管理功能模块负责管理。

共享资源的网络化和集成化管理适应了核心企业查询与检索各种制造资源信息的要求。为了有效地管理大量的共享制造资源，可采取层次管理的思想，建立一套统一的分类标准，以实现有效的操作指引。在层次结构中，企业作为叶节点，被当成实体对待，同时各种制造资源均可应用面向对象的分析方法看作实体，通过类的继承、聚合和派生等操作进行演绎，形成完整的共享制造资源管理模型，将分布式、异构的企业资源集成起来，形成逻辑上统一的、集中管理的共享资源，实现企业间及企业内不同部门间对共享资源的透明访问以及权限控制。

5. 网络协同制造总体技术架构示例四

在制订协同制造技术方案时，需要考虑分布式环境、各企业资源及相应运输手段，支持核心企业与合作伙伴建立关系，分解协同生产计划，支持核心企业和合作伙伴企业间交互式制订和确认生产计划任务，跟踪、反馈、异常发现、动态调整生产计划任务，以提高企业的生产效率，降低生产中的风险。基于这个考虑，相关学者提出了以核心企业为中心，覆盖其主要合作伙伴，以准时生产和降低协作风险为目标的网络协同制造系统功能模型，如图 7-7 所示。

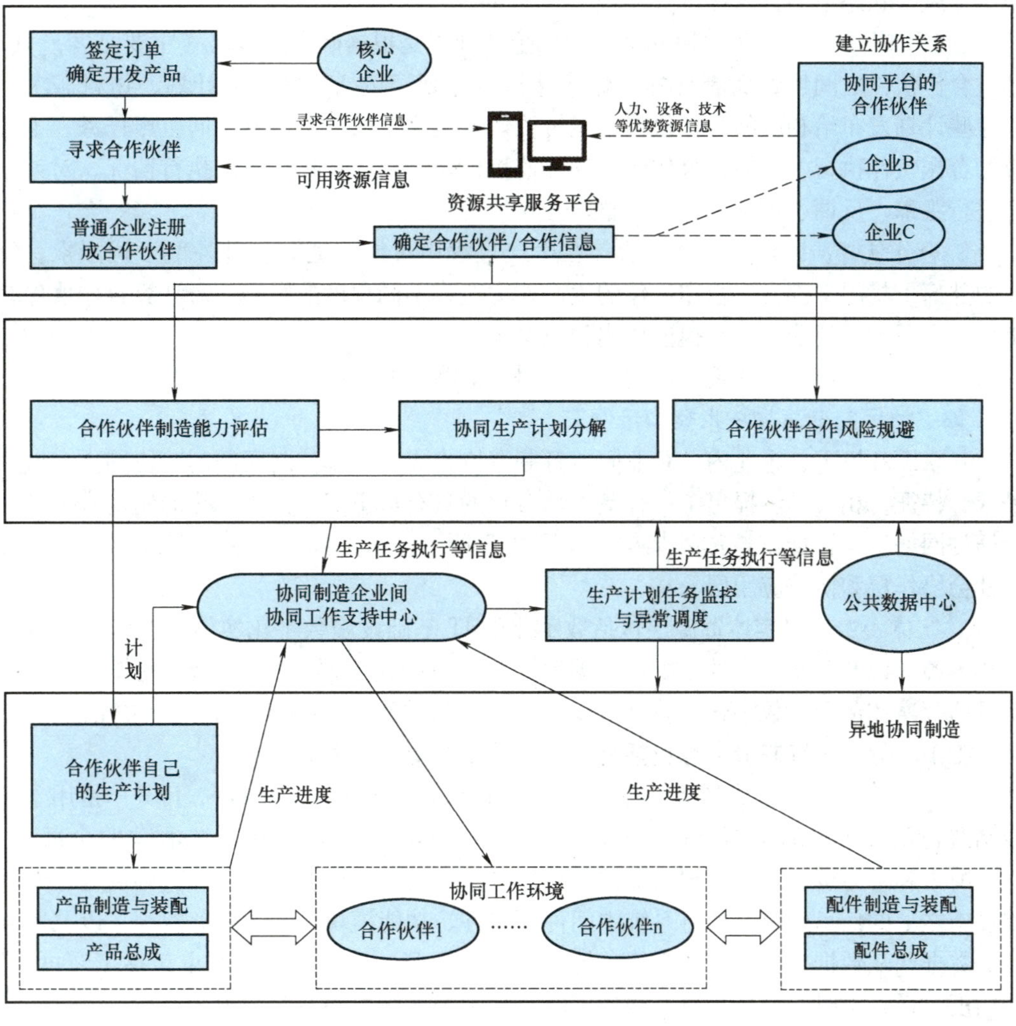

图 7-7　以降低协作风险为目标的网络协同制造系统功能模型

（1）协同平台管理　该模块为协同生产计划管理平台的组建、维护提供服务，具备产品与物料定义、生产初步规划、合作伙伴能力和工作日历定义、制造过程的定义等功能，并对协同制造系统进行管理，提供用户管理、企业信息管理、系统配置等功能，使不同权限的企业用户进入到协同制造系统时，呈现不同的系统菜单和功能结构。

（2）合作伙伴关系建立　核心企业寻求合作的信息发布后，普通企业首先根据发布的信息在网络上注册自己的公司基本信息，告诉核心企业有意向成为合作伙伴。系统根据候选合作伙伴资格评价体系，采用科学合理的评价算法对其进行供货情况评价。如果评价结果符合核心企业选择合作伙伴的标准，则对其做相应的合作伙伴编码，并正式确认成为合作伙伴。

（3）合作伙伴制造资源评价　在协同制造模式下，制造任务通过分解形成不同层次的任务需求。应对不同层次的任务需求时，通过网络对分布在不同地域的制造资源进行比较，实现快捷的资源整合与利用，以及异地并行制造的协作生产模式。系统中建立了企业制造资源评价体系指标的发布与维护、合作伙伴制造资源定量分析、合作伙伴制造资源信息查询、合作伙伴风险状态下的资源评价等模块。

（4）协同生产计划分解　协同平台运作生产计划是根据确定的需求（主要是客户订单）并经过合作伙伴之间协调而制订的合作伙伴执行计划，包括产品运作计划、物料需求计划等，这些计划发布给相应的合作伙伴，经过协调，最终生成经协调的协同生产任务，下达给相应的合作伙伴执行，并通过合作伙伴任务监控模块，获取计划任务的执行情况，对计划的执行进行跟踪、反馈、评估和异常调整。

（5）合作伙伴风险规避　合作伙伴在生产过程中可能会遇到各种外部干扰因素。每种不同的外部干扰因素都会对合作伙伴的生产能力造成不同程度的影响，需计算合作伙伴在不同工作状态下的供货能力，并提前做出相应决策。

通过采取上述措施，实现协同制造，并尽可能降低协作风险。

6. 网络协同制造总体技术架构示例五

在互联网环境下，企业内、企业间、各制造协作成员与单位之间的制造协同更多地表现出松耦合特征，相关学者提出了一种基于社会化的具有自组织、去中心化的制造服务动态协同特征的网络协同智能制造体系架构，如图 7-8 所示，从下到上有实体资源层、智能资源层、社会协作层和协作应用层。

（1）实体资源层　实体资源层包括数字化的 IT 基础设施数字化实体制造设备、其他传统制造资源，以及分布式文件系统、数据库系统、虚拟化容器、控制系统/操作系统的硬件基础设施等实体部分。数字化实体制造设备有工业机器人、自动导引小车、柔性控制单元、数控加工中心等。传统制造资源包括材料、物资、能源、人力等。

（2）智能资源层　智能制造资源（Intelligent Manufacturing Resource，IMR）指用于支持智能制造企业（Intelligent Manufacturing Enterprise，IME）实现智能制造活动的全部人力、物力、财力和智力资源。其中智力资源包括信息系统硬件基础设施、软件基础设施、部署在基础设施之上的信息系统及信息系统中间件、组件、功能模块、网页服务器等，以及所存储加工的数据、从数据挖掘而来的规律、统计结论等智慧。智能制造资源也包括工艺可用性、工艺精度、设计工时、制造工时、服务工时、加工经验能力和专家知识等。

智能资源层定义了从智能制造资源封装到微小制造服务单元，从微小制造服务单元利用

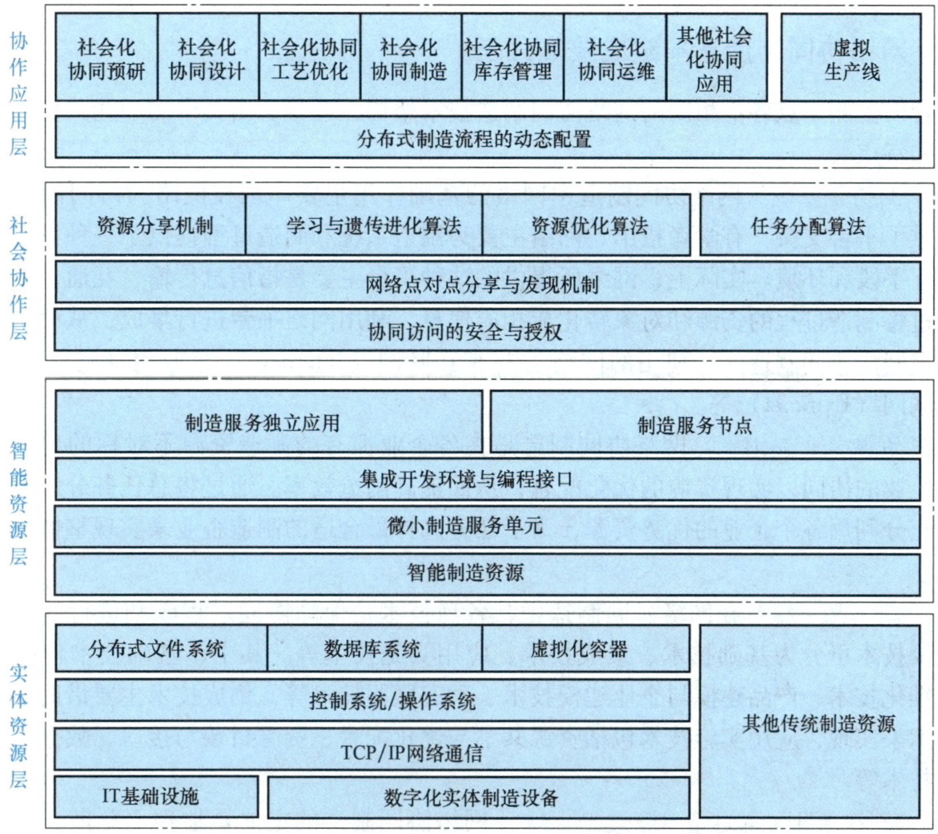

图 7-8　基于社会化的网络协同智能制造体系架构示意图

开发环境与编程接口重组成制造服务独立应用程序的过程。在智能资源层中，制造服务节点作为一个代理环节，既可独立运行，也可以多个节点并行运行，该代理的目的是接收来自社会协作层的服务调用请求，并通过相匹配的制造服务独立应用或者直接调用微小制造服务单元甚至调用智能制造资源。

（3）社会协作层　社会协作层基于协同访问的安全与授权、网络点对点分享与发现机制，提供智能制造企业之间在互联网上的智能制造资源发布、搜索的过程，当获得社会服务网络（Social Networking Services，SNS）所需要的智能制造资源时，由智能制造资源优化算法进行筛选，根据智能制造任务分配算法分配虚拟生产线（Virtual Production Line，VPL）中各子过程的任务。资源优化算法和任务分配算法作为算法池的一部分由智能制造企业自己开发。社会协作层还提供资源分享机制、学习与遗传进化算法。认证与授权将确保社会协作层提供给协作应用层的微小制造服务单元、制造服务节点或智能制造资源在需要时，可以用得上、找得到。

（4）协作应用层　协作应用层主要完成分布式制造流程的动态配置，主要应用协作包括社会化的协同预研、协同设计、协同工艺优化、协同制造、协同库存管理、协同运维以及其他的社会化协同应用，以及基于社会化协同机制的协同生产，即虚拟生产线。分布式制造流程的动态配置机制基于微小制造服务单元、制造服务节点和智能制造资源，或者作为独立的应用工具存在或嵌套在制造服务的独立应用程序中。

7.2.2 网络协同制造基本组成要素分析

综合以上侧重点各不相同的网络协同制造技术架构，可分析出其中的一些共性、基本组成要素和特点。

（1）网络是基础 网络协同制造中网络的基础作用主要体现在网络为协同制造的整个过程提供了平台支持。有学者指出，网络主要为制造系统和制造过程提供了一种快速方便的信息交互手段和环境。实际上，网络所提供的这种平台主要是指信息传输、互通、共享的平台。通过将制造过程的资源和对象转化成相应信息，利用网络平台进行集成，从而实现协同制造。在网络协同制造中，利用的网络主要有互联网（Internet）、企业内联网（Intranet）、企业外联网（Extranet）等。

（2）资源共享是前提 网络协同制造是在各企业拥有的制造资源不对称的现状下，通过多个企业的协同以实现资源的优化配置，从而提高制造效率。通过将总任务分解成各个子任务，充分利用各个企业的优势资源，为子任务选择最合适的制造企业来实现整体制造方案的最优。

（3）技术是支撑 在网络协同制造中，各项技术是保障协同过程顺利进行的支撑。用到的主要技术可分为基础技术、集成技术、应用实施技术等。其中，基础技术包括网络技术、标准化技术、产品建模与企业建模技术、动态联盟技术等，集成技术主要借助各类信息网络技术来实现，应用实施技术包括资源共享与优化配置、资源封装与接口、数据管理、网络安全技术等。

（4）扁平透明度高的组织模式是保障 网络协同制造的主体是地理上分散、组织上独立的各个制造企业。在网络协同制造模式下，各个企业以动态联盟的形式联系在一起，在联盟内各个企业关系平等，不存在层级结构，通过协议和约定能够进行信息和资源的共享，各企业能够独立自主地完成各自的子任务。这种扁平和透明度高的组织模式为网络协同制造提供了保障，在该组织模式下，联盟内各企业以制造任务为中心，根据自身资源条件提供制造服务。这些企业形成了既分散又集中，既独立又协同的组织关系。

（5）提高效率和效益是目标 网络协同制造是市场驱动的结果，效率和效益的提升是引导企业走向网络协同制造的关键目标。通过在行业范围内进行资源配置和制造任务的分工协作，能够弥补单个企业某项资源或制造能力的不足，实现企业间资源和制造能力的互补，从而提高产品制造效率和效益。

7.3 典型案例

近年来，一些国内外企业引入了网络协同制造模式，并取得了一定的进展。

（1）美国耐克公司 美国耐克公司在世界各地征集其产品的生产商、经销商。对达到质量要求的生产者，耐克公司授权生产并提供耐克商标。对达到其销售要求的经销商，耐克公司授权销售并提供耐克销售标志。耐克公司还在全球范围寻求从事技术开发、款式设计、大众心理研究等业务的公司。耐克公司与生产商、经销商、技术开发公司、款式设计公司、大众心理研究公司等共同构成网络协同制造合作伙伴开展全流程合作。

(2) 波音公司 波音公司的各分支机构和日本多家公司曾围绕“波音777”喷气式客机建立了协同制造平台。该协同制造平台通过网络系统协调，实现计算机辅助无纸设计和无纸制造，分散在世界各地的工程师可以随时从“波音777”型客机的300多万个零件的设计和制造模型中调出任何一种零件在计算机屏幕上进行观察与修改。

(3) 戴尔公司 戴尔公司引入了企业协同制造运作机制。该公司从外部选择可靠的供应商并与之建立合作伙伴关系，使之成为自己的一部分。在客户投诉某一部件时，由供应商的技术人员到现场处理，处理后回到戴尔公司研究改进质量的方法。戴尔和供应伙伴共享设计数据库、技术、信息和资源，大大加快了新技术推向市场的速度。这种协同制造模式使戴尔公司迅速成长为知名的计算机公司。

(4) 西门子公司 西门子公司于2016年推出了MindSphere工业制造云服务平台。该平台采用基于云的开放物联网架构，可以将传感器、控制器及各种信息系统收集的工业现场设备数据，通过安全通道实时传输到云端，并在云端为企业提供大数据分析挖掘、工业APP开发以及智能应用增值等服务。MindSphere平台架构主要由：边缘连接层、开发运营层、应用服务层三个层级组成。其中，MindConnect、MindClound、MindApps为核心要素。MindConnect负责将数据传输到云平台，MindClound为用户提供数据分析、应用开发环境及应用开发工具，MindApps为用户提供集成行业经验和数据分析结果的工业智能应用。MindSphere平台目前已在北美和欧洲的100多家企业开始试用。

(5) 富士康集团 富士康集团于2017年开发了工业互联网平台BEACON，探索将数字技术与其3C设备、零件、通路等领域的专业优势结合，向行业领先的工业互联网公司转型。BEACON平台通过工业互联网、大数据、云计算等软件及工业机器人、传感器、交换机等硬件的相互整合，建立了端到端的可控可管的智慧云平台。并且配套开发了将设备数据、生产数据、产业专业理论进行集成、处理、分析形成的开放、共享的工业级APP。

富士康在产品制造过程中往往面临诸多难题，如电能使用效率测算、接料和换料时机确定、设备状态预警等问题。借助BEACON平台，开展生产过程全记录、无线智能定位、表面组装数据（产能/良率/物料损耗等）整体呈现、数据集中管理、能源智能管控等应用。实现了设备能耗实时监控，优化了生产过程，提升了设备保养与防错能力。

(6) 中国电信CPS平台 中国电信GPS平台以生产线数据采集与设备接口为基础，以建模、存储、仿真、分析的大数据云计算为引擎，实现各层级、各环节数据互联互通，打通从生产到企业运营的全流程。该平台架构分为通信层、应用开发平台层和应用展现层。在通信层，通过使用不同通信方式，将采集到的数据传输到云平台。在应用开发层，基于数据集成与大数据存储，通过业务计算模型和科学分析方法，优化业务逻辑，生成平台应用功能。在应用展现层，支持PC、手机、大屏、看板等不同界面展现，并通过接口与企业其他业务系统进行交互。

该平台还应用于某钢结构集团，帮助其实现了基于CPS平台的个性化定制与协同制造。该集团的需求是建设网络化的协同制造平台用以满足装配式建筑新材料的高效率、大规模、个性化生产的需要。通过中国电信CPS平台的构建与实施，实现了如下成果：

1）引进了大规模个性化定制新模式。根据客户的需求结合施工现场条件，依托平台可完成方案的设计、修改和3D效果的同步展示，并且可根据设计结果自动计算材料用量和预估建设费用。数字化设计方案通过平台可直接下达至工厂以进行生产，从设计到运维的整个过程全程可视。

2）应用了网络协同制造新模式。基于人工智能技术，进行总部的智能决策与任务分配、各制造基地的任务协调和过程管控，并完成供应商和客户之间的设计交互和进度跟踪。体现了设计、供应、制造和服务等环节的并行组织和协同优化。借助 CPS 平台，该钢结构集团在数据汇聚、大数据存储、数据安全保障、工业数据清理和分析、工业数据展现和应用等方面的能力显著提升，预计可提高生产效率 20% 以上，有效降低运营成本，缩短产品交付周期，降低产品不良率，降低单位产值能耗。

7.4 我国网络协同制造的主要研究方向和未来发展趋势

7.4.1 主要研究方向

当前，我国网络协同制造和智能工厂领域仍受到发展模式创新、融合新生态、核心技术能力、软件支撑能力等方面的制约。为此，国家相关部门提出了未来研究与实践工作的指导性方向：基于“互联网 +”思维，以实现制造业创新发展与转型升级为主题，以推进工业化与信息化、制造业与互联网、制造业与服务业融合发展为主线，以“创模式、强能力、促生态、夯基础”以及重塑制造业技术体系、生产模式、产业形态和价值链为目标，推动科技创新与制度创新、管理创新、商业模式创新、业态创新相结合，探索引领智能制造发展的制造与服务新模式，突破网络协同制造和智能工厂的基础理论与关键技术，研发网络协同制造核心软件，建立技术标准，创建网络协同制造支撑平台，培育示范效应强的智慧企业。

下面结合网络协同制造基础前沿与关键技术、装备/系统与平台、集成技术与应用示范等研究方向进行简单介绍。

1. 基础前沿与关键技术

1）智能工厂工业互联网系统理论与技术。该方面的研究内容主要有：①针对工业互联网系统的结构复杂性问题，研究建立工业互联网系统理论体系；②建立互联网与智能工厂控制网络融合的体系架构，构建由现场总线、控制网络以及互联网组成的复杂大系统，支持网络资源配置和多网络集成；③研究智能工厂工业互联网复杂大系统理论，给出由离散、连续和随机变量构成的工业互联网混杂系统模型；④研究工业互联网系统的质量指标，建立在多种网路、多分辨率采样周期和网络时延、抖动、丢包等情况下工业网络系统控制稳定性和系统质量的评价方法；⑤研究工业互联网复杂大系统的优化设计技术，研发智能工厂工业互联网系统验证平台，包括制造执行、系统控制、设备监控和网络感知等；⑥形成由工业互联网构建的典型行业解决方案，实现对工业互联网复杂大系统理论验证。

2）“互联网 +”产品定制设计方法与技术。该方面的研究内容主要有：①针对用户深度参与产品研发设计过程、产品个性化与规模化研发设计亟待融合的实际需求，研究“互联网 +”环境下个性化需求分类、预测与转化建模基础理论、模式和方法；②研究大数据驱动的“互联网 +”环境下产品个性化设计技术，包括基于新一代人工智能的定制产品设计意图理解与智能反馈技术、“互联网 +”环境下产品定制功能精确求解与设计可配置性方法、产品定制功能虚拟体验、性能可信预测与强化设计等技术；③研发“互联网 +”定制设计资源库、案例分析库和使能（关键服务）工具集；④研发支持个性化用户深度参与的

“互联网+”产品定制设计原型系统，并面向服装、电梯、盾构机等典型行业和产品开展应用验证。

3）基于第三方平台的多价值链协同技术与方法。该方面的研究内容主要有：①针对制造业传统供应链管理带来的“价值链孤岛”以及产业价值链协同模式创新不足等问题，研究基于第三方云平台及业务驱动的多价值链协同模式与协同机制，包括以多制造企业为核心的多价值链协同形态与运行机理；②研究多价值链业务协同与优化方法，多价值链企业群业务重构与组织方法，跨企业价值链的多链协同模型，跨企业价值链的多链协同与优化技术等；③围绕供应、营销、服务等业务流程，开发面向典型行业的多价值链协同与优化中间件或部件，研发支持多价值链协同的第三方云服务平台；④形成基于第三方平台的多价值链协同解决方案，基于第三方平台实现以多制造企业为核心的多价值链业务协同。

2. 装备/系统与平台

1）复杂产品建模与仿真系统。该方面的研究内容主要有：①针对复杂产品在需求、设计、试验、运维等全流程的系统建模与协同仿真方面的实际需求，研究模型驱动的复杂产品多学科全流程协同设计建模、仿真优化方法与标准规范；②研究复杂产品全系统统一建模技术、白盒、灰盒、黑盒模型互联集成技术、基于模型的混合现实技术、多仿真目标模型自动划分技术、协同仿真计算与综合验证技术；③基于多领域统一建模语言构建多学科工业知识模型库和重点行业功能模型库，开发基于开放式架构的多学科复杂产品建模与仿真系统，实现模型仿真、混合现实、知识库、模型库等在航空、航天、海洋工程等重点领域的复杂产品的全系统综合设计验证与设计优化中的深入应用。

2）网络协同制造系统集成技术与工具研发。该方面的研究内容主要有：①针对支持大规模定制和复杂产品定制的网络协同制造平台开发过程中的技术集成需求，研究网络协同制造平台体系架构及其设计方法；②构建网络协同制造集成技术标准体系，研发模型定义与管理、数据解析与交换、数据和模型与业务融合等网络协同制造系统集成的支撑技术和标准；③开发支持智慧企业、智能工厂/车间与智能生产线之间系统的互联互通接口及规范；④研制数据接入与分析、业务柔性建模、模型管理与转换、集成需求解析、集成能力匹配、集成效果分析等网络协同制造系统集成的支撑工具集。

3）支持大规模定制生产的网络协同制造平台研发。该方面的研究内容主要有：①开展支持大规模定制生产方式的制造企业网络协同制造发展模式研究；②研究支持大规模定制生产的网络协同制造平台开放式架构，产品研发设计、生产制造、运维服务一体化集成技术，智能供应链、营销链、服务链协同技术，产品设计、制造、管理、供应、营销和服务等多源异构数据的建模、集成技术与标准，用户参与创新与数据驱动的用户及产品画像、开放式资源管理等关键技术以及网络协同制造系统集成标准；③研发产品设计、制造、运维服务一体化的支撑软件，大规模定制生产模式下的智能供应链、营销链、服务链协同支撑软件，开放式制造资源管理、多主体多目标智能调度、全流程可视化管控等软件与工具，企业数据空间构建及产品数据链、制造数据链、服务数据链、资源数据链集成的支撑软件；④研发数据驱动的制造企业战略管控、智能决策与预测运营支撑系统，构建支持大规模定制生产的网络协同制造平台，在汽车制造、家用电子电器、工程机械、轻工、纺织服装等开展大规模定制生产的典型离散制造行业开展应用。

4）支持复杂产品定制生产的网络协同制造平台研发。该方面的研究内容主要有：开展支持复杂产品定制生产的制造企业网络协同制造发展模式研究，在航空航天、轨道交通、港口机械、海洋工程、地下工程、能源电力等开展复杂产品定制生产的典型离散制造行业开展应用。

3. 集成技术与应用示范

1）支持大规模定制生产的网络协同制造集成技术研究与应用示范。该方面的研究内容主要有：①针对汽车制造、家用电子电器、工程机械、轻工、纺织服装等大规模定制生产的制造企业实现战略管控、智能决策与预测运营的需求，研究大规模定制生产方式下制造企业网络协同制造发展模式和整体解决方案；②集成专项技术和软件研发成果，研发产品研发设计、生产制造、运维服务一体化的集成技术与接口，构建产品研发设计、生产制造、运维服务一体化的技术体系；③研究智能供应、营销和服务价值链协同技术与接口，构建市场拉动和数据驱动的从企业管理到供应链、营销链、服务链协同的产业价值链协同技术体系；④研究产品数据链、制造数据链、服务数据链与资源数据链的集成技术与接口，构建制造企业数据空间；⑤形成支持大规模定制生产的制造企业网络协同制造平台，实现数据驱动的企业战略管控、智能决策与预测运营。

2）支持复杂产品定制生产的网络协同制造集成技术研究与应用示范针对航空航天、轨道交通、港口机械、海洋工程、地下工程、能源电力等支持复杂产品定制生产的制造企业实现战略管控、智能决策与预测运营的需求，研究复杂产品定制生产方式下制造企业网络协同制造发展模式和整体解决方案。

3）网络协同制造技术资源服务平台研发与应用示范。该方面的研究内容主要有：①针对网络协同制造和智能工厂应用中共性技术资源匮乏、产教融合深度不够等问题，研究支持众创的网络协同制造技术资源共享服务模式；②研发优质技术资源众创、数据驱动的个性化服务、技术资源协同共享等技术；③开发典型应用案例、虚拟仿真实训系统等技术资源，汇聚制造企业、系统集成商、专业机构等优势资源，包括行业解决方案、专业技能培训课件等，形成网络协同制造和智能工厂技术资源池；④构建网络协同制造技术资源服务平台；⑤建设网络协同制造和智能工厂技术应用体验基地；⑥开展网络协同制造和智能工厂技术资源服务规模化应用示范，促进网络协同制造和智能工厂技术资源共享互联，支持网络协同制造和智能工厂专业技术人才培养。

7.4.2 未来发展趋势

“互联网+”协同制造与《中国制造2025》交织并进，更加突出互联网对制造业生产方式、组织形式、管理方式和商业模式创新变革的推动作用，这项行动围绕“智能化、个性化、网络化、服务化”四方面提出了重点任务，其中“网络化”即为发展网络协同制造指明了方向——提升网络化制造水平。

受空间、资源等限制，传统企业研发设计、制造等环节基本在企业内部独立完成。通过互联网平台开放的协同服务，可实现企业内部及全球各方设计研发者之间的协同共享，打破地域限制，提高企业研发效率，降低企业创新成本，众包设计研发及云制造就是其典型的表现形式。目前，在国内已涌现大量网络化制造模式案例，这些新的服务模式和业态如果能逐步在全行业推广，将有效改善我国制造企业目前普遍存在的生产与创新能力低、成本高等问题。

参考文献

[1] 王磊，郭伟，袁国强，等. 典型区域性网络化协同设计制造平台系统研究［J］. 中国机械工程，2004，15（19）：137-141.

[2] RAUCH E，SEIDENSTRICKER S，DALLASEGA P，et al. Collaborative Cloud Manufacturing：Design of Business Model Innovations Enabled by Cyberphysical Systems in Distributed Manufacturing Systems［J］. Journal of Engineering，2016（3）：1-12.

[3] JI X，HE G，XU J，et al. Study on the Mode of Intelligent Chemical Industry Based on Cyber-Physical System and its Implementation［J］. Advances in Engineering Software，2016，99：18-26.

[4] ROBLA-GÓMEZ S，BECERRA V M，LLATA J R，et al. Working Together：A Review on Safe Human-Robot Collaboration in Industrial Environments［J］. IEEE Access，2017（5）：26754-26773.

[5] JIANG P，LENG J. The Configuration of Social Manufacturing：a Social Intelligence Way toward Service-oriented Manufacturing［C］// Int. Conference on Innovative Design and Manufacturing. 2016：4-19.

[6] QIAN F，ZHONG W，DU W. Fundamental Theories and Key Technologies for Smart and Optimal Manufacturing in the Process Industry［J］. Engineering，2017，3（2）：154-160.

[7] ZHONG R Y，XU X，KLOTZ E，et al. Intelligent Manufacturing in the Context of Industry 4.0：A Review［J］. Engineering，2017，3（5）：616-630.

[8] CENCEN A，VERLINDEN J C，GERAEDTS J M P. Design Methodology to Improve Human-Robot Coproduction in Small- and Medium- Sized Enterprises［J］. IEEE/ASME Transactions on Mechatronics，2018，23（3）：1.

[9] ÖZDEMIR V，HEKIM N. Birth of Industry 5.0：Making Sense of Big Data with Artificial Intelligence，“The Internet of Things” and Next-Generation Technology Policy［J］. Omics-a Journal of Integrative Biology，2018，22（1）：65-76.

[10] DU S，WU P，WU G，et al. The Collaborative System Workflow Management of Industrial Design Based on Hierarchical Colored Petri-Net［J］. IEEE Access，2018，6：27383-27391.

[11] JING H L，LING Y L，BO X Y，et al. Development of a Collaborative Scheduling System of Offshore Platform Project Based on Multiagent Technology［J］. Advances in Mechanical Engineering，2015，6（10）：1-15.

“两弹一星” 功勋

科学家：屠守锷

第 8 章

远 程 运 维

远程运维服务作为智能制造模式的一种，是运维服务在新一代信息技术与制造设备融合集成创新和工程应用发展到一定阶段的产物。它结合了状态监测、大数据中心、设备诊断与预知维修等，使运维技术集成化、共享化、智慧化，打破了人、物和数据的空间与物理界限，是智慧化运维在智能制造服务环节的集中体现。

8.1 远程运维概述

8.1.1 制造业远程运维的必要性与意义

随着工业的不断发展，设备的复杂程度和自动化程度有了很大提高。依赖人工对设备进行故障诊断和维护已经不能满足当今时代的要求。对于所有的流水线工厂来说，影响生产效率最关键的因素就是意外停机，一次停机将会导致整条流水线停止工作，造成数百万甚至千万的损失。生产设备一旦出现故障，若未能及时发现和解决，就会影响正常的生产运行，甚至会导致灾难性事故发生。据调查，设备的 60% 的维护费用是由突然的故障停机引起的，即使在技术极为发达的美国，每年也要支付 2000 亿美金来对设备进行维护，而设备停机所带来的间接生产损失则更为巨大。提高制造设备的运维水平，可以提早发现设备运行中出现的故障隐患，能为企业带来巨大的经济效益。英国对境内 2000 家工厂调查后发现，企业使用故障诊断系统后，每年的设备维修费用可减少约 3 亿英镑，而所需成本仅为 0.5 亿英镑。国内四川泸州天然气公司在使用大型回转机械故障诊断与监测系统的几年里，化肥生产机组在大修中的开缸率由 89% 降至 57%，产生经济效益数千万元。因此保证设备的安全稳定运行，对设备状态进行监测，及时维护维修，对企业的经济效益和工作人员的人身安全具有重要的意义。

制造企业的设备都分布在生产现场中，不同企业的设备维护能力参差不齐，有时即使是一些很小的故障都要求生产厂家千里迢迢赶来维修，造成维护成本的增加和资源的浪费。由于设备集成化程度日益增加，系统组成日益复杂，对于一些非常见故障的诊断将比较困难。如果能够通过协同分析的方法，建立远程运维系统，集中所有故障诊断专家的理论及经验，集成故障诊断知识库，积累大量的设备历史数据并进行智能分析，对于提高现场设备在线诊断的及时性与准确性、提高设备的可靠性与可维修性具有非常重要的意义。下面分几个方面介绍：

（1）提高设备的整体管理水平　远程运维通过对设备健康状态进行监测，可以根据设备的运行状态更为高效地安排设备的生产任务。远程运维可以对设备运行剩余寿命进行较为准确的预估，在设备出现故障前主动对设备进行保养，使工厂可以根据生产计划灵活地安排停机维护时间。远程运维借助故障诊断技术，可以实现对设备故障准确定位，对于大型复杂的设备来说，这可以极大地提高维修效率。可见远程运维在提高设备整体管理水平方面起到了重要的作用。

（2）提高产品质量　产品的质量由设备的状态决定，如果设备在故障状态下工作，不仅对设备本身有损伤，也无法保证设备加工的精度，导致产品质量下降。远程运维可以对设备的运行状态进行有效的监控与及时的维护，使设备保持在健康状态，提高产品的生产质量与稳定性。

（3）提高企业的经济利益和社会效益　现代化的工业生产所体现的突出特点是机械设备大型化、连续运行时间长、高度智能化和高度经济化。远程运维技术借助协同分析的方法，在云端集成故障诊断大数据知识库，充分利用远程专家的技术支持和共享数据，避免了异地维护时不必要的维护成本增加和资源的浪费，提高企业的经济效益。同时，远程运维大幅提高了设备维护的准确性与及时性，将生产过程中重大事故发生的可能性降到最低，对提高企业生产效率、社会效益，推动国民经济的稳定协调发展具有极其重要的意义。

8.1.2　远程运维技术发展历程

自工业化大生产至今，设备的维修已经经历了三个阶段：事后维修、预防维修和预知维修。

（1）事后维修阶段　在20世纪以前，工业技术水平还比较落后，生产规模也较小，生产设备也相对简单，因此生产设备故障带来的危害也没有得到人们的重视和关注。当时只有在设备发生故障之后才会进行诊断和维修。这就是设备维修的最初阶段——事后维修阶段。

（2）预防维修阶段　20世纪初到20世纪80年代，随着各个行业生产规模的不断扩大，技术水平的不断进步，特别是各种流水生产线的诞生，设备发生故障后的危害和停机后造成的损失显著增加，这就迫切要求人们改进维修体制。于是人们根据经验和统计规律确定了设备的维修周期，在设备发生故障之前就提前进行整体检修和维护。这大大降低了设备的故障率，一定程度上减少了企业因为设备故障停机而造成的经济损失。这就是所谓的定期预防维修。

然而这种维修方式也存在弊端，因为维修周期是根据经验和统计规律确定的，具有很强的随机性，即可能造成维修不足或维修过剩。

（3）预知维修阶段　20世纪80年代以后，随着计算机技术在工业生产中的广泛应用，生产的自动化程度不断提高，而生产设备也不断朝着大型化、集成化、复杂化方向发展。因此对设备维修的要求也越来越高，人们迫切地希望能够解决三个问题，第一个是设备状态监测问题：如何实时地确定设备的工作状态？第二个是故障诊断问题：如何对大型复杂设备的故障位置进行快速定位？第三个是预测性维护问题：针对预防维修阶段所涉及的维修周期，如何利用设备上的信息计算出具体的故障发生前的剩余时间，即设备的剩余寿命。

一方面，计算机技术、网络技术和大数据技术的不断发展，为设备的状态评估、故障诊断及剩余寿命预测提供了良好的条件。利用人工智能技术对设备的状态进行评估、剩余寿命进行计算，利用信号的时频域分析、模式识别技术确定设备的故障位置与故障原因，已经成为设备故障诊断的发展趋势。

设备状态评估是通过采集设备各个部位的实时信号，结合设备的历史数据，采用建立模型、设定阈值等方式判断设备的实时工作状态，确定其处于正常状态、不良状态或故障状态，从而针对设备的不同状态采用不同措施，以保证设备的正常稳定运行。

设备的剩余寿命是对维修周期的“升级进化”，依据状态评估的信息，结合传统力学方法、微观理论、人工智能等方法，以该种设备的历史数据为基础，计算出距离故障发生的时间，从而适时地对设备进行维护和修整，避免了预防维修阶段的维修不足和维修过剩的弊端，大大减少了设备的停机时间。

另一方面，设备的大型化和复杂化对设备维修人员的素质水平有了更高的要求，甚至有些故障需要专家去解决。在故障发生后，且专家无法第一时间到达现场时，企业将产生巨大的经济损失。这就迫切地需要一个远程的故障诊断系统来实现设备的状态评估、故障定位、剩余寿命预测等功能。随着互联网技术的发展，许多基于 Web（全球广域网）的新技术不断涌现，将 Web 技术应用于大型设备的运维系统中。人们通过远程运维方法，对设备的整个生命周期进行监测，并对设备故障进行诊断和预测。通过现场的数据采集设备采集出工业现场设备的运行状态，并建立远程故障诊断平台，在云端集成大数据中心、智能诊断系统、专家诊断系统等，设置专用的接口，通过 Web Service 技术接收从各现场数据采集设备传送过来的数据，集成各种智能算法分析，从而诊断出复杂的故障，提高故障诊断的准确性与及时性。

远程运维与常规运维的区别见表 8-1，从表中可以看出，与目前采用的常规运维相比，远程运维在掌握状态信息的全面性、状态诊断的准确性、设备的可靠性、设备维护的经济性、产品质量的稳定性等各方面均有质的变化，是设备运维的发展方向，具有很好的先进性。

表 8-1　远程运维与常规运维比较

比较内容	远程运维	常规运维
状态信息	基于自动检测，实时连续获取状态 数据准确客观，表征参数齐全，数据保存完整有效	基于人工获取状态信息，数据无法实时连续获取 数据质量取决于人员经验，许多关键参数无法获取，数据保存依靠人员觉悟
信息共享	设备状态、生产过程参数、产品质量参数、运维状态等信息有机融合，各项参数均可共享	设备、生产、质量、运维等各系统相对独立，信息共享性差
数据分析	历史数据齐全，可做准确的趋势管理，可进行大数据分析	数据不全，定性数据多，定量数据少，无法做趋势管理和大数据分析，数据缺项多
异常判断	具有多级预警、基于数据特征的自动诊断能力，可形成知识库	依靠人工分析，基于人员经验

（续）

比较内容	远程运维	常规运维
运维及时性	状态异常实时发现，异常状态及时快速处理	无实时数据，发现问题基本依靠事后维修
运维针对性	依据故障判定及预测准确性解决设备问题	设备状态掌握不全面，只能依靠经验安排运维项目，针对性不强
设备故障率	通过整体产线的检测，使产线各部分相互协调匹配 通过状态诊断和预测，将故障处理在萌芽阶段，防止设备发生故障	产线状态随着应用时间及维修次数的积累而变差，设备相互协调匹配性不能保障。易发生故障
维修模式	预测状态维修、维护	事后维修
人员效率	用在线监测替代人工监测，用智能诊断替代人工数据分析，人员效率大幅度提高	人工完成状态监测、判断、分析任务，效率低下
运维可视化	对状态监测信息进行可视化展示，人机交互友好	无可视化
远程支持	通过网络实现远程运维，信息可通过手机、电脑等方式共享，无论专家在哪里，都可通过网络进行远程运维与技术支持	设备发生了异常，设备人员必须进行现场处理，无远程支持功能

如今，远程运维已经变成了一种新的服务模式，将运维服务集中化、共享化、智慧化，通过汇聚全球监控中心的专家团队对设备运行数据、运维数据、环境监测数据进行收集、存储和深度挖掘，提供设备工况、环境安全的预测分析和预警，以此来保证设备的稳定运行。

实现远程运维服务，首先要实现设备物联化、监控在线化、诊断智能化、维护服务协同化，需要智能化技术和设备的改造与运用，将信息传感设备与互联网连接起来进行信息交换，为远程运维信息数据的搜集、分析等提供服务基础。远程运维服务面临着海量的数据，能否对数据进行快速、精确处理与分析，决定着远程预警、检修和诊断的成败。因此，企业在提供远程运维服务时，一方面需要建立大数据和云计算平台，将运行数据、运维数据、环境监测数据输入到数据库进行存储，运用云计算技术对数据进行深度挖掘、关联分析、智能分析，实现自动运行调整及策略优化，自动执行故障诊断、故障排除与维护任务；另一方面需要建立信息共享平台，在保证信息数据安全的条件下，实现数据平台的互联互通，数据的共享应用，为运维服务的每个环节（包括第三方服务机构）提供数据支持。

8.1.3 远程运维定义与核心技术

远程运维集成应用工业大数据分析、智能化软件、工业互联网等技术，建设设备全生命周期管理平台，并对智能设备进行远程操控、健康状况检测、设备维护方案制订与执行。远程运维通过工业互联网远程采集设备数据，采用先进的分析算法对数据中的隐性知识进行挖掘和建模，并在制造过程中识别、预测和避免问题。远程运维技术的核心一般分为故障诊断和预测性维护两类，下面分别进行介绍：

1. 故障诊断技术

什么是故障？可以从系统工程的“功能-结构-行为”的角度进行定义。这里的功能是广义上的功能，包括系统的功能与相应的性能；结构是指系统的组成；行为是指系统的运行表现。故障就是指系统结构上的问题（包括系统组成关系和组成元素问题）导致系统在行为上无法达到预定的功能的现象。故障诊断技术主要是针对设备故障的诊断，是指在设备运行中，应用检测手段来判断设备的性能状态，并对诊断对象发生的故障和异常进行识别和确定的工作。故障诊断技术研究的直接目的是为了提高诊断的精度和速度，降低误报率和漏报率，确定故障发生的准确时间和部位，对运行中的设备出现故障的机理、原因、部位和故障程度进行识别和诊断，并根据诊断结论，进一步确定设备的维护方案或预防措施。故障诊断方法可分为基于模型的方法、基于信号处理的方法和基于知识的方法。

（1）基于模型的方法　基于机理模型的故障诊断方法主要是通过仿真的方法构造观测器，进而对系统的表现进行模拟和估计，然后将它与系统的实际表现作比较，从中取得故障信息。基于解析模型的故障诊断方法从结构出发，通过对系统结构进行分析，对系统建立精确的数学模型，从而对故障进行识别。但随着现代设备的不断大型化、复杂化和非线性化，往往很难或者无法对系统建立精确的数学模型，从而大大限制了基于模型的故障诊断方法的推广和应用。

（2）基于信号处理的方法　当可以得到系统的行为状态，但很难对系统的结构进行直接分析时，可采用基于信号处理的方法。基于信号处理的方法是一种传统的故障诊断技术，通常利用信号模型，如相关函数、频谱、自回归滑动平均、小波变换等，直接分析可测信号，提取诸如方差、幅值、频率等特征值，识别和评价机械设备所处的状态。

（3）基于知识的方法　这里的知识一般指专家的经验知识。在解决实际的故障诊断问题时，经验丰富的专家进行故障诊断并不都是采用严格的数学算法从一串串计算结果中来查找问题。对于一个结构复杂的系统，在其运行过程中发生故障时，人们容易获得的往往是一些涉及故障征兆的描述性知识，以及各故障源与故障征兆之间关联性的知识，尽管这些知识大多是定性的而非定量的，但对准确分析故障能起到重要的作用。经验丰富的专家就是利用长期积累起来的这类经验知识，快速直接地实现对系统故障的诊断。

2. 预测性维护技术

目前在制造企业中，无论是维修还是定期维护，其目的都是为了提高制造企业设备的开动率，从而提高生产效率。故障诊断技术的应用大大地缩短了确定设备故障所需的时间，从而提高了设备的利用率。但故障停机给制造企业所带来的损失还是非常巨大的。如在 IC 产业，其生产线初期投资一般为 17 亿美金左右，而其有效生产周期只有 3 ~5 年，若生产线发生故障停机，不仅会使整个生产线上正在加工的半成品全部报废，而且会严重影响其投资回收速度。预测性维护技术的应用进一步提高了企业设备的开动率，并且随着技术的发展，其可使企业制造设备的故障停机率几乎降到零。

预测性维护（Predictive Maintenance，PM）是基于连续的测量和分析，预测诸如机器零件剩余使用寿命等的关键指标。关键的运行参数数据可以辅助决策、判断机器的运行状态、优化机器的维护时机。预测性维护根据当前监测状态数据与历史数据，预测设备在现在与未来发生某一类或若干类故障的时间与风险，便于有计划地对设备进行预测性维护，提高设备的可靠性与安全性，降低故障发生的风险与维护成本。

预测性维护方法包括基于机理模型的预测方法和数据驱动的预测方法等。

（1）基于机理模型的预测方法　基于机理模型的预测性维护方法是对系统的机理进行

分析，通过对系统进行实验，或者利用力学、材料学的方法进行分析，建立系统的关键指标的变化趋势模型，进而预测系统的剩余使用寿命等关键指标。比如1963年美国人帕里斯在断裂力学方法的基础上，提出了表达裂纹扩展规律的著名关系式——帕里斯公式，他用断裂力学的方法建立了机械设备裂纹扩展规律的公式，可以有效地预测裂纹扩展寿命。由于物理学模型是针对特定设备或功能模块，需要供应商或厂家做许多复杂的统计与建模，而且模型的通用性很差，因此在实际应用中，针对不同的复杂机械系统建立精确的物理模型在通常情况下都是一件非常困难的事情。

（2）数据驱动的预测方法　数据驱动的预测方法能很好地解决基于机理模型的预测方法的问题。部件或系统的设计、仿真、运行和维护等各个阶段的测试、传感数据是掌握系统性能下降情况的主要依据，可以从这些表征系统性能的大量数据中提取有用的信息，进行系统行为预测。数据驱动的预测性维护方法将系统内部结构视作一个黑箱，基于系统运行的状态数据，对系统的行为与功能的关联关系进行建模，预测系统在未来一段时间的性能发展趋势。

数据驱动的预测主要基于统计学理论和人工智能理论进行建模，在预测性维护领域内被广泛使用的数据驱动预测方法主要有基于比例风险模型的预测、基于连续退化过程的预测、基于神经网络的预测等。比例风险模型的建立考虑的是监测到的状态是影响系统失效概率的因素，该方法的思路是建立起系统失效概率与系统监测状态和系统运行时间之间的函数，进而预测系统的性能变化。基于连续退化过程的预测是在已知系统退化状态故障阈值的基础上，将系统的健康状态建模为连续的退化过程进行寿命预测。基于神经网络的预测方法是通过在系统的输入和输出之间构建特定的函数关系，从而预测系统的关键指标。

8.2 远程运维系统架构

远程运维系统结合设备状态监测技术、故障诊断技术、预测性维护技术和计算机网络技术，在重要关键设备上建立监测点，采集设备的状态数据，用若干台中心计算机作为服务器，建立设备状态的网络分析中心，对设备进行远程的状态监测，并集中对采集的状态数据进行识别与预测，从而实现高效维护的目的。

典型机械制造工厂的远程运维系统结构如图8-1所示，远程运维系统在现场采集设备运行状态数据，通过Internet和Web Service协议传递给远程诊断平台，平台在获取到设备状态数据之后，基于设备的历史状态数据库与知识库，利用故障诊断技术与状态预测技术识别与预测设备的运行状态；设备专家与维护人员可以通过远程服务终端对设备的运行状态进行监测和观察，在远程诊断平台诊断遇到困难时，诊断专家通过远程指导对现场设备进行维修指导，从而完成设备的维护工作。

远程运维系统特性一般有：

在线监测与诊断功能特性、高可靠性与维护性、对多种设备的适用性、开放性和扩展性、大量数据的存储与管理特性、故障诊断的实时性与准确性。

远程运维系统一般具有如下功能：

1）实时采集现场设备运行状态数据并传输到数据库中，并将采集的数据经过数据处理后进行存储与分析。

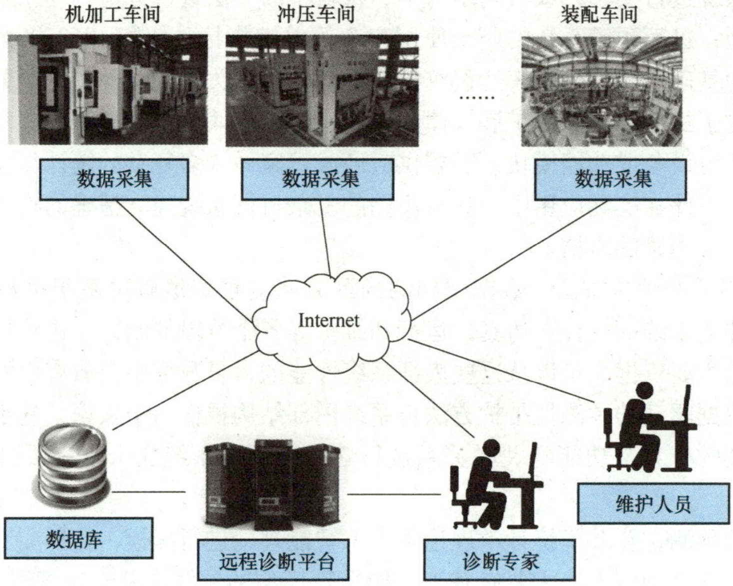

图 8-1　远程运维系统结构

2）通过健康指数、图表、报警提示和结果报表等形式，向公司的技术、管理人员以及设备现场的操作、维修人员实时展示设备的运行状态。

3）通过对设备进行状态监测和故障诊断，对发生异常的部位发出预警，利用智能的故障诊断算法诊断出设备可能出现的故障，为维修人员提供相应的解决方案或维修建议。

4）通过对设备零部件的未来工作状态进行预测分析，预估其剩余寿命，跟踪故障发展状况，预防设备的可能故障，从而提高设备的健康状况。

因此，远程运维系统可对设备进行远程状态监测、异常报警和故障诊断等功能操作，并为现场维修人员提供专家级维修及维护建议，进一步提高设备的健康状况，降低故障发生率以及因故障而引起的不必要的人员、财产损失。

8.2.1　远程运维系统的组成

远程运维系统是保证设备正常运行、提高设备工作效率和延长设备使用寿命的重要手段。系统包含三个部分，如图 8-2 所示：第一部分是数据采集系统，通常称为下位机；第二部分是设备监测诊断系统，通常称为上位机；第三部分是数据通信网络。这三个部分的功能作用各不相同，但是构成了一个完整的远程运维系统，完成对设备的监测、诊断与维护。下面对三个组成部分进行简单介绍：

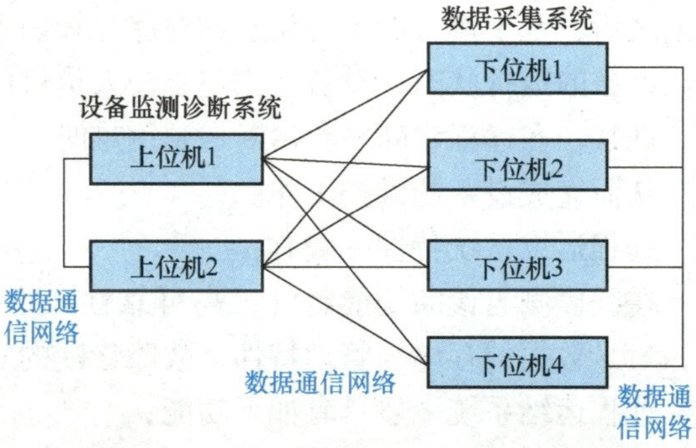

图 8-2　远程运维系统的组成

（1）下位机　下位机是现场直接控制设备获取设备状况的装置，一般来说是各种智能设备。下位机面向底层设备，接收上位机发出的相关命令，然后将这些命令转化为相应的信号直接控制相应的底层设备。下位机与实际工作现场的检测控制设备相结合，不间断地读取现场设备的各种状态数据、工艺参数，并把这些信息转换成数字信号，通过各种通信方式反馈给上位机。常见的下位机有 PLC、单片机、远程终端单元（Remote Terminal Unit，RTU）和各种智能仪表等。

（2）上位机　上位机是指人可以直接发出操控指令进行集中管理监控的计算机。上位机面向管理级用户，它通过网络与现场的下位机通信，获得现场设备的各种状态数据，在屏幕上以图形、报表等形式显示各种信号的变化。计算机对数据进行处理分析后，会告知用户设备的当前状态是否正常，当现场设备出现问题时，上位机就会发出警告，提醒用户现场设备已经发生异常应该尽快维修处理，从而实时监控现场设备运行状态，及时进行维修维护。从下位机发送过来的各种数据可能会由上位机存储在数据库中，也可能通过各种网络传输到不同的监控平台上进行监测分析。

（3）数据通信网络　数据通信网络在运维系统中是必不可少的部分。数据通信网络实现了远程运维系统中多个部分之间的通信，如下位机各个设备之间的通信、上位机之间的通信、上位机与下位机之间的通信等。

远程运维系统主要有数据采集与传输、数据存储与分析、智能诊断与远程维护等功能，下面对主要功能进行介绍：

（1）数据采集与传输　数据采集是指利用传感器和其他测量元件从模拟和数字的被测单元中采集信息的过程，是远程运维系统的基础。为了监控生产过程中的设备状态，需要采集被监控设备的大量状态参数。因为下位机一般不具有数据记录和存储功能，只有上位机才能记录和保存大量的数据，所以当作为下位机的数据采集装置完成设备参数的采集以后，需要把采集到的数据通过数据通信网络传输给上位机，并由上位机对这些数据进行后续的分析和处理。数据采集与传输过程如图 8-3 所示。

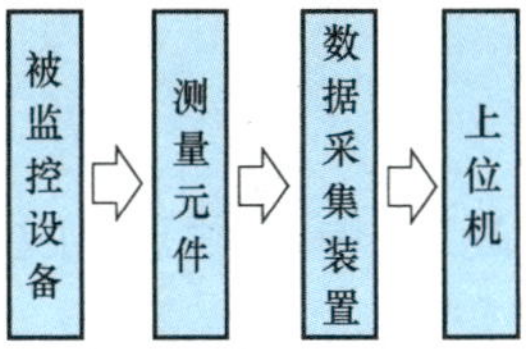

图 8-3　数据采集与传输

（2）数据存储与分析　为了记录设备长时间运行过程中的状态数据，为智能诊断功能提供大量的历史数据，上位机收到下位机传输的数据后，必须把这些数据准确无误地进行存储，为后续的数据分析奠定基础。

当采集到的设备状态数据存入数据库以后，远程运维系统就要对数据进行分析。数据分析的目的是把隐藏在大量数据中的潜在信息集中萃取提炼出来，找到所研究设备对象的状态信息及其内在规律，为故障诊断和状态预测提供依据。系统通过提取特征参数、应用一系列简单或复杂的数学算法，对设备运行的状态信息进行有针对性的分析，从而掌握设备的实时工作状态，进而实现设备的故障诊断、状态预测等功能。

（3）智能诊断与远程维护　由于如今的工业设备往往是复杂的机、电、液一体化系统，难以获得设备对象的精确数学模型，很难描述故障诊断的规则，传统的故障诊断技术很难满足设备运维系统的要求。智能故障诊断系统不需要设备对象的精确数学模型，可以实现设备状态识别与状态预测。基于知识的智能故障诊断算法，在知识库的基础上，根据观察到的状况，结合领域知识和经验，推断出系统、部件或零件的故障原因，以便尽可能地发现和排除故障，以提高系统或装备的可靠性。常见的基于知识的智能故障诊断算法包括专家系统、故障树等。数据驱动的智能故障诊断算法利用系统存储的大量离线数据，通过统计分析、信号处理等方法提取数据特征，并利用模式识别算法对提取的数据特征进行识别、分类，最终建立智能故障诊断模型，基于设备运行状态信息识别故障。常见的数据驱动的故障诊断算法包括人工神经网络、支持向量机、主成分分析法等。

基于现场的设备运维系统在一定程度上会受到人力、技术和地域的限制，不能完全适应现场的需求。而远程运维系统可以在技术较强的公司内部或其他拥有较多专家和工程师的单位建立远程监控分析中心，以实现对现场运行设备的远程监控、预警、故障诊断、剩余寿命预测和远程维护的功能。机载监控中心的设备监测诊断系统通过通信网络将底层设备的状态数据传输给远程监控中心，远程监控中心就可以在异地对现场设备的运行状态进行监测、诊断与预测，为现场设备提供远程报警、预警，给出专家级别的设备维修指导与维护建议，从而实现远程维护。机载与远程监控中心远程通信示意图如图 8-4 所示。

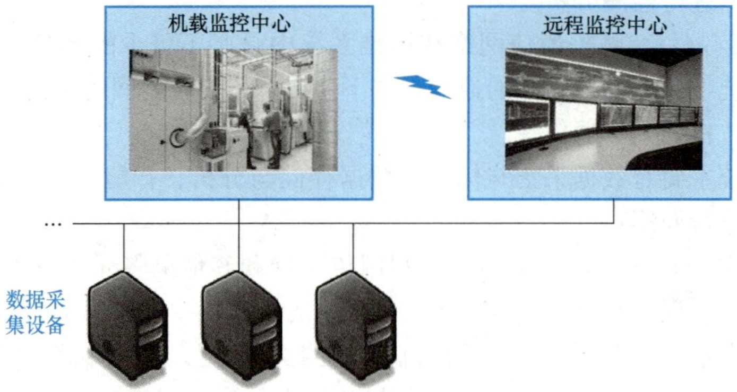

图 8-4　机载与远程监控中心远程通信示意图

8.2.2　基于状态的远程运维系统架构

基于状态的维护（Condition Based Maintenance，CBM）架构是远程运维系统中常用的架构。CBM 的核心思想是在有证据表明故障将要发生时才对设备进行维护。这种维护方式根据状态监测、故障诊断分析结果，并结合设备运行的实际状况，确定检修时间，再安排停机检修。这样可以节省人力、物力和财力，减少不必要的损失，是延长设备运行周期、提高生产率和增加企业经济效益的有效途径。GB/T 26221—2010《基于状态的维护系统体系结构》指出，设备的监测诊断与维护是保证设备正常运行、提高设备工作效率和延长设备使用寿命的主要手段。

CBM 架构是通过对设备工作状态和工作环境的实时监测，借助人工智能算法等先进的计算方法，诊断设备的健康状况并为现场操作人员提供评估结果，预测系统的剩余寿命以便维修人员合理安排设备的维修调度时间。CBM 方法根据设备的实际运行状态确定设备的最佳维护时间，降低设备全生命周期费用，增加设备的稳定性。CBM 架构涉及众多学科，如传感器技术、人工智能技术、计算机软件技术等。

CBM 架构如图 8-5 所示，除图示主要功能外，CBM 架构还有发出警告、数据流动控制和管理、历史数据存取和管理、系统配置管理、人机界面管理等功能。

如图 8-6 所示，CBM 层次模型中共有 7 层，即数据采集层、数据处理层、状态监测层、

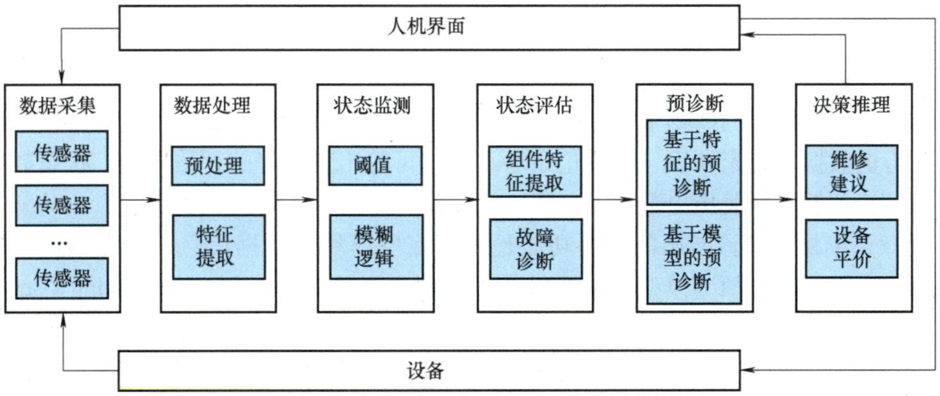

图 8-5 CBM 架构图

健康评估层、预诊断层、决策支持层、表示层。CBM 层次模型也反映了 CBM 架构的数据流向，由传感器的数据采集开始，数据流经各个不同功能的中间层模块并被处理，然后在决策支持模块，设备的故障原因和维护时间被确定，最终被送到表示模块表示出来。

CBM 层次模型的各个层级分别具有如下功能：

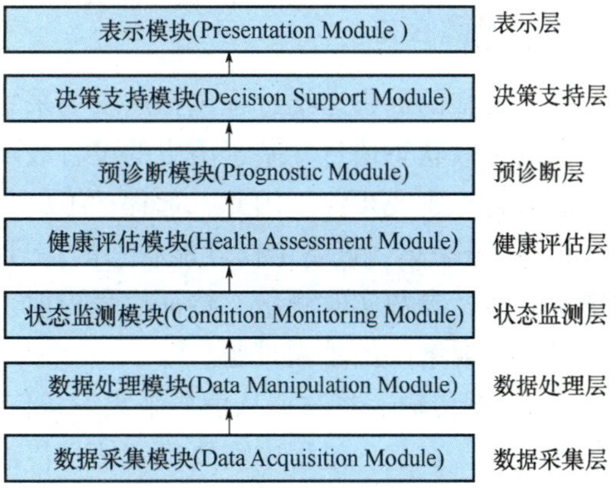

图 8-6 CBM 层次模型

（1）数据采集层　数据采集层负责采集现场设备上的实时数据，为其他模块提供现场的数据信息。数据采集层可以从底层设备采集数据后，结合历史数据，输出整理后的采集数据；数据采集层不仅可以通过传感器协议标准实现与传感器的通信，也可以实现对采集到的数据的本地存储，以及向其他 CBM 层传输数据。

（2）数据处理层　数据处理层可以完成单多信道的数据处理任务，负责对数据采集层的输出数据进行预处理，如特征提取、数据清洗、数据融合等。特征是从数据当中抽取出来的、与判断某一事物的状态或属性有较强关联的、可被量化的指标。例如在零件识别过程中，首先要提取零件的几何形状、颜色等相对具体的特征，再对这些特征进行匹配，从而实现零件的识别。数据处理层中的特征提取就是从采集到的大量高维度的状态数据中提取出能够表述设备状态的特征信息。数据清洗包括对采集的信号数据进行降噪、滤波、缺失值处理、清除异常值等操作，使信号数据可以直接使用。数据融合是将不同来源、不同类型的数据按照一定的规则融合在一起，使数据更为丰富。

（3）状态监测层　状态监测层内有多个状态监测模块，状态监测模块主要负责将数据采集、数据处理层的输出数据与系统工作限定值进行比较（阈值比较），也可以完成简单的报警功能。

（4）健康评估层　健康评估层的主要功能是对监测系统、子系统、组成部件的当前状态与性能衰退情况进行评估。如果系统的性能处于衰退期，模块则产生一些诊断记录，描述一些故障迹象和可能发生的故障情况。健康评估模块在进行系统评估时会考虑系统的历史趋势、操作状态、维护历史和系统运行负载等因素，通过借助诊断推理、人工智能等技术搭建知识模型、数据驱动模型，基于历史数据调整模型结构、参数等，实现对状态参数的健康状况识别。健康评估模块的数据来源包括状态监测模块的实时和历史数据、其他健康评估模块的实时和历史数据、专家知识、维修记录等。最终可输出建立好的评估模型、状态数据的性能评估结果，并保存相关历史数据。

（5）预诊断层　预诊断层的主要功能是根据底层模块的数据信息、历史数据、先验知识、维修信息等，建立预测模型，来推断设备的剩余有效工作时间（Remaining Useful Life，RUL）。

（6）决策支持层　决策支持层的主要功能是基于底层模块的数据、设备运行的历史数据、决策历史纪录、系统任务目标等信息及当前的资源、技术等限制，提供推荐的系统维护动作和指令，其中包括维护调度指令、配置修改操作等，并对决策信息进行保存。

（7）表示层　表示层主要作为和用户交互的接口，可以从其他各层的模块中提取数据进行可视化展示或提供图形化操作给用户，包括报警信息的推送、用户对系统信息的可视化存取管理、人机接口的显示等。

8.2.3　关键技术

一个完整的远程运维过程包括从现场采集信号，对采集到的信号进行筛选和处理得到设备运行的有效状态信息，基于历史的设备故障数据与知识库信息，利用诊断方法对设备的故障信息进行识别或预测。因此，远程运维的关键技术主要包括如下几种：

1）信号采集。设备工作性能状态的信号采集是故障预测和诊断的前提。设备性能状态的准确表达、参数实时测量、特征信号提取，以及如何用最少的传感器获取最多的设备状态信息是首先要解决的重大难题。

2）数据传输。将数据从信号采集设备传递到远程故障诊断、预测平台上的过程就是数据传输过程。在这一过程中需要确定信号传输的格式与标准。只有制定统一的传输标准，才能保证故障诊断系统的信号能够被完整识别。现在常用的传输方式有很多，基于 BUS 总线的传输、使用 TCP/IP 协议或 OPC 协议的传输在实际应用中都有体现。

3）数据处理。读取设备的状态信号后，由于这些原始信号可能过于凌乱或者包含一些无用的信息，因此不能够直接用于故障诊断系统的智能诊断过程，这就需要对信号进行二次处理。数据处理可以在原始信号中提取出有用的特征信息，利用这些特征信息进行分析诊断会提高分析效率与准确性。数据处理方法一般有傅里叶变换、小波变换、滤波等。

4）知识库和数据库设计。远程运维依赖数据库和知识库支撑。一般的制造系统对性能数据和故障数据的积累往往不够多，严重影响了性能预测和故障诊断的精准性，因此建立设备的性能和故障数据库十分关键。知识库的设计、开发和使用维护是一个非常复杂的过程。在知识库的设计阶段，主要面临的是知识的收集获取以及知识的表达问题；在知识库的开发阶段，主要面临的是知识的内部编码以及知识的使用问题；在知识库的使用维护阶段，主要是知识的维护管理和知识的优化问题。

5）智能故障诊断方法及智能状态预测方法。常规的诊断与预测方法往往不能满足目前设备复杂、故障知识多的特点，很难对已有故障知识做充分的利用，因此采用智能诊断与预测方法建立一套故障诊断、状态预测系统十分关键。目前一般采用数据驱动的方法面向故障诊断、状态预测进行建模。通过人工智能技术，基于设备的历史信息训练模型，提高模型的诊断与预测能力。

8.3 典型案例

8.3.1 宝钢远程运维案例

作为我国国民经济的基础性工业，冶金行业的设备系统普遍具有大型化、复杂化、高度自动化、连续化的特点，保障设备运行的可靠性与功能精度是流程工业设备管理的核心目标，设备运维水平的高低直接决定了流程企业的竞争力。

宝山钢铁股份有限公司（简称“宝钢”）是全球领先的现代化钢铁联合企业，其工厂设备包含了钢铁、化工、电力等不同行业的流程设备。宝钢连铸产线作为典型的流程产线，是钢液转化为钢坯的关键生产环节，也是钢铁产品质量提升的瓶颈，其设备结构复杂、工况恶劣、精度要求高、工艺复杂，是复杂机电一体化设备系统的典型代表。

连铸产线设备不仅庞大，而且工作环境恶劣，板坯在连铸机内由液体凝固成为固体，连铸机不仅要承受板坯的高温，还要承受冷却水的冲刷。宝钢之前使用的运维系统普遍采取定期维护、定检维护和事后维护的策略，往往导致过度维护或维护不足，定检维护对关键点维护无能为力，事后维护对突发或偶发故障又缺少有效预警。连铸产线的设备状态信息的获取大都依靠点检技术人员在设备现场通过手动的方式测试获得，点检人员在各个状态受控点进行人工数据采集，工作强度非常大，人身安全时刻受到威胁。而且这些设备现场大都环境恶劣，分布分散，许多地方人员无法进入，造成了人员工作强度大、提取的设备状态数据量少、时效性低，这已经成为关键设备状态信息获取的瓶颈。同时，生产线设备缺乏对故障历史数据与知识的积累，建立设备数据中心与决策服务中心势在必行。

要想实现设备全生命周期远程运维服务，必须集中汇聚各类设备运行数据、管理过程数据，集成应用工业大数据分析、智能化软件、工业互联网等技术，优化一系列过程决策机制，建设面向设备全生命周期的远程运维平台，才能提供智能装备（产品）远程操控、健康状况监测、设备维护方案制订与执行、最优使用方案推送、创新应用开放等服务，实现运维模式的转型。

宝钢针对连铸产线的运维需求，建立了基于云平台的智能远程运维平台，总体架构如图8-7所示。设备全生命周期的远程运维平台通过确定主要设备类别的状态数据采集策略，集成多专业融合的设备状态在线监测系统，汇集离线精密诊断结果，改进设备监测模式；建立运维数据分析处理中心，综合运用数据处理方法对采集的数据进行存储、计算，为故障诊断和状态预测提供数据基础；利用基于机理的、基于大数据分析的数字化模型作为智能诊断机制的诊断依据，平台共享功能组件确立基于各类数据智能判断的运维业务决策机制，建立设备运维新流程，实现状态诊断结果的应用、评价及知识积累；状态判断结论和处理方案最终通过APP推送给用户，为精密诊断、专业检测、点检管理等维护和管理提供依据。该远程运维平台的建立和应用提高了设备故障控制能力，提升了劳动生产效率，降低了设备综合维修成本，推动向状态预知维修策略的转变。

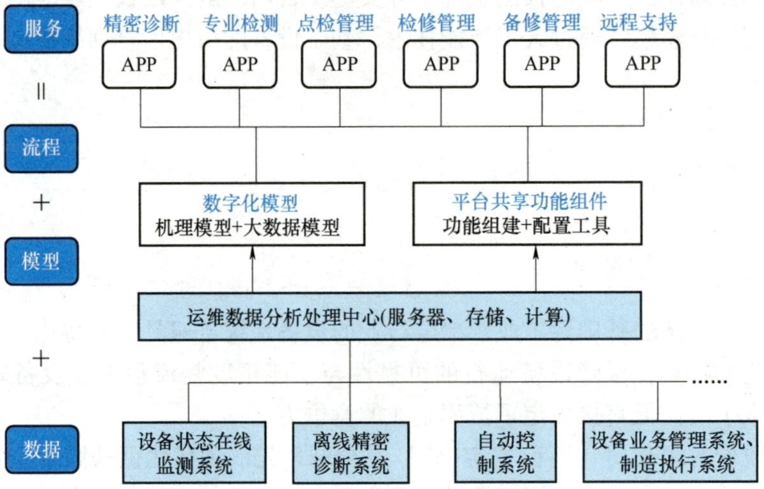

图 8-7 远程运维平台总体框架

图 8-7 所示远程运维平台总体架构由数据采集层、分析处理层、平台服务层和应用 APP 层构成，各层面的主要组成与功能如下：

（1）数据采集层 数据采集层主要是通过物联及互联技术获取设备状态运行数据及其他相关数据，主要是连接各生产区域的设备状态在线监测系统、离线精密诊断系统和自动控制系统等，采集设备运行状态数据及相关的工艺过程数据。此外，还建立与相关业务系统的数据交换通道，如备件采购供应、质量一贯管理等系统，获取相关的业务管理过程的数据，为设备状态、生产过程或产品质量给出报警、指导、分析等功能创造条件。

（2）分析处理层 分析处理层主要以运维数据分析处理中心为基础，针对工艺参数和设备运行数据等多源时域、频域数据进行融合分析，对设备状态进行及时决策，为设备状态智能诊断、综合诊断的数据分析提供技术支持，从而实现故障的准确预报和精确定位。

运维数据分析处理中心存储并处理来自数据采集层、平台服务层的各区域服务器及相关专业业务服务器等的数据，负责对与设备状态相关的各类数据应用存储、计算、分析、运行各类算法，得出对应的分析结果，并为业务应用模块提供相应的数据支持。业务应用能够根据分析结果以报表、图表等各类展现形式进行对外展现，从而支撑管理部门达到设备健康运行、故障提前发现处理、降低维护成本的目的。运维数据分析处理中心主要的功能架构如图 8-8 所示。

（3）平台服务层 平台服务层主要由数字化模型和平台共享功能组件组成。平台共享功能组件是以设备远程运维为目标，实现设备状态信息与相关工艺过程信息相关联，形成包含智能模型判断、专家知识决策和业务流程管控等要素，贯穿于运维全过程的服务功能组件，并采用微服务的架构，达到技术领先、易于使用、灵活配置、快速实施、开放可扩展的要求。平台共享功能组件的构成如图 8-9 所示。

平台服务层还配置数字化模型，实现设备状态的智能判断。数字化模型分为基于机理的模型和基于大数据分析的模型。机理模型包括如风机、泵、齿轮箱等机电设备的常见故障（轴承、齿轮、转子等）的智能诊断模型，采用人工智能手段，实现故障特征的智能化处理，自动给出故障的部位和程度，触发相关的检修项目或计划生成实施。大数据模型是在实

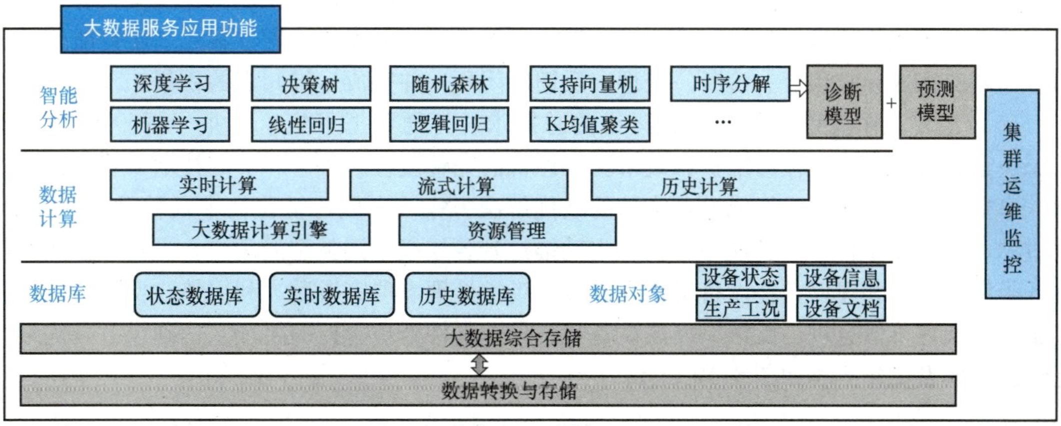

图 8-8 运维数据分析处理中心功能架构

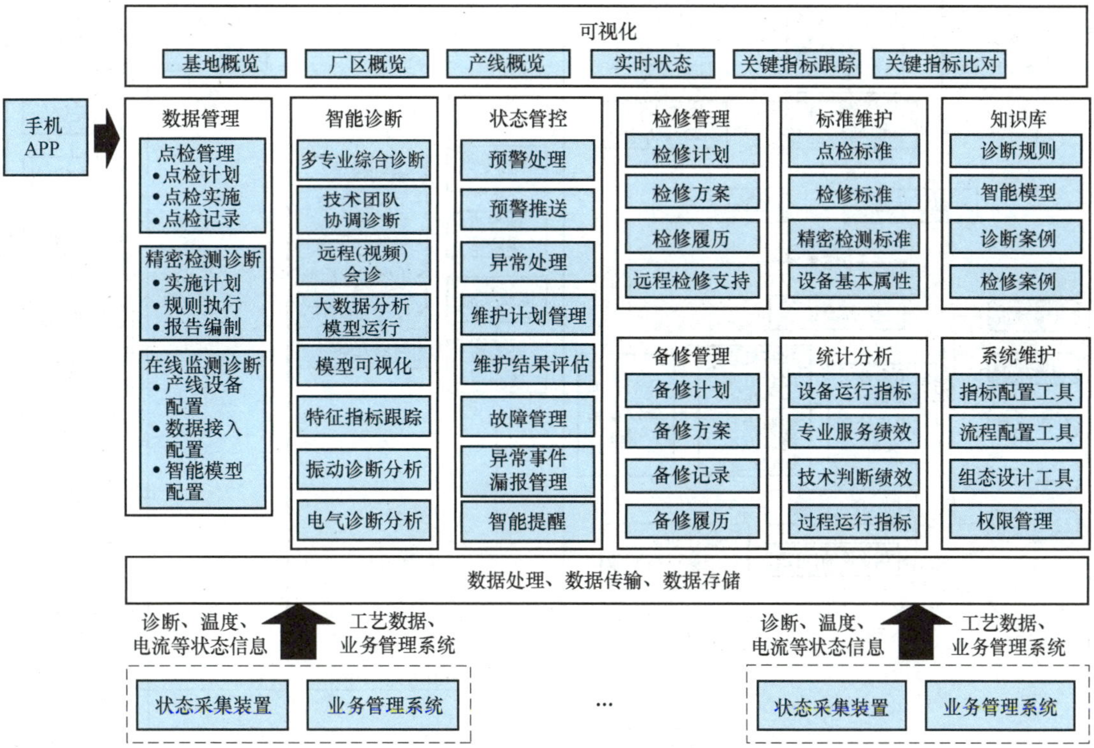

图 8-9 平台共享功能组件构成

现设备状态、故障履历、检修履历数据聚合的基础上，采用大数据并行计算系统对大规模设备数据进行预处理工作。进而采用大数据智能算法（包括人工神经网络、支持向量机、深度学习等）对数据进行训练从而建立数据驱动的故障预警模型，对实时状态数据进行自动判别。

（4）应用 APP 层 APP 层主要是结合针对各种设备、采用不同形式的运维需求，通过平台软硬件资源的调用组合与配置，形成满足应用功能、管控流程的定制应用，如异常状态的实时报警、按需推送目标用户；面向重点设备类别实现智能诊断；提供分析工具和工作平台，聚集多领域的技术人员协同诊断，为现场提供隐患或故障的处理方案；基于智能模型和综合诊断，完成异常预警、诊断、处理、反馈的闭环，并完成运维知识的积累。

（5）主要工作流程　围绕远程运维的总需求，打通数据采集、专业分析、智能诊断、状态决策、方案推送、检修维护和效果验证评价的完整流程。各个环节的技术、管理人员能够共享数据、协同诊断，形成设备维护的最优解决方案，利用可视化技术及移动互联技术，通过 Web、移动平台等多种途径将信息主动推送到各层级不同类型的用户。设备维护人员依据各类解决方案和建议，在设备运行现场实施维护处理事项完毕后，利用整改反馈功能，将实施结果及评价信息进行反馈，完成设备状态异常事件处理管控的闭环，达到设备最优维护的目的。典型工作流程如图 8-10 所示。

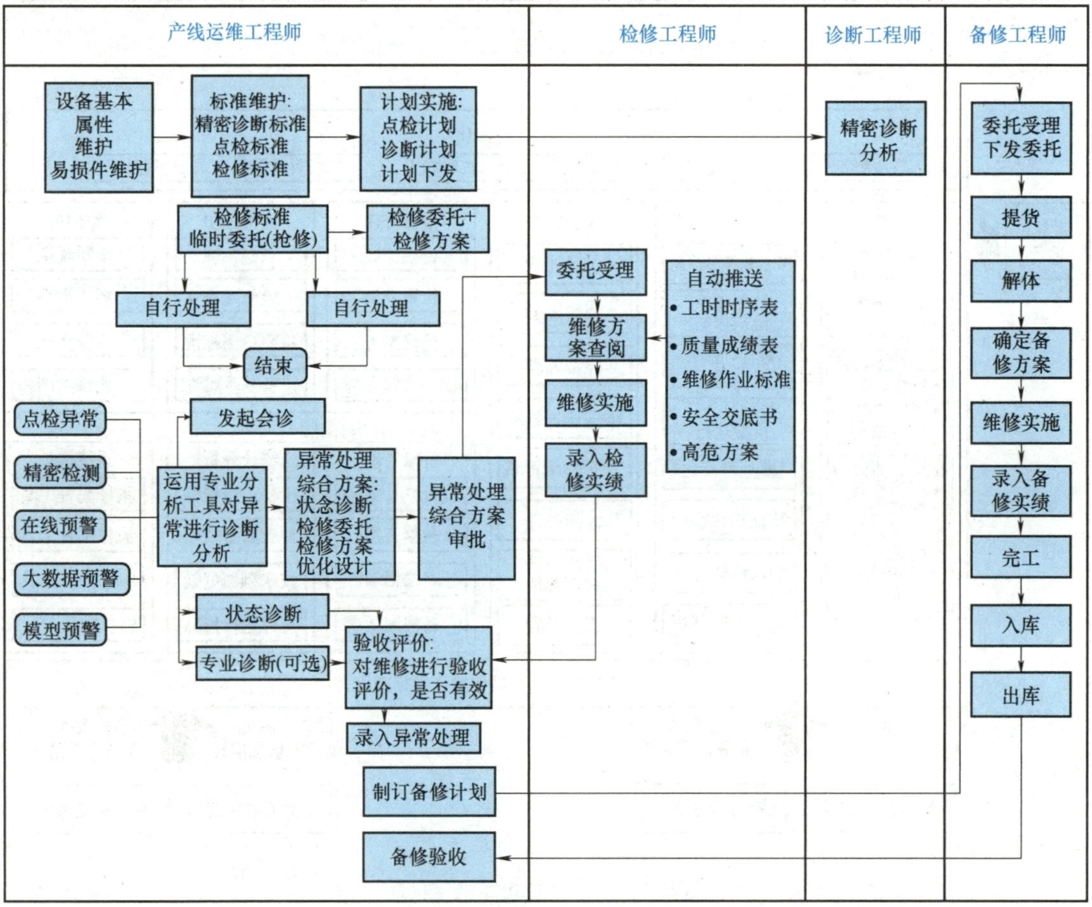

图 8-10　远程运维典型工作流程图

通过建立如上所述的远程运维平台，形成了比较完善的连铸产线设备状态监测、数据分析诊断、状态预测、关键部件全生命周期分析体系。实现了维修成本降低 15%，突发故障持续时间降低 20%，工作效率提升 20%，基于状态的维修准确率大于 80%。同时，系统运行可靠性达到 99.9%，设备异常预警率达到 99.9%，异常预警可靠性达到 85%，故障智能判定模型准确率达到 85%。宝钢远程运维平台的主要优势如下：

1）改变了传统的设备状态人工点检模式。通过部署大量在线信号采集系统对关键状态信息进行采集，在线系统可以24h不间断且高质量地采集数据。同时，系统可以部署在恶劣环境中，大大丰富了数据的来源、提升数据的实时性和频度。为大数据分析打下了良好的基础。

2）降低了点检人员劳动强度。智能远程运维系统建立后，数据采集任务由在线信号采集系统承担，点检人员仅需进行应急处置，降低了劳动强度，保证了人身安全。

3）提高了设备状态的把控能力。极大地提高了检测的时效性、准确性，并实现了自动报警保护及故障诊断。在线系统采集的实时数据可以随时反映出设备的当前状态。当设备发生故障时，采集的数据超过报警值后系统就会自动报警，并可以根据程序的设定实现自动停机，减少故障损失的范围。同时，系统记录的故障发生前后的技术数据可以用于故障诊断，确定故障点，推断故障发生的原因。

4）改变了传统运维的计划维修模式。设备状态预测和提前预知是建立在大数据分析的基础上的。传统运维无法积累分析大量的数据，因此根本不可能实现预测和预知这些较高级别的功能。而智能远程运维系统可以通过建立分析模型、预警模型，对收集的大量数据进行分析，实现设备状态的预测和预知维修。

5）提高了人员效率和设备效率。运维管理的要素有人员、操作规范、作业规程、安全规章、工器具、维修配件等。在传统运维中没有技术手段实现对以上要素的全面有效管理。远程运维就提供了实现这种全面管理的能力，其核心是关键设备的全生命周期管理。利用数据分析实现了对关键设备从设计、生产、物流、销售、服务到再制造改进等整个业务流程所有环节的精确运行管理，并可以不断改进提高。

6）实现了运维状态数字可视化。没有现代IT技术的支持，传统运维不能实现运维状态数字可视化整体展示。远程运维模式在现代先进的计算机、网络、VR技术的支持下，通过对关键数据的实时采集、大数据分析可以较容易地实现整个运维过程及各个环节的数字可视化展示。各环节工作任务的进展状态一目了然，并能实现自动统计、分析、预报警，极大地提升了管理决策效率。

8.3.2 高档数控机床远程运维服务系统

高档数控机床广泛应用于航空航天、船舶、汽车等行业。高档数控机床一旦发生故障将会对生产过程造成严重损失，使企业遭受巨大的经济损失。对高档数控机床进行实时故障诊断，对于降低运作成本、提高生产效率和市场竞争力具有重要意义。

随着机床性能特别是数控机床性能的提高，一台机床涉及的机械零部件、电器元件的数量和种类在不断增长，元器件的结构也不断复杂化。这一切都使得数控机床的诊断变得越来越复杂。然而制造企业目前对于数控机床的诊断方法并没有随着机床性能的提高而有相应的进步。企业中，对机床维修最常用的诊断方法是：工作班组长在收到现场机床操作人员关于机床故障的报告后，检查机床故障；班组长根据机床状态主观地对系统状态进行判断，尝试采用参数修正等简易方法来解决问题；如果问题依然不能被有效解决，则维修班组在最短时间内赶到现场，检查并修复故障，如果维修工程师判定机床故障属于重大故障，且短期内不能够修复，则机床需要进行大修。以上为常见的故障诊断流程，可以看到目前的机床故障诊断方法仍处于事后维修的状态，严重拖延了故障诊断和解决问题的时间。通过远程运维，建立高档数控机床故障数据库、知识库，利用高效的智能故障诊断技术进行在线监测诊断势在必行。

上海机床厂有限公司是中国最大的精密磨床制造企业，在国内磨床业处于主导地位。为了提高产品设备的可靠性，上海机床厂围绕容易引发故障的关键零部件，开发了远程运维平台。如图 8-11 所示，通过状态信息采集、故障数据库搭建、故障诊断模型研发、远程运维平台建设四个方面，快速准确识别设备状态，对亚健康设备进行及时维护。下面分别对这四个方面进行介绍：

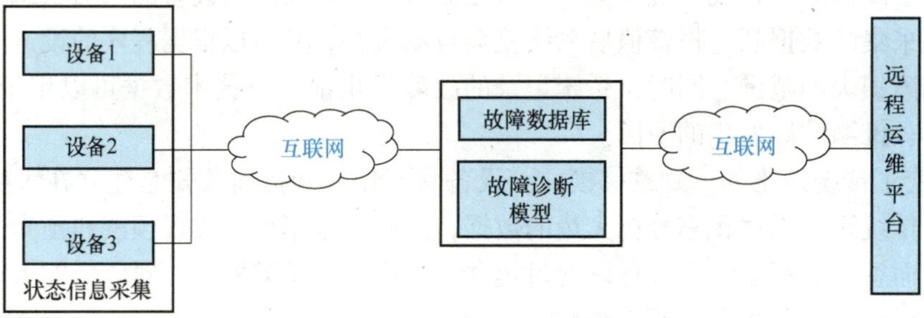

图 8-11　远程运维平台图

（1）状态信息采集　对数控机床的数据采集依赖传感器的使用。针对大型数控磨床，要监测全部功能需要大量的传感器，造价高，而且往往并非完全必要，因此通过有限元分析技术、磨床传动运动模型等分析大型数控磨床关键性能参数采集的优化布局方案，优化了大型数控磨床的传感器布置，实现了以较少的传感器对大型数控磨床性能的全息监测，降低了传感器设备的成本。以大型曲轴磨床为例的现场状态信息采集实现结构如图 8-12 所示。

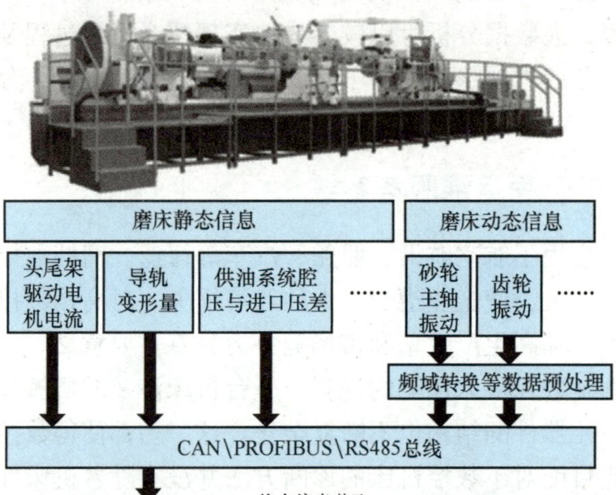

图 8-12　以大型曲轴磨床为例的现场状态信息采集实现

CAN—Controller Area Network，控制局域网络　PROFIBUS—PROcess FIeld BUS，过程现场总线

现场状态信息采集实现了系统的嵌入式小型化和总线化。针对状态信号的特点，对多数缓变类型状态信息采用高精度单片机系统进行信息采集，而对主轴振动、噪声等高频大容量

状态信息则采用 ARM（Advanced RISC Machine，先进的 RISC 处理器；RISC，Reduced Instruction Set Computing，精简指令集计算机）系统进行信息采集，ARM 系统可内嵌现场智能信号预处理算法，可从大容量状态信息中获得有效数据。对于高频大容量的机械数据，采用频域转换等信号处理算法进行特征提取预处理，提取频域特征，减少了数据传输量并保证了信息质量。总线化是指所有传感器系统输出为标准总线接口，提高可靠性和监测量的可扩展性，总线接口采用 PROFIBUS 等总线实现。

（2）故障数据库建立　由于缺乏系统的机床状态监测与故障诊断理论，以往并没注重性能数据和故障数据的积累，上述数据的缺失影响了性能预测和故障诊断的精准性。对此需要建立高档数控机床性能特征数据库和故障模型库。为充分利用这些数据信息，指导机床的正确操作与故障排除，需要在专家系统理论、知识挖掘理论的指导下，研究历史经验与故障诊断方法。上海机床厂有限公司有数十年生产数控磨床的经验，利用知识获取方法对其经验建立性能状态数据库和故障知识库，构建远程运维平台。

采集现场总线上的设备数据、运行状态数据、异常信号数据等，经过数据处理后传入数据库。采用 SQL（Structure Query Language，结构化查询语言）Server 关系数据库管理系统进行性能预测与故障诊断数据库的实现，对于用户、设备产生的大量数据的管理采用分布式数据库结构来实现。设备的基础性能状态数据、运行状态积累数据、故障模式数据、设备异常信息数据均在数据库中有所体现。建立数据库后，对其进一步开发数据检索、数据分析、数据发布等功能，并基于历史数据进行数据挖掘与性能预测。

高档数控机床数据中心的构建如图 8-13 所示。从现场总线获取数据，包括设备实时运行产生的动态运行数据、故障设备运行产生的异常信号、对设备进行实验产生的健康静态数据。数据库底层提供了数据整合、加工、质检，存储、检索等功能。基于数据库的底层功能对数据库进行开发。通过集成化数据处理工具包对数据进行处理并存入数据库。可借助资源数据管理基础中间件对数据库进行高效管理，并在数据库的基础上开发对数据库的应用，包括数据检索、数据分析、数据发布等。

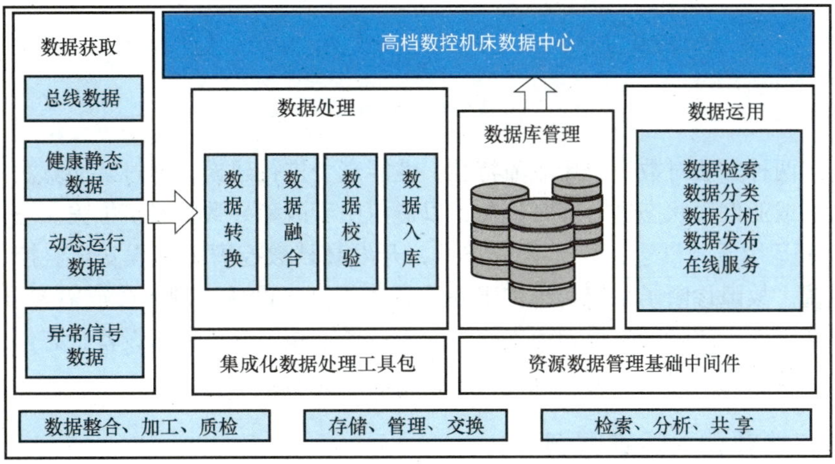

图 8-13　高档数控机床数据中心

（3）故障诊断模型开发　为了准确判断设备是健康、亚健康或临界故障状态，快速准确定位故障原因，采用基于模型与数据驱动的故障诊断模型开发方法。基于模型的方法是针对数控机床的关键部件，建立相应的物理模型，通过缩比性能实验，模拟实际加工运行条件、主轴振动、砂轮磨削，进行导轨床身变形实验、压力实验、流量实验、温度实验、磨损实验、污染度实验、仿真实验、性能实验及疲劳度实验等，得到各种工况下关键部件的实验数据，为数控机床的故障判别提供数据支持。数据驱动的故障诊断方法让模型从大量的历史设备状态数据中提取信息，对模型进行训练。模型拟合好后，可以得到较高准确率的故障识别效果。

常用的数据驱动的故障诊断方法有神经网络法，其结构示意图如图 8-14 所示，该方法利用仿生学原理，模拟生物神经网络，构建具有分布式并行信息处理功能的数学模型。人工神经网络最典型应用是 BP（Back Propagation，反向传播）神经网络。BP 神经网络是一种单向传播的多层前馈网络，主要分为输入层、隐含层及输出层，层与层之间实现全面互联，每一层的各个神经元逐层传播，输出结果，然后将实际输出与期望输出进行误差比较，再从输出层经隐含层最终到输入层逆向反馈，逐层修正连接权值，最终提升整个神经网络对输入响应的正确率。

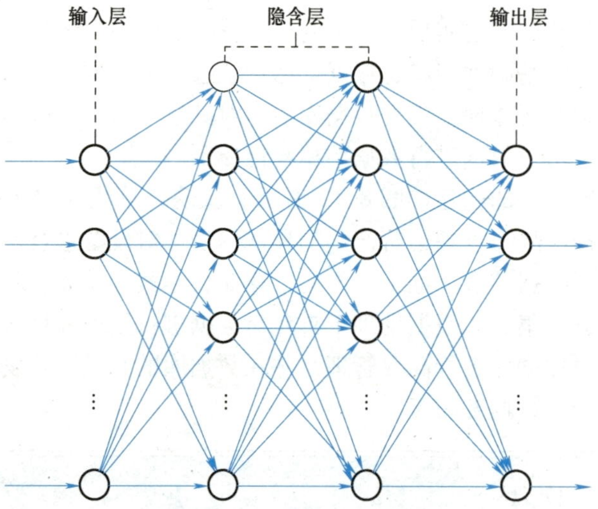

图 8-14　典型神经网络结构示意图

基于上述两种方法对数控机床故障特性、性能衰变进行建模，通过智能算法对机床是否处于故障状态或亚健康状态进行实时诊断，以避免由于故障导致的经济损失。

（4）远程运维平台搭建　基于 Web 技术，开发高档数控磨床远程安全监控子系统、安全预警子系统、故障诊断子系统、维护服务子系统等。当设备出现故障或需要进行维护时，以数据库、知识库、故障诊断模型为支撑，为设备各个相关人员提供设备状态信息发布与信息交互平台，从而完成对设备的多方协同维护与故障诊断。

8.3.3　杜克能源公司运维案例

杜克能源公司成立于 1900 年，是美国最大的发电公司，在美国拥有 80 多个工厂和两万多名员工，为美国东南部和中西部六个州约 740 万客户提供能源。杜克能源公司曾经面临人力监控设备运行状态方面的问题。状态监测对于控制成本、提高可用性和避免设备由于故障停机至关重要。杜克能源公司的预测性维护专家需要亲自走到每个收集点手动收集数百个数据样本，然后返回到他们的计算机，查看和分析他们收集的数据。杜克分析师每月收集近六万条数据，收集数据所需时间通常是分析数据时间的 4 倍，导致故障诊断与设备风险评估的效率很低。

杜克能源希望借用远程运维技术取代传统的数据收集方式，通过自动采集数据、识别问题并通知相关数据分析专家，让他们把时间花在具有更高价值的数据分析任务上。美国 NI（National Instruments，国家仪器）等公司提供远程运维服务，可以建立定制化的设备监控和预测性维护系统，因此杜克能源公司与 NI 等企业合作，开发了自己的远程运维系统。

如图 8-15 所示，杜克能源公司采用 NI 公司的 CompactRIO（一款可重新配置的嵌入式测控系统）平台建立远程运维系统。平台结合了嵌入式实时处理器、高性能 FPGA、可向主机实时请求数据的高性能 I/O 模块等。系统中，传感器采集数据并通过工业互联网传入 CompactRIO 监控系统；基于采集到的数据，CompactRIO 可以自动对异常运行状态进行报警并向杜克数据专家提供完整的数据，便于专家进行波形分析；相关技术人员借助 NI Insight-CM 模块可以进行状态可视化监测与数据分析。通过连接 FPGA 和传感器实时处理器，数据采集节点可以初步判断机器是否处于健康状态，减少健康运行状态数据的传输，这样可以防止大量传感器数据的传输导致网络过载。

图 8-15　基于 NI CompactRIO 系统的杜克能源设备状态监控

此外，杜克能源公司也相应地提高了部分设备的数据采集能力。例如，蒸汽涡轮发电机已经自带了一些传感器用于监控设备运行状态，由于此类昂贵的设备需要更精准的诊断与维护以避免代价高昂的故障，杜克能源为此类设备增加了更多传感器采集数据以支持更先进的振动监测，增强了对设备运行状态的可预测性。

为了收集振动信息，需要在设备上每秒采集 1 万～10 万个数据样本。采集一般持续几秒钟，以获得一个较好的设备运行状态测量结果。为了帮助管理这些大量的振动数据，杜克能源公司使用了服务器组合的方式，每个工厂都有自己的服务器，用于收集、存储和组织一定范围来源的数据。杜克能源公司通过 InStep 公司的模式识别和预测软件识别运行状态与预期行为的偏差，并通过警报仪表板向相关技术人员展示设备是否出现异常状况。一旦识别出异常状况，则按照标准流程发送电子邮件，提醒负责相关异常的工程师，邮件会通过图表形式展示异常偏差并给出初步诊断建议。最终操作员会实地查看设备并进行相关维护。识别的故障信息也将发送到远程的资产健康管理中心，结合来自多个公司的故障数据库，管理中心可以通知杜克能源公司专家进行数据检索并做出更为全面的分析。

杜克能源公司通过数据自动化收集，极大地提高了杜克数据分析师对故障数据分析的时间利用率，降低了收集数据的时间和人力成本，提高了数据分析的效率。一年多来，杜克能源公司的监测诊断中心平均每天发出两次设备异常警报，只有四分之一的警报需要立即采取措施进行维修。这些警报为设备维修人员提供了一个时间窗口，使维修人员可以计算好最佳的维修时机，在成本最低的时候，如工厂的定期维护时间或设备运行需求较少的时候进行停机维修。大多数异常设备能够在检测出运行异常后继续运行几周，允许工程师选择停机损失最小的时间安排维修。例如杜克能源公司能够通过持续的维护使发电机在监测出异常的状况下继续运行三周，直到工程师可以安排一个较为方便的停机时间进行全面的维修。

8.3.4 通用电气公司的远程运维案例

Predix 是通用电气公司（GE）推出的针对整个工业领域的基础性系统平台，这是一个开放的平台，它可以应用在工业制造、能源、医疗等各个领域。Predix 是一个工业互联网云平台，它将机器、数据、人员和其他资产连接起来。基于 Predix 平台，可以实现对设备全面的远程运维。

如图 8-16 所示，Predix 架构分为边缘端、云平台端和行业应用端，在平台层提供更丰富的工具和能力，而应用层则是围绕着资产、运营和业务的应用。以下，我们将对这三个部分进行分别介绍：

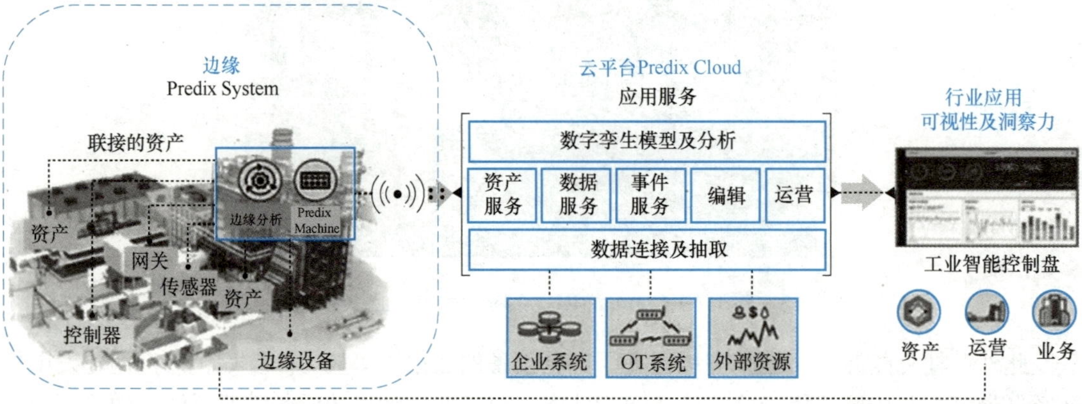

图 8-16　Predix 架构

（1）边缘端　众所周知，工业设备的连接和协议具有复杂性和多样性的特点，因此 Predix 并不直接提供实现数据采集的硬件网关设备，而是提供了一个网关框架——Predix Machine，以实现数据在不同设备上的采集和连接。

Predix Machine 开发框架支持开放现场协议的接入，并增强了边缘计算的功能，由合作伙伴开发相应的设备接入和边缘计算的功能。边缘计算是指在靠近物或数据源头的一侧，采用网络、计算、存储、应用核心能力为一体的开放平台，就近提供最近端服务。边缘网关即边缘计算节点，承载边缘计算能力。Predix Machine 包括一整套技术、工具和服务，支持应用开发、部署、应用和管理，可支持小到嵌入式硬件，大到整体解决方案。并且可以根据边缘设备的处理能力不同而选择 Predix Machine 的内置功能，以此来决定应用场景。

（2）云平台端　云平台端 Predix Cloud 是整个 Predix 方案的核心，围绕着以工业数据为核心的思想，提供了丰富的工业数据采集、分析、建模以及工业应用开发的能力。由于 GE 本身是生产大型复杂型工业产品（飞机发动机、燃气轮机、风力发电机、机车等高端装备）的企业，所以 Predix Cloud 的构建也是从 GE 本身的业务特点出发，即紧密围绕着离散制造行业里的大型高端装备的设计、生产和运维，提供以工业设备数据分析为主线的一系列能力，方便构建高端装备行业的应用。但是在 Predix Cloud 的发展过程中，由于平台优异的开放性，很多其他行业，包括很多流程制造和服务的客户，也在利用 Predix Cloud 开发相关应用。

Predix 最强大的地方是提供了工业大数据分析功能，即将物理设备的各种原始状态通过数据采集和存储，反映在虚拟的信息空间中，通过构建设备的模型，实现对设备的掌控和预测。Predix 提供了一个模型目录，将 GE 和合作伙伴开发的各类模型以提供调用接口的方式发布出来，并提供测试数据，让使用者可以站在巨人的肩膀上，利用现有的模型进行模型训练，快速实现实例化。同时，用户开发的模型也可以发布到这个模型目录中，被更多的客户共享使用。这里的模型不仅包括常规的异常检测模型，还包括文本分析、信号处理、质量管控、运行优化等的模型，根据大家公认的工业大数据分析类型，可以将其分为四类，即描述性（Descriptive）、诊断性（Diagnostic）、预测性（Predictive），以及策略性（Prescriptive）。

（3）行业应用端　对工业客户来说，需要的是解决问题的能力，而不是解决问题的工具。GE 推出 Predix 的主要目标，也是为了更高效、更简单地开发各类工业应用，分析各类工业问题。Predix 应用为各类工业设备提供完备的设备健康和故障预测、生产效率优化、能耗管理、排程优化等应用场景，采用数据驱动和机理结合的方式，旨在解决传统工业几十年来都未能解决的质量、效率、能耗等问题，帮助工业企业实现数字化转型。同时，Predix 采用物联网、人工智能等技术，摆脱人的经验和知识积累的局限性，从只能解决已知的、经验性的问题，逐步进入到对未知世界的掌控中。

Predix 在中国已经有了非常成功的落地案例。如图 8-17 所示，GE 与东方航空公司进行合作，基于大数据建立了发动机叶片损伤分析系统，可以对发动机维修的安排提供可靠的参照。东方航空公司在 Predix 上使用工业互联网应用，搜集了 500 多台 CFM56 发动机的高压涡轮叶片保修数据，结合远程诊断记录和第三方数据，建立了叶片损伤分析预测模型。为每个发动机都收集了与其叶片损伤相关联的数百个参数数据，在进行筛选后，几个关联度最大的参数被最终确定，其中就包括飞机所执飞航线的空气污染程度。GE 使用这些参数建立了叶片损伤分析预测模型，希望据此预测发动机涡轮叶片损伤的发展趋势。不同的外界环境、航空公司的日常维护，以及发动机本身的特性都会对涡轮叶片的损伤趋势造成影响。从前，航空公司需要强制飞机定期“休病假”，把微型摄像头伸入发动机内进行检查。现在，只要根据数据分析平台上的结果就可以预测发动机的运行情况，定制科学的重复检查间隔，提升运营效率。GE 对多台东航现役发动机的叶片损伤程度进行了预测，而东方航空公司也对它们实施了探伤检查。两者对比的结果是，依靠模型预测的准确率达到了 80% 以上。

基于 GE 提供的预测模型，可以了解一台发动机应该以怎样的时间间隔检查叶片损伤。基于预测模型的分析结果，航空公司还可以调整航线安排，降低叶片损伤和报废率，从而降低机队的维护成本。比如由于经常执飞污染程度较高地区的航线，一架客机所配置的发动机叶片损伤程度会相对较高，GE 就会提出建议，让其改飞低污染地区的航线。

图 8-17　GE 发动机叶片运维

GE 与东方航空公司共享各自掌握的海量数据，充分释放 GE 在大数据分析技术以及在发动机领域的最佳实践和创新技术的价值，帮助东方航空公司提高飞行安全管理水平、降低燃油消耗和排放，以及有效应对计划外维修与在翼时间等问题。

参考文献

[1] 韩捷. 旋转机械故障机理及诊断技术 [M]. 北京：机械工业出版社，1997.
[2] 邓朝晖. 智能制造技术基础 [M]. 武汉：华中科技大学出版社，2017.
[3] 赵炯. 设备故障诊断及远程维护技术 [M]. 北京：机械工业出版社，2014.
[4] 吴高杰. 基于 OSA-CBM 的设备健康管理体系结构研究 [J]. 价值工程，2017，36 (01)：75-77.
[5] 顾家远. 基于 EMD 和 SVM 的大型复杂设备故障诊断和趋势预测 [D]. 上海：同济大学，2014.
[6] 陈从鹏. 大型数控装备远程故障诊断平台的数据采集与通信技术应用研究 [D]. 上海：同济大学，2012.
[7] 黄洪飞. 基于嵌入式系统的设备状态监测与故障诊断的研究 [D]. 上海：同济大学，2013.

“两弹一星”功勋
科学家：雷震海天

第 9 章 个性化定制

长久以来，消费者在市场上购买商品时，大多数是从经销商处挑选最接近自己期望的产品；少数消费者为了满足自己个性化的需求，付出高额的费用，花费更长的时间定制个性化商品。随着数字化、网络化技术的不断发展，及其与制造业的深度融合，制造业进入新的发展阶段。在该阶段，制造能力大幅提升，物质资料极大丰富，产品不再仅仅是满足消费者的使用需求，还需要满足消费者的个性化需求。随着消费者消费需求的变化，商业模式也发生变化，C2M 和 O2O 模式的结合为制造业适应消费者的需求变化提供了一种新的解决思路。在新的商业模式和制造技术体系下，制造商与消费者之间的屏障得以消除，资源、信息和技术的协同得以保障，制造业真正向以消费者为中心的服务型制造演进。

9.1 个性化定制概述

9.1.1 个性化定制场景

过去，当消费者需要买一双新鞋的时候，肯定会考虑去商场或网上商城挑一双自己喜欢的鞋，消费者会考虑鞋的外观、鞋的材料以及鞋穿起来是不是舒服，最后，在众多的款式中挑选一双适合自己的鞋。但是，这双鞋真的是适合消费者吗？

个性化定制为消费者提供了一个新的选择。

国外的创业公司 Yooshu 专业从事沙滩鞋的个性化定制工作，其流程如图 9-1 所示。首先，对客户的双脚分别进行三维扫描，获取脚部数据，再分别对双脚进行三维建模，接着将脚部模型转换为数字信息输入制鞋设备，最后通过机器人，分别制作符合双脚人体工程学的沙滩鞋。

另外一个例子就是西门子公司。在 2016 年德国汉诺威工业博览会上，西门子公司将一根美国卡拉威公司采用西门子技术生产的高尔夫球杆送给奥巴马，并告诉他这是根据他的体重、挥杆姿势和力量等所有相关因素量身定制的一根球杆，造价却与普通的球杆没有区别。

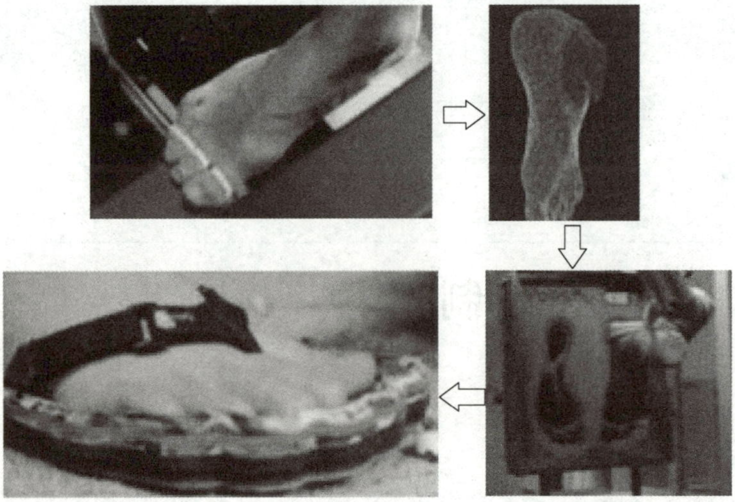

图 9-1　Yooshu 公司个性化定制沙滩鞋过程

Yooshu 的沙滩鞋和西门子的高尔夫球杆的个性化定制只是个性化定制产业的一个缩影。未来，随着移动互联网信息技术的运用以及新生代消费群体的变迁，消费者的需求可以不再局限于企业所提供的单一品种的、规模化的流水线上生产的产品或制造企业提供的其他可选择的产品，被动的消费方式将有所改变，定制个性化产品以满足自身需求已逐渐成为一种新的消费趋势。

9.1.2　个性化定制内涵

个性化定制是指基于新一代信息技术和柔性制造技术，以模块化设计为基础，以接近大批量生产的效率和成本提供满足客户个性化需求的产品的一种智能服务模式。区别于大规模定制，个性化定制更加注重消费者的全程参与。

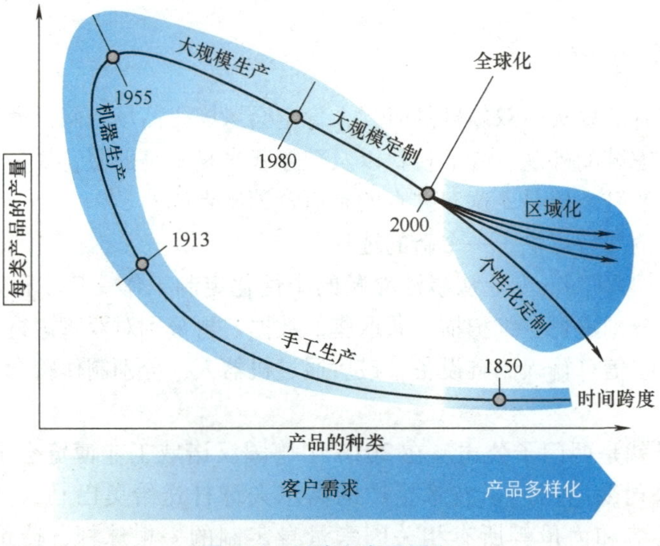

图 9-2　制造业发展历程

如图 9-2 所示，制造业在经历了手工生产、机器生产、大规模生产和大规模定制四个阶段之后，个性化定制发展成为制造业一个重要的分支。卢秉恒院士预测“制造业的明天一半以上的制造为个性化定制”。智能制造时代，随着相关技术的发展，消费者和制造商这种线上与线下的直接沟通，将开启一种新的更适应消费者需求和时代发展的制造模式。

区别于传统的制造模式，个性化定制模式最重要的特征是明确以消费者为中心、由订单驱动进行大规模小批量的生产，其将销售过程前置。如图 9-3 所示，制造商通过平台与消费者进行信息交互并产生订单，以消费者需求为导向进行产品制造，而不再是传统的先生产后销售。

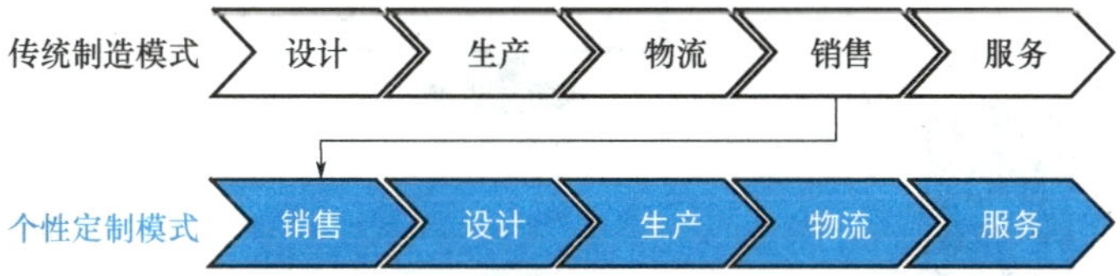

图 9-3　销售前置的大规模个性化定制模式

9.2　个性化定制模式系统架构

9.2.1　个性化定制模式变迁

在网络技术相对落后的年代，传统的商业模式以线下交易为主，商品和信息的传递通过面对面的方式进行。随着网络技术的兴起，传统商业模式逐渐被网络电子商务模式所代替，其中包括 B2B、B2C、C2C 等模式。B2B 是发生在企业与企业之间的电子商务模式，B2B 模式一般都不是针对大众消费品，产品也相对复杂，需要专业人士人工参与判断商品的质量好坏，通常在企业之间产生订单。B2C 是发生在企业和消费者之间的电子商务模式，B2C 模式主要针对普通大众消费市场，这种模式可以按组织层级简述为“店铺→商品页→商品信息→购买按钮”，也就是我们日常生活中在网络平台购物的流程，天猫、京东、亚马逊等自营平台采用的就是这个模式。C2C 是发生在消费者和消费者之间的电子商务模式，类似于 B2C，C2C 模式针对普通大众，大众中的部分个人是卖方，部分个人是买方，在该模式下，第三方提供交易平台，个体作为卖方通过平台将产品销售给买方，平台从中赚取佣金。

在智能制造时代，C2M 才是得到最广泛关注的商业模式。所谓 C2M，如图 9-4 所示，就是将制造商和消费者直接联系，除去冗长的中间环节，砍掉流通加价环节，最大程度的去中间化，让消费者以最低的价格买到高品质、可个性化定制的产品，是一种新型的电子商务模式。

C2M 模式是在工业互联网背景下产生的，它的提出源于德国政府在 2011 年汉诺威工业博览会上提出的工业 4.0 概念，即现代工业的自动化、智能化、网络化、定制化和节能化。它的最终目标是通过网络将不同的生产线连接在一起，利用计算机强大的运算能力保证能够随时进行数据交换，按照客户的订单要求，确定供应商和生产工序，最终生产出个性化产品

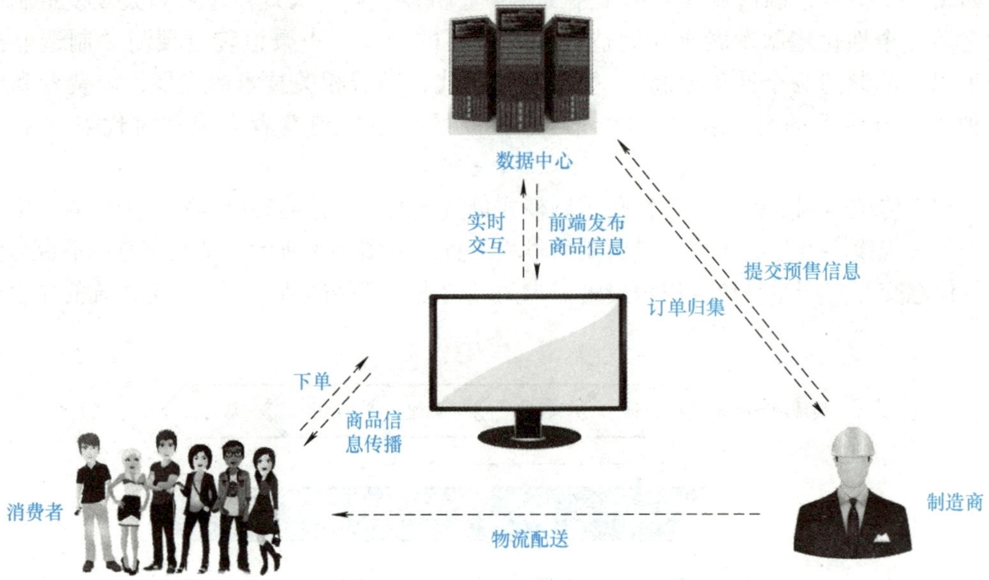

图 9-4　C2M 商业模式示意图

的定制化工业模式。按照企业组织生产的特点，可以把制造企业划分为如图 9-5 所示的按单设计、按单生产、按单装配和库存生产四种生产类型。

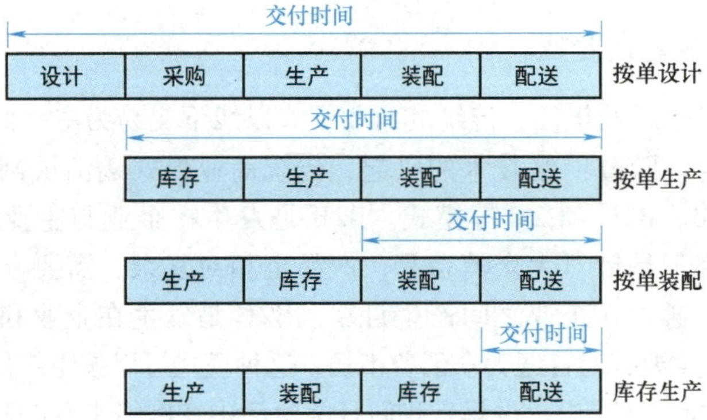

图 9-5　各生产类型特点

C2M 模式下的生产模式更接近于按单设计模式，从设计、原料采购到装配、配送都是在接到客户订单后发生的，需要更长的交付时间。C2M 模式与传统模式和目前普遍存在的网络模式的特点对比如图 9-6 所示。

传统模式的生产和销售具有较强的 B2C 特点，即采用大规模、标准化流水线生产，以生产企业为核心，只在最终环节通过实体店铺面向消费者。在该模式下，企业容易出现供应链无法协同以及产能过剩等问题。网络模式改进了传统模式的销售方式，以电子商务的模式进行线上交易，节约了中间成本，也给消费者提供了更多的便利和选择。但是二者的本质还是相同的，都是在销售库存的产品。

在 C2M 模式下，客户与产品生产端无缝连接，强调客户参与到产品、服务和内容的从设计到最后呈现的全过程中。其核心商业逻辑是实现客户和产品生产端的直接对接，砍掉所

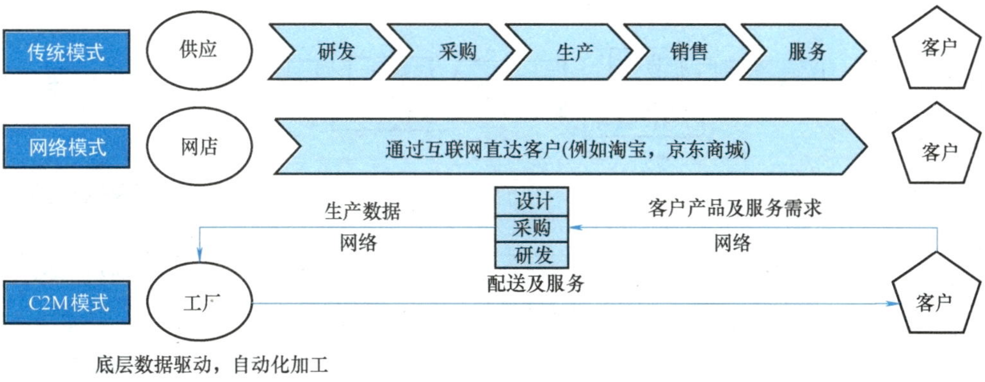

图 9-6　各模式特点对比

有中间环节，同时让产品生产端能够快速地响应并且工业化、大规模、低成本地生产以满足客户的定制化需求，做到无缝连接，强调为客户创造价值。所以对于企业来说，C2M 模式的优势在于让客户完全参与到最终产品生成的全过程中，让企业和客户产生更强的联系。同时，按订单生产也避免了库存问题，精减了企业运营成本。对客户来说，C2M 模式可以使客户的个性化需求更高效地变为现实，同时还能使客户全程参与产品的制造过程，整个过程更加的透明。

9.2.2　体系架构

个性化定制体系架构是工业 4.0 技术中端到端数字集成的重要应用成果。端到端数字集成主要是利用工业互联网技术和大数据技术，在生产商和消费者之间建立信息交互渠道。这一架构也是对传统商业模式向 C2M 转变的一个反映。

为实现个性化定制，需要建立消费者个性化需求信息平台和各层级的个性化定制服务平台，平台需要具备消费者需求特征的数据挖掘和分析服务（平台设计）能力，以及可使消费者完全参与的产品设计、计划排产、柔性制造、物流配送、售后服务的集成和协同优化能力。个性化定制体系架构如图 9-7 所示。

该体系架构以数据为核心，将各层级相互串联。产品定制平台作为定制服务的起始点，将来自客户的需求信息作为制造的目标，通过物流云、供应云、制造云、设计云等协同企业内部和企业间的生产与服务，最终为客户提供满足要求的产品及服务。资源层整合了整个生产流程及供应链中的所有资源；管理层对资源进行数字化管理；服务层利用协同技术，根据定制平台的需求整合企业内部和企业间的相关资源信息；最终在用户层，实现用户需求采集、产品生产、产品物流和服务提供。

基于上述架构，图 9-8 给出了一个通用的个性化定制生产流程，从客户订单到售后维护均以客户为中心，客户全程参与商品的生产过程。对未出厂的产品，制造商可以随时根据客户要求进行调整；对出厂后的商品，制造商提供全程的在线服务支持。

下面以汽车制造过程为例对个性化定制的内容及流程进行说明：

1）客户下订单。首先，客户通过 APP，在制造商信息管理平台中下订单，制造商通过客户录入的信息初步了解客户的定制意向。

2）客户提出个性化需求。通过个性化定制服务平台，制造商为客户提供可选择的基础

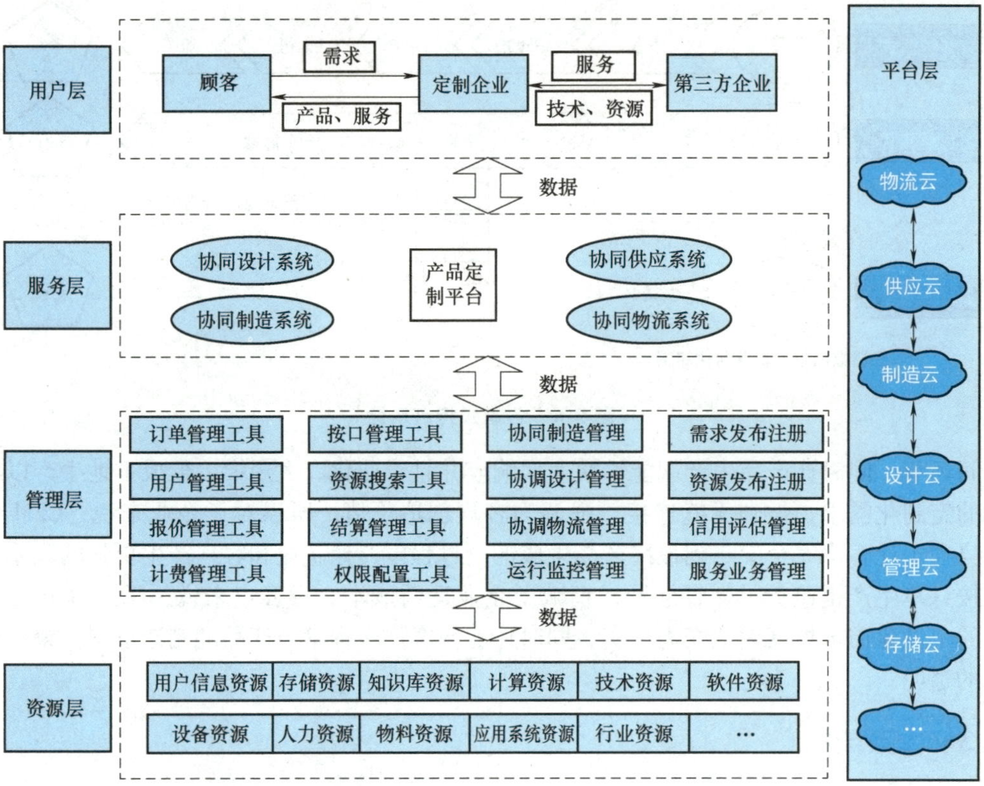

图 9-7　个性化定制体系架构

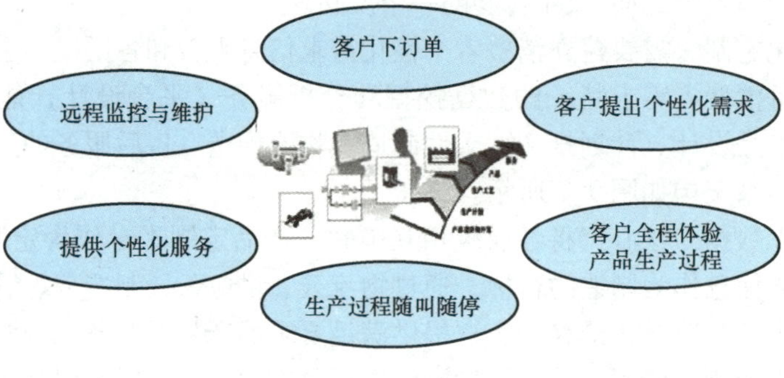

图 9-8　端到端集成过程

模块信息，如发动机型号、变速箱类型及车身结构等。客户在选择基础模块后，可以通过平台，提出自己的个性化需求，如提出根据体型设计座椅尺寸、根据手掌大小和握持力度设计方向盘以及按照个人偏好选择内饰设计等个性化需求。

3）客户全程体验产品生产过程。制造商确认产品信息后，开始投入生产。得益于数字化技术的支撑，生产过程可以快速响应，标准化的生产工艺参数、设计参数等能够实现快速读取。物料、各制造设备单元以及工人之间可以相互通信，根据订单内容，实现订单的自组织。在生产的过程中，客户可以选择通过实时的图像传输或 VR 等交互技术了解产品的进度，也可以通过实地考察，参与产品的制造过程。

4）生产过程随叫随停。客户对于在制造过程中发现的产品问题，例如对车身颜色、内饰设计不满意等，可以提出修改要求。制造商为此提供修改计划，得益于高度柔性的生产线和强大的计算能力，进行实时动态调度，各制造单元可以及时对线上产品进行调整。

5）提供个性化服务。产品确认完成之后，在产品的出厂环节中，客户可以选择个性化的物流服务。

6）远程监控与维护。产品交付完成后，制造商除了提供标准通用的售后服务，如定期保养，还可以通过预装的传感器和物联网采集汽车在日常工作过程中产生的数据，并对数据进行挖掘与分析，结合客户反馈的信息，对汽车当前的健康程度进行判断，对可能存在的故障进行预测并提供个性化的维护建议。

9.2.3　相关技术

个性化定制模式的产生与发展得益于各类技术的支撑，其中主要包括以下几个关键技术：

（1）工业大数据技术　在个性化定制的生产过程中，客户端的对接平台会通过对客户的历史消费记录和浏览记录等信息进行挖掘分析，提供消费者参考信息，帮助消费者做出决策。这些信息产生的大量数据需要利用工业大数据技术来进行处理。

工业大数据技术参考架构共有五个部分，如图 9-9 所示，分别为数据采集层、数据存储与集成层、数据建模层、数据处理层、数据交互应用层。

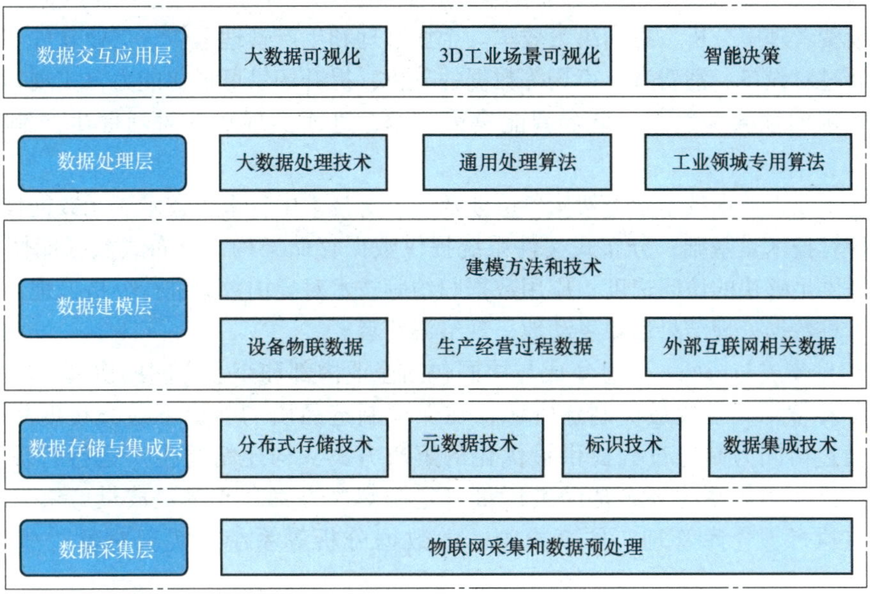

图 9-9　工业大数据技术参考架构

1）数据采集层。数据采集层以传感器为主要采集工具，结合 RFID 标签、条码扫描器、生产和监测设备、掌上电脑、人机交互界面、智能终端等手段采集制造领域的多源、异构数据信息，并通过互联网或现场总线等技术实现源数据的实时准确传输。首次采集获得的源数据是多源异构的，为避免噪声或干扰项给后期分析带来困难，须执行同构化预处理，包括数据清洗、数据交换和数据归约（在尽可能保证数据原貌的前提下，最大程度地精简数据量）。

2）数据存储与集成层。数据存储与集成层包括分布式存储技术、元数据技术、标识技术、数据集成技术。应用大数据分布式云存储技术可以将预处理后的数据有效存储在性能和容量都能线性扩展的分布式数据库中；应用元数据技术可以对订单元数据、产品元数据、供应商能力等进行定义和规范；标识技术包括分配与注册、编码分发与测试管理、存储与编码规范、解析机制等；数据集成技术主要是面向工业数据的集成，包括互联网数据、工业软件数据、设备装备运行数据、加工控制数据与操作数据、制造结果实时反馈数据、产品检验检测数据等。

3）数据建模层。数据建模层包括对设备物联数据、生产经营过程数据、外部互联网相关数据的建模方法和技术。对无法基于传统建模方法建立生产优化模型的相关工序建立特征模型，基于订单、机器、工艺、计划等生产历史数据、实时数据及相关生产优化仿真数据，采用聚类、分类、规则挖掘等数据挖掘方法及预测机制建立多类基于数据的工业过程优化特征模型。

4）数据处理层。在传统数据挖掘的基础上，数据处理层结合新兴的云计算、Hadoop（一种分布式系统基础架构）、专家系统等对同构数据执行高效准确的分析运算，包括大数据处理技术、通用处理算法和工业领域专用算法。

5）数据交互应用层。数据交互应用层对经处理、分析运算后的数据，通过大数据可视化、3D 工业场景可视化、智能决策等技术，将数据分析结果以更为直观简洁的方式展示出来，以便消费者理解分析，提高决策效率。企业管理和生产管理等传统工业软件与大数据技术结合，通过对设备、消费者、市场等数据的分析，提升场景可视化能力，实现对消费者行为和市场需求的预测和判断。结合智能决策技术，进而实现数据对辅助生产制造决策的价值。

在上述工业大数据技术参考架构各层涉及的关键技术中，采集技术、元数据技术、标识技术、云计算技术是基础；分布式文件系统提供数据存储架构；分布式数据库便于数据管理，同时提供足够快的访问速度；应用数据归约等技术对异构数据进行分析处理；最后利用可视化技术将数据处理结果形象生动地呈现给消费者。

（2）信息集成与协同　信息集成与协同包括企业内部和企业之间的协同，在复杂多变的市场竞争环境中，寻找最优制造资源，在保证制造品质的前提下最大程度降低企业运营成本，通过协同为制造过程提供最优化的解决方案。构建精益生产运行管理平台，构成完整的产品生态体系闭环，帮助工厂量身定制解决方案。通过集成供应链管理、高级排程、制造执行、仓库管理、仿真模拟、大数据分析等系统，实现对整个生产周期的管理。

如图 9-10 所示，整个生产周期包括设计、生产、制造、物流、服务及协同等多方面的信息，各种管理系统在产品生产过程中相互协同交互，为生产提供了必要的信息保障。客户提供的需求信息和售后反馈信息、供应商提供的相关资源信息和服务信息都通过 CRM 软件进行交互，CRM 软件可以自动化分析销售、市场营销、客户服务，产生相关数据。ERP 系统包括物资资源、人力资源、财务资源、信息资源等信息。SCM 系统包括采购相关、销售相关、仓库相关、物流等信息。WMS 包括批次、物料、库存、质检、虚仓等信息。高级计划与排程（Advanced Planning and Scheduling，APS）包括企业管理的相关信息，通过与 MES 相协调来采集整个生产流程的实时数据，并通过指令对 MES 进行协调控制，并通过车间工位看板进行信息交互。PLM 需要与 CRM、ERP、SCM、APS、MES 等系统相集成，管理所有与产品相关的信息。

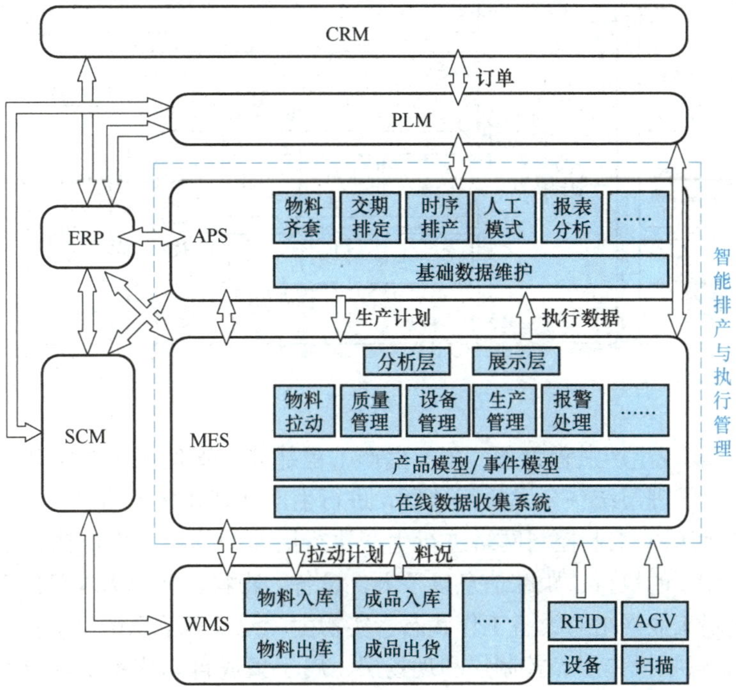

图 9-10 信息集成示意图

(3) 智能工厂 智能工厂是实现个性化定制的基础与前提，在组成上主要分为三大部分，如图 9-11 所示，即产品工程、生产工程和集成自动化系统。在企业层对产品研发和制造准备进行统一管控，与 ERP 进行集成，建立统一的顶层研发制造管理系统。管理层、操作层、控制层、现场层通过工业网络（现场总线、工业以太网等）进行组网，实现从生产管理到工业网底层的网络连接，实现管理生产过程、监控生产现场执行、采集现场生产设备和物料数据的业务要求。除了要对产品开发制造过程进行建模与仿真外，还要根据产品的变化对生产系统的重组和运行进行仿真，使生产系统在投入运行前就了解系统的使用性能，分析其可靠性、经济性、质量、工期等，为生产制造过程中的流程优化和大规模网络制造提供支持。

1）企业层，实现基于产品全生命周期的管理，也包含企业管理职能，属于产品工程部分。融合产品的设计生命周期和生产生命周期，对设计到生产的全流程进行统一集成式的管控，在企业层级实现全生命周期的技术状态透明化管理。通过对 PLM 系统和 MES、ERP 系统的集成，进行企业层级的设计到生产全过程的全数字化定义；通过对 PLM 和 MES 的融合，实现设计到制造的连续的数字化数据流转，最终实现基于产品的、贯穿所有层级的垂直管控。

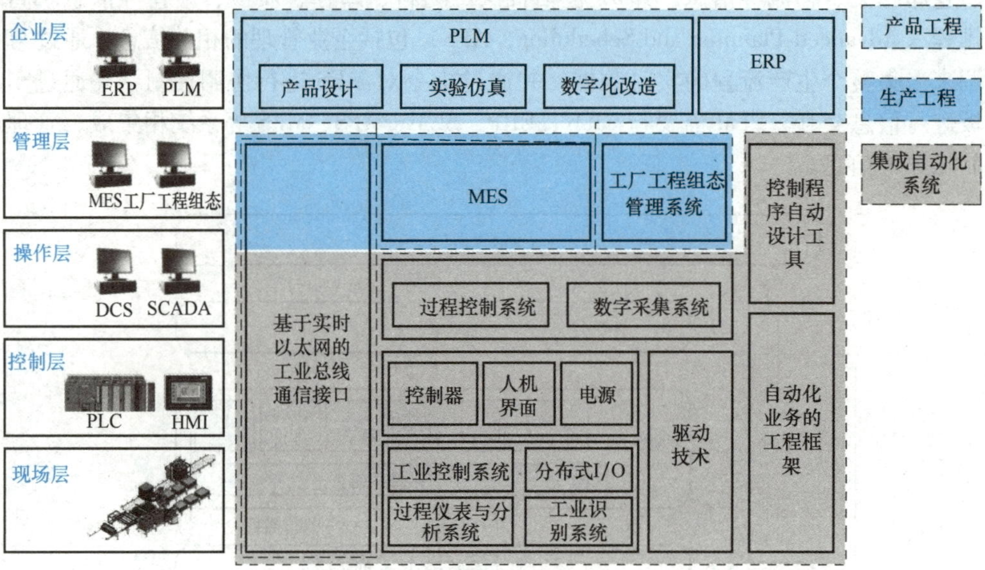

图 9-11　智能工厂架构

2）管理层，实现生产过程管理，属于生产工程部分。管理层主要实现生产计划在制造职能部门的执行，管理层统一分发执行计划，进行生产计划和现场信息的统一协调管理。管理层通过 MES 与底层的工业控制网络进行生产执行层面的管控，生产执行层面的操作人员和管理人员提供计划的执行、跟踪信息以及人、设备、物料、客户需求等所有资源的当前状态，同时获取底层工业网络对设备工作状态、实物生产记录等信息的反馈。

3）集成层，包括操作层、控制层和现场层，属于集成自动化系统部分。在集成层，自动化系统的集成是从底层出发、自下而上的，跨越设备操作层、中间控制层及现场层三个部分，基于 CPS 网络方法使用全集成自动化技术（Totally Integrated Automation，TIA）集成现场生产设备，物理创建底层工业网络，在控制层通过 PLC 硬件和工控软件进行设备的集中控制，在操作层有操作人员对整个物理网络层的运行状态进行监控、分析。在智能工厂架构下实现高度智能化、自动化、柔性化和定制化，研发制造系统能够快速响应市场的需求，实现高度定制化的节约生产。

4）智能物流及仓储系统（未画在图 9-11 中）是由立体货架、有轨巷道堆垛机、出入库输送系统、信息识别系统、自动控制系统、计算机监控系统、计算机管理系统及其他辅助设备组成的智能化系统。系统采用集成化物流理念设计而成，通过先进的控制、总线、通信和信息技术应用，协调各类设备实现自动出入库作业。

在个性化定制生产过程中，由于定制的产品存在个性化差异，物料、产品与客户之间的对应关系复杂，因此，在大规模个性化定制情景下，物料和产品的管理也变得越发复杂。智能物流和仓储系统通过强大的计算能力可以保证对生产过程的快速响应，为个性化定制提供可靠的保障。智能物流及仓储系统将会是促进个性化定制快速发展的一个重要组成部分，它具有节约用地、减轻劳动强度、避免货物损坏或遗失、消除差错、提高仓储自动化水平及管理水平、提高管理和操作人员素质、降低储运损耗、有效减少流动资金的积压、提高物流效率等诸多优点。

9.3 典型案例

为把握智能制造发展机遇，部分研究机构和企业已经尝试在个性化定制方向上开展研究和相关业务。其中，以某实验室和青岛红领集团、海尔集团为代表的机构和企业已经走在时代前列。在这些机构和企业的带领下，更多企业也开始走上了个性化定制的发展道路。

9.3.1 某实验室智能小车制造示范线

某实验室的智能小车制造示范线是一条标准的研究型个性化定制生产线，在实验室内模拟了个性化定制全流程，如图 9-12 所示。该生产线是实验室模拟生产线，消费者、制造商均由实验室人员模拟担当，设计并搭建了订单处理中心、PLM 系统、MES 和柔性生产线。消费者可以在内部局域网络完成下单，并在局域网中获得消费者反馈和制造商服务信息。通过将局域网与其他网络相联通，消费者可以在个人终端利用 APP 或网页进行产品的在线定制，在线选择基础模块信息（例如智能小车整体架构），向制造商提供消费者信息、自定义尺寸和自定义组件需求（例如传感器类型、小车体积大小）等信息，生成个性化定制订单。

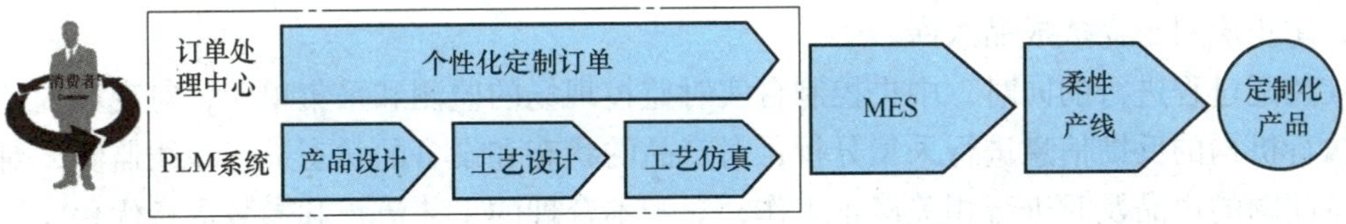

图 9-12 个性化生产全流程示意图

针对订单信息，处理中心会协同 PLM 系统，提供满足需求的产品设计参数、工艺设计 CAD 模型及工艺仿真参数，各类参数和三维模型可以通过现场触摸屏或网络终端进行展示。在真实世界进行装配之前，利用软件对整个装配过程进行模拟，以检验整个装配过程的合理性，并对部分参数进行优化。最终确定的工艺流程等信息被提供给 MES。

在智能小车装配前，制造信息被提供给智能机器人或智能 AGV，它们从物料仓库中选取符合制造信息的原料。利用 CCD（Charge Coupled Device，电荷耦合器件）识别各原料特征，将检测所得信息反馈至系统，比对实际库内的原料与托盘 RFID 芯片上信息，若比对一致，则正常出库，送至装配中心。

装配过程如图 9-13 所示。从原料库获得已有部件和原料，首先利用已有部件，分别装配小车下层、中间层和上层，实现客户化定制。然后利用 AGV 将装配好的三层输送到总装加工中心，先进行下层和中间层之间的装配，再进行最后的总装。小车总装完成后，需经过功能检测。在最后一个加工单元，利用激光技术对金属块进行加工，制造个性化铭牌，并装配在小车对应位置，最终完成产品制造过程。

在整个装配过程中，消费者可以通过工位旁的电子屏幕或者局域网中的设备实时同步监测装配过程，如果发现某一部分发生错误或者希望临时更改产品设计，可以人为地介入装配过程，实现产品在出库之前都可以再装配。

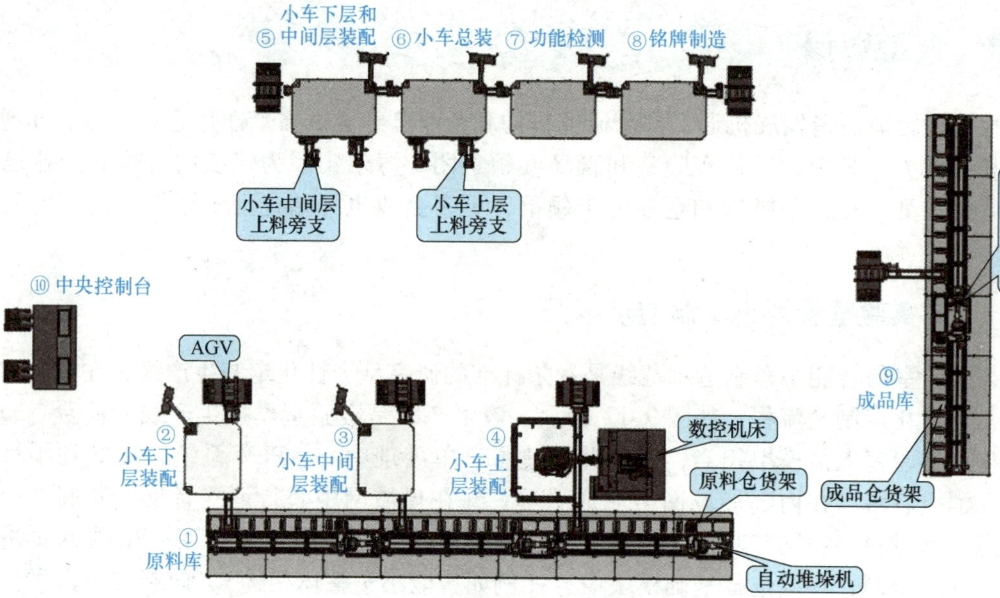

图 9-13　柔性生产装配布局图

最后，利用 AGV 将合格的成品送至成品库，同样利用 CCD 技术识别成品，与托盘信息对比，防止混料，完成成品入库。

在装配过程进行的同时，中央控制台实时监控现场的监测和采集单元，对现场的产品信息和执行机构的反馈信息进行采集分析，对产品的状态和设备的状态进行在线监测，对于出现质量问题的产品及时进行相关修正工作，对于不合理的工艺流程和参数进行优化。通过场内物流，完成产品入库，并利用 APP 或网页向客户提供产品信息，同时对消费者的反馈信息进行收集和分析处理，有针对性地提供个性化物流和售后服务。

9.3.2　红领集团

青岛红领集团依托大数据技术，在全球范围内第一个实现西装的大规模个性化定制，生产模式从规模化量产转变为更加聚焦消费者的模式。红领集团的个性化定制流程遵循 C2M 模式，如图 9-14 所示，其提供的定制化平台采集消费者需求，获取个性化信息数据，通过数据驱动整个生产制造流程，在智能工厂中完成产品的自动设计、个性化制造等环节，合格的个性化产品通过智能物流被最终交付到客户手中。

如图 9-15 所示，消费者在手机 APP 上自行定制服装细节，既可以在此平台上进行自主个性化设计（如领型、口袋、面料、里料、拼接等），又可以选择时尚成衣版型和添加个性化元素（如个性刺绣、个人品牌等），真正做到满足不同类型消费者的个性化需求。这些个性化需求将统一传输到后台数据库中，形成数字模型，由计算机完成打版，随后分解成一道道独立工序，通过控制面板及时下达给其智能车间内流水线上的工人。

结合线下测量，设计师采集消费者人体 18 个部位的 22 项数据。将这些关键数据与版型数据库相匹配，获得成衣的设计数据，便可以完成制作服务全过程。同时，为更好地满足消费者的需求，针对消费者模糊的需求信息，系统能够向客户提出建议，根据客户

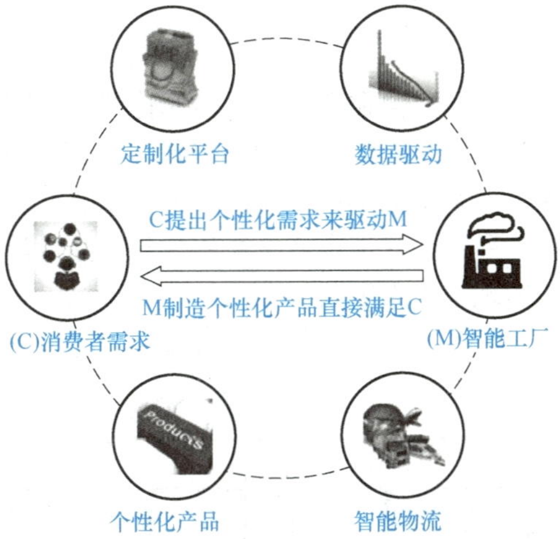

图 9-14　基于 C2M 模式的生产流程

已经填写好的资料生成最合适的搭配方案，并通过网页给客户展示一个 3D 模型。顾客可以在 3D 模型上细致地观察款式颜色、细节设计和布料材质等。通过这一标准化的客户信息采集方法，红领集团能够通过数据建模实时实现“一人一版”，在所有细节上实现个性化定制。

数据中心通过与其他系统的协同设计，将个性化信息转变成标准化信息，信息会传输到布料准备部门，使其按照订单要求准备布料。裁剪部门会按照要求进行裁剪，裁剪后的大小不一、色彩各异的布片根据西装的工艺要求（例如领子线、面料、夹里、袖子等）分为 6 部分，每部分均会配挂一个 RFID 电子标签（注明工艺要求），并会随着布料分别进入对应的吊挂流水线，如图 9-16 所示。

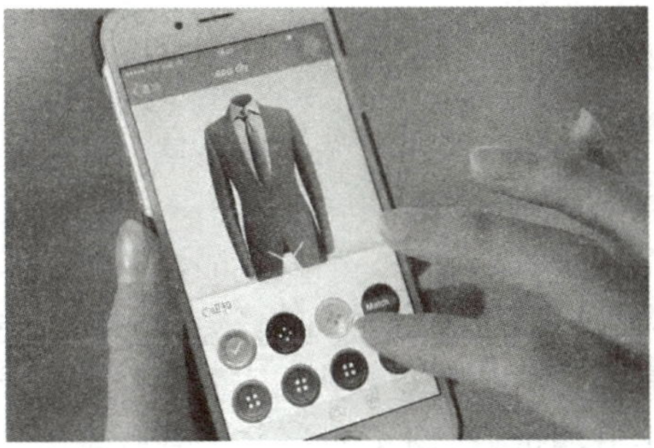

图 9-15　定制 APP 界面

图 9-16　红领厂内服装及电子标签

布料上的标签随流水线被传送，每一个工位都有专用电脑读取 RFID 电子标签上的制作标准信息，流水线上员工根据该信息完成制作。当员工刷卡时，系统就可以监控工艺流转的位置，清晰地知道生产进度。在一道工序完成后，电脑会进行标识，半成品传送到下一工序。在最后的组合环节中，电子标签会在成衣完成后统一为一张 RFID 卡，并随成衣进入到熨烫整理检验环节，最终入库。

9.3.3 海尔集团

家电向来被认为是标准化产品，但在需求日益多元化的互联网时代，消费者对家电的外观、颜色乃至功能的诉求呈现多元化趋势。作为中国最早探索大规模定制模式的企业之一，海尔集团在多年智能制造探索的基础上推出了中国首个独创的、具备自主知识产权的工业互联网 COSMO 平台，如图 9-17 所示，让消费者全流程参与产品设计研发、生产制造、物流配送、迭代升级等环节，真正实现了人人定制。

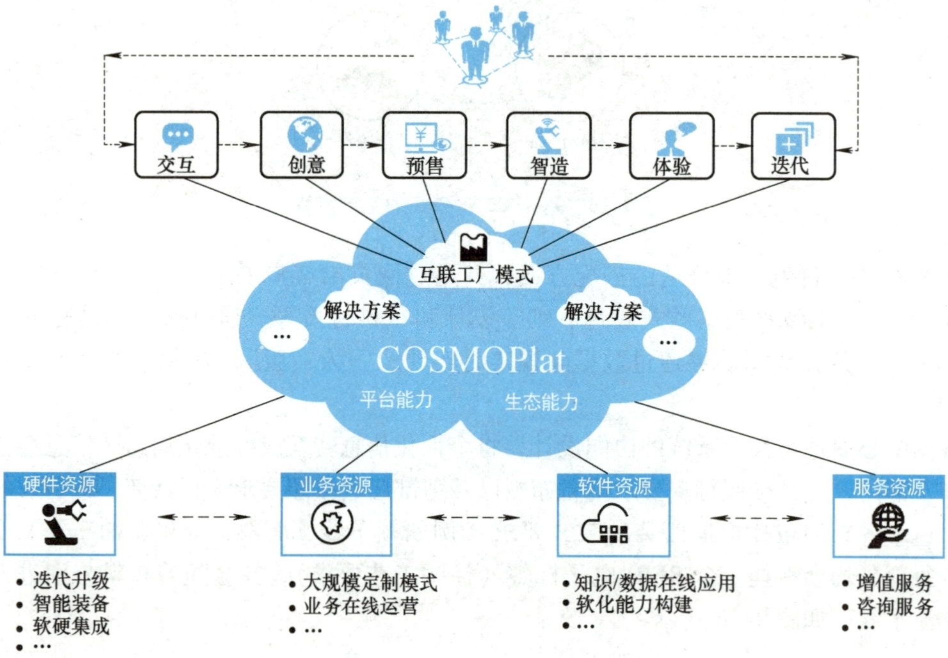

图 9-17　COSMO 平台架构

对于消费者，COSMO 平台全流程互联互通，所有的资源都可以与自己直接互联，每个节点都可以实时地接收自己的意见，产品个性化定制的需求得到充分满足。

对于能力型资源，在过去，因为无法触达终端消费者，设计、研发作品难以量化，自身价值一度饱受争议。而现在，设计师等能力型资源可以基于平台庞大的多矩阵的社群消费者体系和强大的资源整合能力，去发掘市场的痛点和需求，与消费者共同实现一个产品或者一个体验的持续改进，这样一个迭代修改、盘旋式上升的过程，不仅赋予了消费者对产品的主导权，更为能力型资源方提供了作品变现的机会。

众创汇平台是 COSMO 平台下的个性化定制平台，在众创汇平台上，消费者可以提交任何有关家电的创意和想法，自主定义自己所需要的产品，需求在形成一定规模之后，就可以通过海尔互联工厂生产实现，如图 9-18 所示。不难看出，海尔通过众创汇平台将消费者的需求连接起来，让消费者全流程参与生产制造的过程，从而为消费者开启了全新的消费体验。

不同于传统企业先研发产品、再预测市场需求、再大规模制造销售的生产模式，海尔

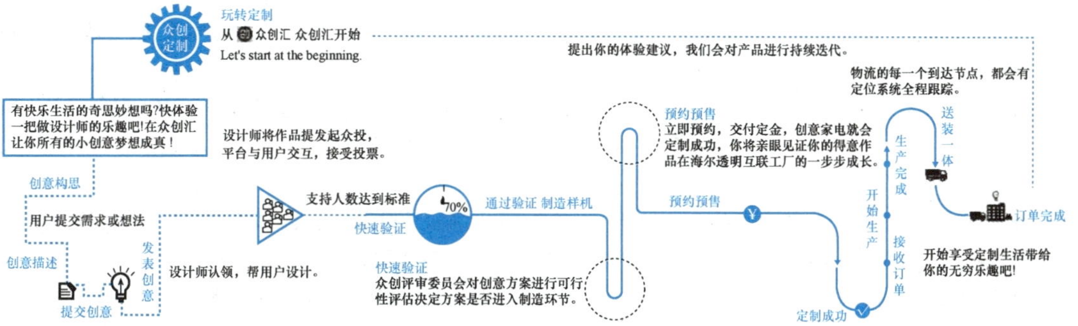

图 9-18　海尔众创定制流程

开创了一种消费者需求驱动的生产模式，即 Mind to Deliver（从创意到交付）的消费者全流程参与模式，整合了设计师资源、专业的研发资源、供应链资源，其流程如图 9-19 所示。

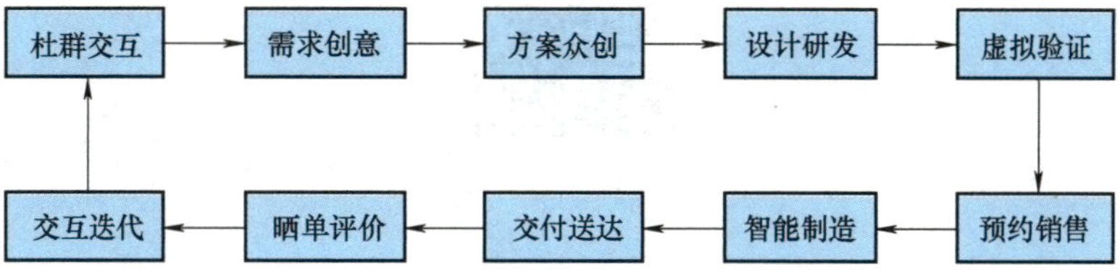

图 9-19　消费者需求驱动的生产模式流程

海尔定制平台秉承互联网时代的重要考量标准，以消费者需求为核心，注重消费者体验，打造开放式社群生态平台。它打破了传统的市场、研发、消费群之间互不干涉的壁垒，使消费者可以在海尔定制平台上提出自己的需求和创意，并与平台的优秀设计师一同参与到产品设计、定制整个过程中。此外，平台有海尔丰富的模块商资源以及强大的研发资源的共同加入，将消费者的创意变成真实有温度的产品成为可能。与此同时，在海尔互联工厂的强力支撑下，消费者还可以通过海尔定制平台实时查看产品的订单、生产、物流、交付全过程，时时数据均透明可追溯。海尔定制平台可以给消费者一个表达意愿的场景空间，让消费者在平台上不仅仅能消费海尔的产品，更可以共享海尔的能力、资源、机制等。

以定制一台海尔冰箱为例，在消费者通过终端登陆海尔定制平台提出定制要求之后，需求信息马上到达工厂，生成订单；工厂的智能制造系统会自动排产，将信息传递到各个生产线，最终生产出消费者定制的冰箱。目前，海尔已经建立起空调、洗衣机、冰箱等八大互联工厂，在全球范围内率先完成家电等工业产品从大规模制造向大规模定制的转型。

参考文献

[1] 陈明，梁乃超. 智能制造之路：数字化工厂［M］. 北京：机械工业出版社. 2016.

[2] 卢秉恒. 未来一半以上的制造为个性化定制［EB/OL］.（2016-12-09）［2018-08-22］. https://www.

gkzhan. com/news/detail/94968. html.

[3] 韦莎，马原野，张通，等．大规模个性化定制技术与标准研究［J］．信息技术与标准化，2017（08）：17-21.

[4] 谢宝飞，梁涛．基于个性化定制的智能制造研究［J］．电脑知识与技术，2017. 13（10）：154-155.

[5] 吴义爽，盛亚，蔡宁．基于互联网 + 的大规模智能定制研究［J］．中国工业经济，2016（4）：127-143.

[6] 魏宏静，李少波．云制造中产品个性化定制研究综述［J］．工程设计学报，2018. 25（1）：12-17.

[7] 姜丽丽．红领集团 C2M“个性化定制”模式研究［J］．经贸实践，2018：340.

[8] 袁航．C2M 商业模式在传统企业的应用研究［J］．商业研究，2017（14）：45-46.

[9] 全自動錫膏印刷機．未来智能制造业个性化定制，比你想象的要“酷”得多！［EB/OL］．（2017-04-24）［2018-08-22］．http://www.sohu.com/a/136217565_667754.

[10] 茂林之家．案例展示丨青岛红领——大数据驱动的个性化大规模定制模式［EB/OL］．（2016-05-22）［2018-08-22］．http://www.360doc.com/content/16/0522/07/16534268_561241430.shtml.

“两弹一星”功勋
科学家：彭桓武

第 10 章

智能制造系统的基础信息安全探讨

智能制造系统的发展关系到一个国家工业生产规模化与智能化、经济可持续发展、关键基础设施保护等重大领域，智能制造系统的重要性及其所面临的安全态势已经引起各国政府的高度重视。2017 年 5 月 11 日，美国总统发布了关于加强联邦网络和重要基础设施网络安全的行政命令；2018 年 10 月，我国工业和信息化部（以后简称工信部）正式发布《国家智能制造标准体系建设指南（2018 版）》，工业信息安全在其中的基础共性技术部分被探讨；与此同时国内各重要行业，包括核能、水利、通信、交通、能源、关键制造业等，也开始在安全标准、技术、方案等方面采取积极行动，应对日益严重的安全威胁。

本章比较了智能制造安全与传统网络安全，分析了智能制造系统的安全需求，描述了安全保障技术体系的实现思路，同时也介绍了智能制造系统信息安全的着力点和保障框架，为我国实施智能制造系统安全标准化提供参考。

10.1　概述

智能制造系统（Smart Manufacturing System，SMS）由于“智能”概念的引入而被看作区别于传统制造系统的一次重大飞跃，涉及人工智能等多项信息领域的新技术、新应用。我国工信部经过多年的积累和努力，在国内多方力量的共同协助下于 2018 年 10 月正式发布《国家智能制造标准体系建设指南（2018 年版）》（以下简称《指南 2018》），根据该指南的清晰梳理和详细论述，SMS 的基础是工业控制系统（Industrial Control System，ICS）；因而在这样的背景和前提下，本章将要探讨的信息安全问题属于 SMS 的基础共性技术范畴，落脚在 ICS 之上。

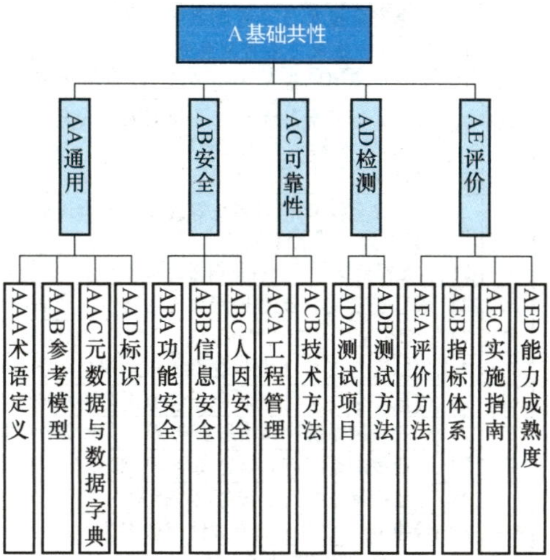

图 10-1　A 基础共性技术

在我国工信部发布的《指南 2018》中，SMS 安全属于 A 基础共性技术中的 AB 安全类，划分为功能安全、信息安全和人因安全三个方面，如图 10-1

所示。本章所探讨的内容主要针对智能制造信息安全，信息安全标准即用于保证智能制造领域相关信息系统及其数据不被破坏、更改、泄露，从而确保系统能连续可靠地运行，包括软件安全、设备信息安全、网络信息安全、数据安全、信息安全防护及评估等标准。

SMS 的智能主要体现在承担工业生产任务的自动化控制系统的智能化，而 SMS 信息安全则更主要集中在基础性的 ICS 信息安全上。而从《指南 2018》的附件 3：已发布、制定中的智能制造基础共性标准和关键技术标准不难发现，A 基础共性的 AB 安全类共包含 30 项已发布或制定中的标准，围绕 ICS 信息安全的共 22 项，如图 10-2 所示。因此，在本章谈到 SMS 的信息安全时，我们更多地关注信息安全在制造系统中的实际着力点，即包括 ICS 在内的基础共性之处。

附件 3：已发布、制定中的智能制造基础共性标准和关键技术标准

总序号	分序号	标准名称	标准号/计划号	对应国际标准号	所属的国际标准组织	状态
A基础共性						
AB安全						
36	1	工业控制网络安全风险评估规范	GB/T 26333-2010			已发布
37	2	工业控制系统信息安全	GB/T 30976.1-30976.2			已发布
38	3	工业自动化产品安全要求	GB 30439			已发布
39	4	过程工业领域安全仪表系统的功能安全	GB/T 21109.1-21109.3	IEC 61511	IEC SC65A	已发布
40	5	工业通信网络 网络和系统安全 建立工业自动化和控制系统安全程序	GB/T 33007-2016	IEC 62443-2-1:2010	IEC TC65	已发布
41	6	工业自动化和控制系统网络安全 集散控制系统(DCS) 第1部分:防护要求	GB/T 33009.1-2016			已发布
42	7	工业自动化和控制系统网络安全 集散控制系统(DCS) 第2部分:管理要求	GB/T 33009.2-2016			已发布
43	8	工业自动化和控制系统网络安全 集散控制系统(DCS) 第3部分:评估指南	GB/T 33009.3-2016			已发布
44	9	工业自动化和控制系统网络安全 集散控制系统(DCS) 第4部分:风险与脆弱性检测要求	GB/T 33009.4-2016			已发布
45	10	工业自动化和控制系统网络安全 可编程序控制器(PLC) 第1部分:系统要求	GB/T 33008.1-2016			已发布
46	11	控制与通信网络 CIP safety规范	GB/Z 34066-2017	IEC 61784-3	IEC SC65C	已发布
47	12	控制与通信网络 Safety-over-EtherCAT规范	GB/T 36006-2018	IEC 61784-3	IEC SC65C	已发布
48	13	信息安全技术 工业控制系统风险评估实施指南	GB/T 36466-2018			已发布
49	14	信息安全技术 工业控制系统安全管理基本要求	GB/T 36323-2018			已发布
50	15	信息安全技术 工业控制系统信息安全分级规范	GB/T 36324-2018			已发布
51	16	信息安全技术 工业控制系统现场测控设备通用安全功能要求	GB/T 36470-2018			已发布
52	17	工业环境用机器人 安全要求 第1部分:机器人	GB 11291.1-2011			已发布
53	18	机器人与机器人装备 工业机器人的安全要求 第2部分:机器人系统与集成	GB 11291.2-2013			已发布
54	19	信息安全技术 数控网络安全技术要求	20170567-T-469			制定中
55	20	信息安全技术 信息系统等级保护安全设计技术要求 第5部分:工业控制系统	20171111-T-469			制定中
56	21	信息安全技术 工业控制网络监测安全技术要求及测试评价方法	20171118-T-469			制定中
57	22	信息安全技术 工业控制系统网络审计产品安全技术要求	20171743-T-469			制定中
58	23	信息安全技术 工业控制系统安全防护技术要求和测试评价方法	20171744-T-469			制定中
59	24	信息安全技术 工业控制系统信息安全防护能力评价方法	20173583-T-469			制定中
60	25	信息安全技术 工业控制系统专用防火墙技术要求	20173856-T-469			制定中
61	26	工业控制系统产品信息安全 第2部分:安全功能要求	20171279-T-469			制定中
62	27	工业控制系统产品信息安全 第3部分:安全保障要求	20171280-T-469			制定中
63	28	工业控制系统信息安全检查指南	20173870-T-469			制定中
64	29	智能工厂 安全监测有效性评估方法	20173706-T-604			制定中
65	30	工业自动化和控制系统安全 第2-4部分: IACS服务提供商的安全程序要求	20173709-T-604			制定中

图 10-2　AB 安全标准

ICS 广泛应用于化工、石油、电力、天然气、核设施以及国家先进设备制造等行业。ICS 对于国家基础设施实现自动化作业起到至关重要的作用，所以其面临的安全威胁可能带来非常巨大的影响。如 2010 年，“震网”病毒破坏伊朗纳坦兹的核设施，并导致伊朗布什尔核电站推迟起动；2016 年 12 月，一起针对乌克兰电网的黑客攻击事件使得首都基辅断电超过一小时，数百万家庭被迫中断供电。可见一旦 ICS 被破坏，受其控制的关键基础设施也会面临十分严峻的威胁，进而影响公众的日常生活，甚至造成重大安全事故。

新兴的工业 4.0 趋势使得保障网络安全成为全球工业组织的首要任务，尽管大多数工业机构认为自己已经准备好应对网络安全事故，但他们的这种自信的理由似乎并不充分。根据卡巴斯基实验室进行的一项调查，在 2016 年，每两家 ICS 公司中，就有一家经历过 1 ~ 5 次安全事故。平均来看，无效的网络安全给工业机构造成每年 497000 美元的损失。

目前，我国工控设备和系统依赖进口，一些存在安全漏洞的国外工控产品仍在国内被大量使用。此外，随着 ICS 网络技术的发展，ICS 中多个设备的集成工作、安全认证问题开始凸显。连入互联网后，ICS 直接暴露的风险也不断加大。由于历史原因，ICS 中普遍使用的工业协议（如 Modbus/TCP 和 EtherNet/IP）缺乏安全加密和认证机制。综上所述，当前我国 ICS 安全形势并不乐观，因而整体来看，SMS 信息安全形势也较为严峻。

10.2　智能制造系统信息安全

当前我国智能制造领域采用的信息安全保障技术（如信息加密技术、安全认证技术等）大量源于国外技术体系，且技术本身存在来源不明、规范不清、体系不全的问题，安全保障技术尚未形成全系统、全覆盖的应用框架。本节将在比较传统 IT 网络和制造系统网络的基础上，着重讨论制造系统信息安全的主要需求。

许多 ICS 早在互联网普及之前就已经被部署，并沿用至今。这些系统往往基于专有的硬件、软件和协议，与外界网络分隔开来。早期的 ICS 可以满足特定基础设施对可靠性（Reliability）、可维护性（Maintainability）及可用性（Availability）的需求（合称 RMA），但是设备与设备之间没有安全的通信机制。ICS 与 IT 网络相比，缺乏保密性（Confidentiality）、完整性（Integrity）及真实性（Authenticity）。其中，保密性强调设备之间传递的信息不向非授权第三方泄露，也不被非授权者使用，往往通过各类加密算法对明文加密，以密文的形式在不安全的信道中传递；完整性希望设备之间传递的信息不会被第三方篡改，即接收方获得的数据与发送方发送的数据完全一致；除此以外，很多从事安全领域研究的人认为还需要真实性，使安全目标更全面，真实性是指接收方能够确定自己收到的数据来自真实的发送方，而不是其他非法成员冒充发送方发出的。

20 世纪 80 ~ 90 年代，工控网络与微处理器、个人电脑、网络技术同步发展。最终，互联网技术在 20 世纪 90 年代末期融入工控网络设计。这一转变使得 ICS 与外界的“隔阂”土崩瓦解，大大增加了系统数据被暴露在公共网络中的可能性。美国 ICS-CERT（Industrial Control System Cyber Emergency Response Team，工业控制系统网络应急响应小组）公开的统计数据表明，2010 年后新发现的 ICS 漏洞呈快速增长的趋势。石化行业常用的国外 ICS，如西门子（Siemens）、研华科技（Advantech）、施耐德（Schneider）、罗克韦尔自动化（Rockwell Automation），产品漏洞数量占前 4 名。国产 ICS 的漏洞问题也开始引起注意。当应对

ICS 安全漏洞时，行业专家需要谨慎考虑传统网络和工控网络之间的差异，判断传统网络环境中的解决办法能否适应智能制造工控环境中的特殊需求。

10.2.1 传统网络与制造系统网络比较

智能制造系统涉及支持工业生产过程调度的各种控制网络或系统，这些系统的主要功能是负责监测和控制工业生产当中的各类操作流程，例如石油天然气传输、电力的调度、自来水处理、炼油炼钢生产、铁路运输等。SMS 充分利用计算机及网络通信等技术，使工业生产或作业过程自动化、流程化、精确化。SMS 中的 ICS 网络与传统网络有一些差异，主要体现在可用性、风险管理、通信方式等方面。

（1）可用性　众多 ICS 被部署在极其重要的关键生产环节中，包括机器人控制、仓储管理控制、传输线控制、质量检测等。这些环节需要不间断地正常运行以保证社会运转。因此，ICS 对于可用性的需求远远超过一般传统网络，任何意料之外的运行中断都是无法接受的。当工控系统计划停止工作时，必须提前数日甚至几周安排中断计划。除此以外，许多 ICS 在停止或启动工作时，会影响到整个智能制造系统的正常生产。所以，工控系统无法像传统网络一样，频繁重启某一部件。为了尽可能保证系统持续运行，一些工控系统会部署多个功能重复的部件同时运行，以防其中一个部件突然故障停机。

（2）风险管理　传统网络环境在传输数据时，更加关注数据的保密性和完整性。反之，ICS 优先考虑可用性和系统对社会的影响。

（3）通信方式　传统网络采用标准通信协议。ICS 中的通信方式则要复杂许多，除了各大厂商自己的专用协议之外，还有可能涉及一些特殊的传播媒介，如卫星传播、无线广播。工控系统网络往往更加复杂，需要考虑设备使用环境的差异。

（4）结构侧重点　传统网络安全强调信息的保护，避免信息在设备传输或存储过程中意外泄露。由于中心服务器包含更多敏感数据，传统网络侧重于中心节点的防护。工控网络的终端结点（如 PLC 或 DCS）直接控制着实体设备的运行，所以需要谨慎对待。同时，对于 ICS 中心服务器的保护也十分重要。一旦中心服务器被攻击，受其控制的 PLC 等硬件设备将执行恶意代码，从而破坏基础设施。

（5）节点资源　工控网络中节点的计算、存储、带宽等资源十分有限。在保证原本功能正常执行的基础上，实现安全认证时，需要考虑如何在有限的资源里达到效率和安全性的平衡。许多现代密码学技术由于计算和存储开销过大，难以在 ICS 中部署。

（6）生命周期　传统网络中组件的生命周期一般在 3~5 年，而 ICS 中组件可能会服役 15~20 年，甚至更长。

10.2.2 智能制造系统信息安全的着力点

信息化和工业化深度融合，控制网、生产网、管理网、互联网互联互通成为常态，智能制造生产网络的集成度越来越高，越来越多地采用通用协议、通用硬件和通用软件，生产控制系统信息安全问题日益突出，面临更加复杂的信息安全威胁。SMS 信息安全包括若干重要环节，这些环节也是 SMS 安全防护的主要着力点，在系统中表现为不同系统层次的各个安全模块。SMS 中不同模块的安全构成如图 10-3 所示。

（1）网络安全　与互联网的深度融合，网络 IP 化、无线化以及组网灵活化给智能制造

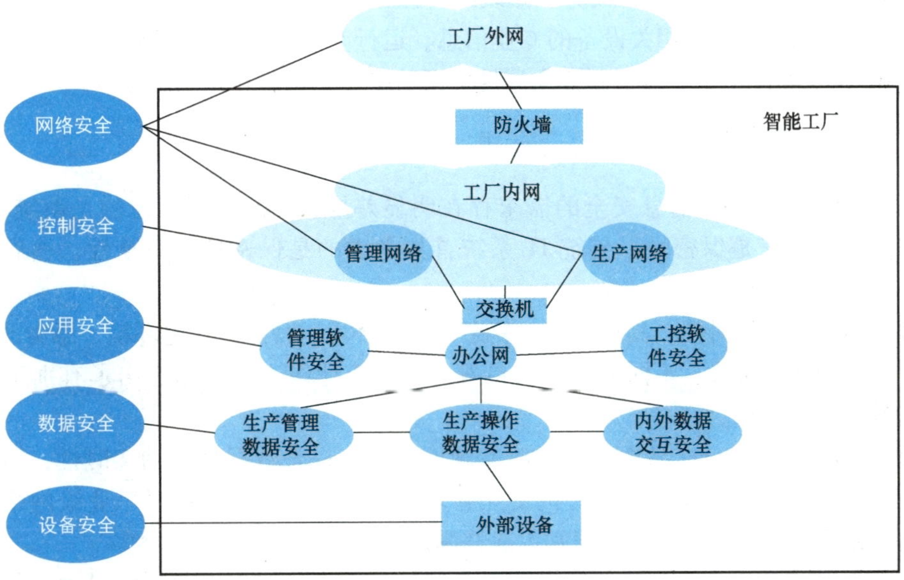

图 10-3　智能制造系统的安全构成

网络带来更大安全风险。

（2）控制安全　控制环境开放化使外部互联网的威胁渗透到生产控制环境中。

（3）应用安全　网络化协同、个性化定制等业务应用的多样化对应用安全提出了更高要求。

（4）数据安全　数据的开放、流动和共享使得数据和隐私保护面临前所未有的挑战。

（5）设备安全　设备智能化使生产装备和产品更易被攻击，进而影响正常生产。

10.3　智能制造系统信息安全需求

10.3.1　总体安全需求

根据 ENISA（European Onion Agency for Network and Information Security，欧盟网络与信息安全局）关于 ICS 安全提出的九种风险因素，这里总结了以下七大类 SMS 信息安全需求：

1）专用通信协议本身安全性脆弱，缺乏可靠的认证、加密机制，缺乏消息完整性验证机制。

2）SMS 面临继承传统 IT 系统及其标准存在漏洞的可能性，需要对 SMS 采用 IT 系统标准后的安全性进行严格验证和测试。

3）在 SMS 层次结构中，企业网络使得其他三个相连的层次将面临其带来的安全风险，必须严格限制在企业网络中使用设计生产和作业的 SMS 服务，对资源使用加强认证和访问控制，同时制订必要的网络划分、域控制和隔离策略。

4）SMS 的各个层次间存在过程控制、监控、测量等设备和计算机服务器间的通信，必须对层间通信引入可靠的加密和认证机制。

5）当 SMS 与 IT 系统融合并采用部分现行 IT 标准时，需要考虑对现有 IT 系统安全解决方案在 SMS 中的应用进行扩展、裁剪、修改或再开发。

6）对企业采用的 SMS 相关设备的专业信息、运行参数必须进行严格保护。

7）SMS 系统的使用企业需要制订全局性资源防护安全策略和计划。

10.3.2 与传统网络相区别的安全需求

SMS 与传统 IT 系统对信息安全的需求存在明显差异，SMS 最先考虑的是系统可用性，其次是完整性，第三是保密性；传统 IT 系统首先考虑的是保密性、完整性，然后才是可用性。

另外，SMS 的高实时性、高可靠性、复杂的电磁环境、特定的供电环境、恶劣的温度湿度环境、专业的通信协议、不同的使用人员等，都对工业级安全产品提出了有别于传统 IT 系统的功能和性能需求。

目前主流的 SMS 安全产品主要通过改造硬件平台，提升数据处理的实时性，增加专用协议识别功能，完善和改进易用的人机交互管理系统来实现，使其满足工业级网络运行环境、网络通信高实时性、访问控制识别工业控制协议等要求。

我国 SMS 信息安全产品的研发和应用目前还处于起步阶段，以北京中科网威信息技术有限公司为代表的传统信息安全企业已经研发出了适合电力等行业的工业防火墙等产品，工业威胁监测系统、工业漏洞检查工具也在开发中。

另外，我国大多数工控企业核心产品和技术来自国外企业，短时间内难以改变国内中高端工业软件市场被外国公司占据的现状。据统计，我国 22 个行业的 900 套 ICS 主要由外国公司提供，其中 SCADA 国外产品占比 55.12%，DCS 国外产品占比 53.78%，PCS 国外产品占比 76.79%，大型 PLC 的国外产品占比达到了 94.34%。我国的 ICS 信息安全起步相对较晚，安全防护能力比较薄弱。

因此，加快 ICS 信息安全的制度建设，制定 ICS 信息安全标准，提升 ICS 信息安全的保障能力等，都是我国智能制造发展战略中急需解决的课题。

10.4 各类安全技术

根据以上归纳的信息系统与 SMS 安全需求，这里总结了 8 大类 27 子类 ICS 安全技术应用，并将结合 ICS 各层次结构和特点，对各个层次安全技术的应用进行详细的分类解析。

10.4.1 安全技术与各层次关系

表 10-1 是各类安全技术与是否在相应层次使用的总体对应表，该表对各大类和子类的安全技术应用在 SMS 四个层次（设备层级、产线层级、车间层级、工厂层级）做了简单归纳，但 SMS 在继承 IT 系统功能与应用的基础上，各层次子系统和设备部署对安全技术的需求不同。

各子类安全技术在相应 ICS 设备上的应用情况仅使用三种状态表达。

1）应用：表示该安全技术可在 SMS 中直接应用。

2）非必要应用：表示该安全技术并未列入 SMS 相应层次的安全需求中。

3）SMS 定制应用：表示该安全技术在 SMS 中的应用需根据实际子系统配置、性能和运行成本进行修改、定制，或二次开发。

表 10-1　SMS 各层次与安全技术对应

SMS 安全技术分类及各子类		SMS 各层次			
		Level 0	Level 1	Level 2	Level 3
认证技术	基于位置的认证	√	○	○	○
	智能卡认证	○	○	○	○
	生物信息认证	○	○	√	√
	设备端到端认证	√	○	○	○
	口令和消息反馈认证	○	○	○	√
	数字证书	○	○	○	○
密钥应用与管理	对称加密	○	○	○	○
	非对称加密	○	○	√	√
	散列函数	○	○	○	○
	公共密钥基础设施	○	√	√	√
	密钥管理基础设施	○	√	√	√
	虚拟专用网络	○	○	○	√
协议漏洞评估	原始协议验证	√	√	○	○
	协议实现验证	√	√	○	○
安全管理、监控、检测	日志审计和安全事件追溯	○	○	○	√
	取证和分析	○	○	○	√
访问控制	基于角色的访问控制	○	○	√	√
	强制访问控制	√	√	○	√
	自主访问控制	√	√	√	√
	最小特权原则	○	○	○	○
	职责分离原则	○	○	○	○
入侵检测	协议特征码检测	○	○	○	○
	异常行为检测	○	√	○	√
防火墙技术	网络防火墙	○	○	○	○
	主机防火墙	○	○	√	√
操作系统安全	病毒和恶意代码检测	○	○	√	√
	漏洞扫描	○	○	√	√

注：○—该技术在某一层次所有子系统或设备上都有相应的应用。
　　√—该技术并不适合应用于某一层次的每一种子系统或设备。

10.4.2　认证技术

（1）基于位置的认证　基于位置的认证通过对资源访问请求者的地理位置的测定，判断访问请求是否来自已知的安全区域。在 SMS 中使用基于位置的认证技术能有效地保护关键设施，并且在发生未授权的访问活动时，能够方便地查找未授权事件的相关责任人、区域和设备。

(2) 智能卡认证　安全相关的智能卡应用包括密码卡、智能密码钥匙、身份卡等，这些智能卡能携带多种用户信息以支持计算机二元、三元认证，比如能存储用户身份信息、数字证书以及用户生物特征信息等。

(3) 生物信息认证　生物信息认证利用用户唯一性的生物特征信息进行访问身份验证，可用的特征信息包括指纹、面部、虹膜、声音、掌纹信息等。由于生物特征信息的唯一性，这种认证技术除了能提供身份验证的功能，还可解决用户智能卡遗失的问题。

(4) 设备端到端认证　在 SMS 四层结构中，层间设备通信负责设备间的数据和命令代码的传输，但未相互认证的通信双方极易受到中间人攻击的影响，因而有必要使用设备端到端认证技术。设备端到端认证技术可利用的认证对象包括传输的数据、数据发送者和接收者的身份、提供数据传输的应用服务类型、端到端会话等。

(5) 口令和消息反馈认证　口令和消息反馈认证是认证技术中简单的常见的类型，SMS 中的用户在使用设备或请求资源访问时，需要提供预先持有的相应资源、设备的信息，比如 PIN（Personal Identification Number，个人识别密码）数字、密码字符串或词句等。

(6) 数字证书　数字证书是指证书授权中心（Certificate Authority，CA）机构发行的一种电子文档，是一串能够表明网络用户身份信息的数字，提供了一种在计算机网络上验证网络用户身份的方式，因此数字证书又称为数字标识。通信双方可使用数字证书验证身份，以确保传输信息的保密性、不可抵赖性以及完整性。在 SMS 中，可以根据系统服务的性能要求、传输条件等因素选择是否使用数字证书作为身份验证的方式。

10.4.3　加密应用与管理

(1) 对称加密　对称加密技术在通信双方间使用同一密钥进行加解密，该技术的优势在于效率高、算法简单，系统运行开销小，适用于加密大量数据，且加密处理简单、加解密速度快，但在使用过程中也存在一些问题，例如密钥管理困难，即存在密钥交换问题和密钥维护问题，这些问题使得对称加密技术的系统使用成本较高。在 SMS 中，各层间通信应根据信息传输的条件和要求确定对称加密的使用模式。

(2) 非对称加密　非对称加密技术使用不同的密钥对通信数据进行加解密，主要用于数字认证，该技术的优点是不需要共享密钥，但使用中也存在加解密速度慢，且产生比使用对称密钥加密技术更大的密文块等问题。在 SMS 中，需要考虑非对称加密技术应用的场景和条件，以及指定设备的性能和系统开销，在系统各个层次和层次间选择适合使用该技术的通信设备或服务。

(3) 散列函数　散列（Hash）函数主要用于信息完整性认证，与非对称加密算法的应用相似。SMS 应根据子系统和设备的带宽、性能及实时性等条件的约束，重点考虑采用散列函数对控制指令等进行验证。

(4) 公共密钥基础设施　公共密钥基础设施（Public Key Infrastructure，PKI）为用户提供数字签名认证等服务，包括公钥密码证书管理、密钥的备份和恢复、黑名单发布与管理、密钥自动更新与历史密钥管理，PKI 系统构成包括数字证书认证中心、数字证书库、证书吊销系统、系统服务应用程序接口（Application Programming Interface，API）等。

在 SMS 的各个层次中，应根据系统安全需求选取部署 PKI 的层次和网络，还应适当选取 PKI 框架中适合智能制造系统认证和加密需求的服务。

（5）密钥管理基础设施　密钥管理基础设施（Key Management Infrastructure，KMI）服务于 SMS 中的 PKI 设施和其他密码设备，为它们提供密钥的生成、存储、分发、导入导出、备份、更新、恢复、销毁等服务功能。与 PKI 设施一样，KMI 也应根据 SMS 各层次和层间的安全需求，制订适合系统加密和认证特点的 KMI 部署方案。

（6）虚拟专用网络　虚拟专用网络（Virtual Private Network，VPN）能够为 SMS 提供经过加密、认证和完整性保护的资源或网络访问方式。在 SMS 中，由于各层次部署的子系统物理分布广泛，如 SCADA、PLC 等，而为了保护各子系统内部通信或数据交换，应考虑在适当的系统通信中采用 VPN 方式。

10.4.4　协议漏洞评估

（1）协议验证　SMS 各层次和层间通信使用专有通信协议，该类协议的设计区别于传统 TCP/IP 协议族，主要考虑满足特定设备之间的数据和命令码传输需要，而通信双方数据加密、身份验证等安全需求则未纳入设计规范，因而需要对系统各个层次和层间通信使用的协议进行安全性评估和验证，以发现协议设计中存在的漏洞，从而为入侵检测系统（Instrusion Detection System，IDS）定义新的检测匹配规则提供支持。

（2）协议实现验证　SMS 使用的特定通信协议除本身的安全性需要经过验证外，在协议具体实现过程中的安全性也需要验证。协议的实现包括对协议通信功能本身的实现和部署，以及为满足安全性需求所增加的技术实现，如身份验证、传输加密等。协议实现的安全性验证比协议设计的安全性验证的系统成本低。

10.4.5　安全管理、监控、检测

（1）日志审计和安全事件追溯　在 SMS 中，为保障系统在安全事件发生时或发生后，安全管理员能有效和迅速地分析、查找事件的起源和事件实施者在事件发生过程中留下的信息，以及确定受事件影响的系统或子系统范围，应在 SMS 整体安全策略中详细地计划和部署系统日志的维护和审计措施。

SMS 各层次应根据安全需求和风险评估结果，在关键设备、网络、服务器中提供可靠的日志服务。此外应对存储和传输日志数据的设备实施严格的访问控制，对安全审计人员实施严格的身份认证和授权验证，防止控制系统运行、设备参数泄露造成其他安全事件。安全事件发生时和发生后，安全管理人员应根据日志分析结果和数字签名、时间戳等信息形成对事件的分析和追溯报告。

（2）取证和分析技术　取证和分析技术在网络安全管理中用于被动搜集网络的状态、结构和流量等数据，主要利用数据包捕获、网络监控、网络取证和分析三类工具。

SMS 的运行需要对各个层次和层间网络通信，以及外部网络对控制网络的访问进行监控，在检测到网络异常行为时对其进行分析，帮助安全管理人员识别和记录异常行为。

10.4.6　访问控制

（1）基于角色的访问控制　基于角色的访问控制是在现行智能制造系统中使用最广泛的安全机制。该机制基于角色模型，根据企业人员业务职责，创建角色库，并为各种角色分

配必要的访问权限，角色模型适用于管理数量庞大的权限和复杂的企业人员业务职责分类。

在 SMS 中，为保护各层次资源不受到未授权的访问，需要根据资源特点进行分类，以确定或选取使用角色模型的网络范围。

（2）强制访问控制　强制访问控制一般用于重要信息系统的资源保护，SMS 有必要对系统资源进行安全性等级划分，并采用强制访问控制机制加以保护。强制性划分基于系统资源的保密性需求和完整性需求。

在 SMS 中，应根据各个层次设备对系统服务连续性的影响程度定义资源的保密性和完整性级别。

（3）自主访问控制　自主访问控制机制强调资源的归属和资源访问权限的传递，该机制被广泛应用于各种操作系统。SMS 中继承和使用了大量 IT 系统软件和服务，当这些软件和服务采用自主访问控制机制时，需要对授权和被授权者进行严格的身份验证及数字签名检验，以使自主授权行为具有良好的可追溯性。

（4）最小特权原则　在 IT 系统中，由于系统的开放性和复杂性，对系统资源访问权限的分配不一定遵循最小特权原则。但在 SMS 中，为保障系统服务的连续性和人员对系统资源使用的可控性，必须大量采用最小特权原则，在不影响控制系统正常运行的前提下，严格限制人员权限的分配。

SMS 中人员的最小特权分配应包括两个维度，即时间和业务操作，根据完成既定操作的最小时间段授权，或根据完成系统业务操作所需的最小资源范围授权。

（5）职责分离原则　职责分离原则是在角色模型中最先采用的一个重要约束，该原则强调对于部分重要或关键资源的访问权限或某一关键业务过程中的部分重要步骤的授权应当分离，即使一种权限属于不同访问实体管理，以降低访问者拥有过大权限而破坏系统数据完整性的可能。

在 SMS 中，对关键设施或过程的保护可采用职责分离原则，由多个访问实体共同掌握对关键设备的访问权限，从而满足控制系统的安全性需求，防止系统受到恶意访问。

对角色模型、强制访问控制、自主访问控制和 SMS 中职责分离的多方实体的授权应基于可靠的身份验证机制。

10.4.7 入侵检测

（1）协议特征码检测　协议特征码检测应基于协议漏洞分析技术，根据漏洞分析结果形成攻击的特征码，并在入侵检测系统中添加新的特征码匹配规则。

SMS 中的设备采用各种专有通信协议，该类协议区别于传统的 TCP/IP 协议族，因此应根据各种专有通信协议的脆弱性评估和漏洞分析结果，建立和维护相应的特征码库，及时添加和更新入侵检测系统中的匹配规则。

（2）异常行为检测　异常行为检测基于对网络流量、网络或资源访问行为的统计数据的分析，得到异常行为模式，并将这些行为模式定义为入侵检测系统匹配规则。

10.4.8 防火墙技术

（1）网络防火墙　防火墙技术用于过滤特定的网络通信流量，该技术基于静态或动态包过滤，以及应用层协议过滤。

在 SMS 中，防火墙被用于网络访问控制和网络划分。系统各个层次内和层次间存在频繁的网络通信，为保护各层次中相应的控制设备不受到未授权的访问，应利用防火墙技术划分出各种特定网络和设备的工作边界。

（2）主机防火墙　区别于网络防火墙，基于主机的防火墙技术是一种对系统保护的软件解决方案。主机防火墙一般部署在服务器或工作站上，或某些设备的流量控制器上，针对与该主机发生的特定的网络通信进行过滤，然后再将过滤内容转发给主机上运行的某种应用程序。在 SMS 中，为保护重要的服务器或工作站，应在该类设施上部署主机防火墙。

10.4.9　操作系统安全

（1）病毒和恶意代码检测　计算机病毒和恶意代码针对操作系统使用过程中的不当操作和系统漏洞，对系统资源或数据信息的机密性、完整性、可用性造成破坏。病毒和恶意代码的传播导致相关网络中的主机系统均受到影响，因此应在各类主机或服务器中部署反病毒和恶意代码软件，从而保护系统信息免遭破坏。

区别于 IT 系统的是，SMS 不仅使用传统的 IT 操作系统，而且大量使用嵌入式操作系统，因此应增强对各类嵌入式操作系统病毒和恶意代码的防范，使用不同的检测工具对特定操作系统进行检测和扫描，并定期更新病毒和恶意代码库。

（2）漏洞扫描和系统安全更新　操作系统漏洞容易被病毒和恶意代码利用，因而在 SMS 中，针对不同类型的操作系统应具备相应的漏洞扫描工具，及时对系统进行扫描，并定期启动系统安全更新，修复操作系统漏洞。

10.5　智能制造系统安全保障技术框架

2017 年 9 月美国国家标准与技术研究院发布了 SMS 安全框架总则。本节在此简要介绍针对制造环境开发的 SMS 安全框架。

10.5.1　智能制造系统信息安全保障技术框架

SMS 信息安全保障技术框架是一系列网络安全活动和预期结果，这些活动在关键基础设施部门被确定为必不可少的。安全保障技术框架用于提供行业标准、指导方针和实践方式，以便从保障实施单位的执行层面到实施/运营层面进行网络安全活动和结果的交流。框架核心包括五个功能，分别是识别、保护、检测、响应和恢复。综合考虑时，这些功能提供了组织管理网络安全风险的高级战略视图。

（1）识别　帮助组织了解进而管理系统、资产、数据和功能的网络安全相关风险。识别功能中的活动是有效使用框架的基础。理解业务环境、支持关键功能和相关网络安全风险，使组织能够根据其风险管理策略和业务需求，集中精力并确定识别功能中的活动优先顺序。此功能的示例包括资产管理、商业环境、治理、风险评估和风险策略管理。

（2）保护　制定并实施适当的保护措施，确保能够提供关键基础设施服务。保护功能中的活动支持限制或遏制潜在网络安全事件的影响。此功能的示例包括访问控制、意识和训练、数据安全、信息保护流程和规程、维护和防护技术。

(3) 检测　制定并实施适当的活动以识别网络安全事件的发生。检测功能中的活动可以及时发现网络安全事件。此功能的示例包括异常和事件、安全连续监测和检测过程。

(4) 响应　制定并实施适当的活动，针对检测到的网络安全事件采取行动。响应功能中的活动支持控制潜在网络安全事件影响的能力。此功能的示例包括响应规划、通信、分析、减轻和改进。

(5) 恢复　制定和实施适当的活动，以保持计划的弹性，并恢复因网络安全事件而受损的任何功能或服务。恢复功能中的活动支持及时恢复到正常的操作，以减少网络安全事件的影响。此功能的示例包括恢复计划、改进和通信。

10.5.2　分类

为适应制造系统的三个安全级别，制造业配置文件也分为低、中、高三个类别。不同的类别定义了不同风险级别的安全性能力、功能和特异性。制造商或行业部门通过需求选择相应的等级配置文件应用于制造系统中。智能制造系统等级见表 10-2，不同产品生产和行业关注的制造系统影响水平及实例见表 10-3。

1）如果完整性、可用性或机密性的丧失预期会对制造业务、制造产品、资产、品牌形象、财务、人员、公众或环境产生有限的不利影响，则潜在影响为低。

2）如果预计完整性、可用性或机密性的丧失会对制造业务、制造产品、资产、品牌形象、财务、人员、公众或环境产生严重的不利影响，则潜在影响是中等的。

3）如果预计完整性、可用性或机密性的损失会对制造业务、制造产品、资产、品牌形象、财务、人员、公众或环境造成严重或灾难性的不利影响，则潜在影响是高的。

安全分类过程会影响实施配置文件时的工作量。支持最关键和/或敏感操作和资产的制造系统需要最大程度的关注和努力，以确保实现适当的操作安全性和风险缓解。

表 10-2　智能制造系统等级

影响类别	低影响	中等影响	高影响
人员创伤	需要急救的创伤	需要住院治疗	生命或肢体的损失
经济损失	$ 1 000	$ 100 000	> $ 100 000
环境释放	临时损坏	持久的伤害	永久性损坏、异地损坏
生产中断	分钟	天	周
公众影响	临时损坏	持久的伤害	永久性损坏

表 10-3　不同产品生产和行业关注的制造系统影响水平及实例

影响等级	低影响	中等影响	高影响
产品生产中的情形	非危险材料或产品、非摄入类消费品	生产过程中的一些危险产品或步骤、大量的专有信息	关键基础设施（例如电力）或使用危险材料
行业实例	注塑成型仓储	汽车金属冲压纸浆和纸半导体汽车生产	公用事业石化食品和饮料制药军事承包商

参考文献

[1] 中华人民共和国国家发展和改革委员会. 智能制造发展规划（2016-2020 年）[EB/OL].（2017-06-20）[2018-08-22]. http://www.ndrc.gov.cn/fzgggz/fzgh/ghwb/gjjgh/201706/t20170620_851813.html.

[2] KEITH A. STOUFFER, TIMOTHY A. ZIMMERMAN, CHEE YEE TANG, et al. Cybersecurity Framework Manufacturing Profile [EB/OL].（2017-09-08）[2018-08-22]. https://www.nist.gov/publications/cybersecurity-framework-manufacturing-profile.

[3] 上海临港地区开发建设管理委员会. 推动建设国际智能制造中心——上海建设具有全球影响力科技创新中心临港行动方案（2015-2020）[EB/OL].（2015-10-14）[2018-08-22]. http://sh.zhaoshang.net/2015-10-14/531457.html.

“两弹一星”功勋
科学家：王淦昌

附录

相关术语缩写及中外文对照表

缩　写	外文全称	中　文
—	Industry 4.0	工业 4.0
—	Tag	电子标签
—	Reader	读写器
—	Digital Thread	数字纽带
—	Manufacturing Pyramid	制造业金字塔
—	Antenna	天线
—	Airbus	空中客车
—	Cloud Computing	云计算
—	Cloud Unit	云元
—	millimeter wave	毫米波
—	microwave	微波
—	infrared wave	红外波
—	internet	互联网协议
—	Process Industry	过程工业
—	Edge Computing	边缘计算
—	Boundary Management	边界管理
—	Internet/Intranet	互联网/内联网
—	Web	全球广域网
—	Fog Computing	雾计算
1G	1st Generation	第一代（移动通信技术）
2G	2nd Generation	第二代（移动通信技术）
3C	Computer、Communication、Control	计算机、通信和控制
3G	3rd Generation	第三代（移动通信技术）
4G	4th Generation	第四代（移动通信技术）

（续）

缩　写	外文全称	中　文
5G	5th Generation	第五代（移动通信技术）
5V	Volume、Velocity、Variety、Value、Veracity	大量、高速、多样、低价值密度、真实
acatech	Deutsche Akademie der Technikwissenschaften	德国国家科学与工程院
ADAS	Advanced Driver Assistance System	高级驾驶辅助系统
AFRL	Air Force Research Laboratory	美国空军研究实验室
AGV	Automated Guided Vehicle	自动导引运输车
AI	Artificial Intelligence	人工智能
AIF	Arbeitsgemeinschaft industrieller Forschungsvereinigungen	法国未来工业联盟
AM	Additive Manufacturing	增材制造
AMS	Agile Manufacturing System	敏捷制造系统
AOI	Automated Optical Inspection	自动光学检测仪
AON	Active Optical Network	有源光网络
APC	Advanced Process Control	先进过程控制
API	Application Programming Interface	应用程序编程接口
APON（ATM PON）	Asynchronous Transfer Mode Passive Optical Network	采用异步传输模式的无源光网络
APS	Advanced Planning and Scheduling	高级计划与排程
APT	Automatically Programmed Tools	自动编程工具
AR	Augmented Reality	增强现实
ARM	Advanced RISC Machine	先进的 RISC 处理器
ATM	Asynchronous Transfer Mode	异步传输模式
AVB	Audio/Video Bridging	以太网音视频桥接技术
B2B	Business to Business	企业对企业
B2BI	Business to Business Integration	企业间信息集成
B2C	Business to Customer	商家对客户
BD	Big Data	大数据
BOM	Bill of Materials	服务物料清单
BP	Back Propagation	反向传播
BPM	Business Process Management	业务流程管理
BPON	Broadband Passive Optical Network	宽带无源光网络
C2C	Customer to Customer	顾客对顾客
C2M	Customer to Manufactory	顾客对工厂
CA	Certificate Authority	证书授权中心
CAD	Computer Aided Design	计算机辅助设计
CAE	Computer Aided Engineering	计算机辅助工程分析

（续）

缩　写	外文全称	中　文
CAI	Computer Aided Instruction	计算机辅助教学
CAM	Computer Aided Manufacturing	计算机辅助制造
CAN	Controller Area Network	控制器局域网络
CAPP	Computer Aided Process Planning	计算机辅助工艺规划
CAS	Computer Aided Styling	计算机辅助造型
CAT	Computer Aided Translation	计算机辅助翻译
CATV	Community Antenna Television	社区公共电视天线系统
CAX	Computer Aided Technologies	计算机辅助技术
CBM	Condition Based Maintenance	基于状态的维护
CBR	Case Based Reasoning	基于案例推理
CCD	Charge Coupled Device	电荷耦合元件
CDMA	Code Division Multiple Access	码分多址
CEN	European Committee for Standardization	欧洲标准化委员会
CENELEC	European Committee for Electrotechnical Standardization	欧洲电工标准化委员会
CIMS	Computer Integrated Manufacturing System	计算机集成制造系统
CIRP	Collège International pour la Recherche en Productique	国际生产工程科学院
CNCMT	Computer Numerical Controlled Machine Tool	数控机床
CNCPC	Computer Numerically Controlled Production Center	数控加工中心
CPS	Cyber Physical System	信息物理系统
CPU	Central Processing Unit	中央处理器
CRM	Customer Relationship Management	客户关系管理
DCS	Distributed Control System	分布式控制系统
DI	Deep Immersion	深度沉浸
DIC	Data Intensive Computing	数据密集型计算
DKE	Deutsche Kommission Elektrotechnik Elektronik Informationstechnik	德国电工电子与信息技术标准化委员会
DNC	Distributed Numerical Control	分布式数控
DP	Display Port	一种高清数字显示接口标准
DT	Digital Twins	数字孪生
EAM	Enterprise Asset Management	企业资产管理
EDA	Electronics Design Automation	电子设计自动化
EDI	Electronic Data Interchange	电子数据交换
EEPROM	Electrically Erasable Programmable read only memory	带电可擦可编程只读存储器

（续）

缩　写	外文全称	中　文
EFM	Ethernet in the First Mile	第一英里以太网
EI	Entry-level Immersion	初级沉浸
EIP	Enterprise Information Portal	企业信息门户
eMBB	enhanced Mobile Broadband	增强移动宽带
EMS	Energy Management System	能源管理系统
ENISA	European Union Agency for Network and Information Security	欧盟网络与信息安全局
EP	Enterprise Portal	企业门户
EPON	Ethernet Passive Optical Network	以太网无源光网络
ERP	Enterprise Resource Planning	企业资源计划
FCS	Fieldbus Control System	现场总线控制系统
FDMA	Frequency Division Multiple Access	频分多址
FEA	Finite Element Analysis	有限元分析
FI	Fully Immersion	完全沉浸
FMC	Flexible Manufacture Component	柔性制造单元
FMS	Flexible Manufacturing System	柔性制造系统
FOV	Field Of View	视场角
FP7	7th Framework Programme	欧盟第七框架计划
FPGA	Field Programmable Gate Array	现场可编程门阵列
FSAN	Full Service Access Network	全业务接入网论坛
Gbps	Giga bits per second	吉比特每秒
GDP	Gross Domestic Product	国内生产总值
GE	General Electric Company	美国通用电气公司
GEM	GPON Encapsulation Mode	GPON 封装方式
GIS	Geographic Information System	地理信息系统
GPON	Gigabit-capable Passive Optical Network	具有千兆位功能的无源光网络
GPS	Global Positioning System	全球定位系统
GPU	Graphics Processing Unit	图形处理器
HART	Highway Addressable Remote Transducer	可寻址远程传感器高速通道
HCM	Human Capital Management	人力资产管理
HCPS	Human Cyber Physical System	人-信息-物理系统
HMI	Human Machine Interface	人机接口
HMS	Holonic Manufacturing System	全能制造系统
HPS	Human Physical System	人-物理系统
HSE	Health、Safety、Environment	健康、安全和环境
I/O	Input/Output	输入/输出

（续）

缩　写	外文全称	中　文
IaaS	Infrastructure as a Service	基础设施即服务
ICS	Industrial Control System	工业控制系统
ICS-CERT	Industrial Control System Cyber Emergency Response Team	工业控制系统网络应急响应小组
ICT	Information and Communication Technology	信息和通信技术
IC	Integrated Circuit Card	集成电路卡
IDS	Intrusion Detection System	入侵检测系统
IEC	International Electrotechnical Commission	国际电工委员会
IEEE	Institute of Electrical and Electronics Engineers	美国电气电子工程师学会
IIC	Industrial Internet Consortium	美国工业互联网联盟
IIoT	Industrial Internet of Things	工业物联网
IIRA	Industrial Internet Reference Architeture	工业互联网参考架构
IM	Intelligent Manufacturing	智能制造
IME	Intelligent Manufacturing Enterprise	智能制造企业
IMR	Intelligent Manufacturing Resource	智能制造资源
IMS	Intelligent Manufacturing System	智能制造系统
IMSA	Intelligent Manufacturing System Architecture	智能制造系统架构
IoS	Internet of Service	务联网
IoT	Internet of Things	物联网
IP	Internet Protocol	互联网协议
IR	Infrared Radiation	红外
ISA	International Society of Automation	国际自动化学会
ISO	International Organization for Standardization	国际标准化组织
IT	Information Technology	信息技术
ITU	International Telecommunication Union	国际电信联盟
IVI	Industrial Value Chain Initiative	工业价值链计划（由日本提出）
KMI	Key Management Infrastructure	密钥管理基础设施
KPI	Key Performance Indicator	关键绩效指标
LIMS	Laboratory Information Management System	实验室信息管理系统
LP	Lean Production	精益生产
LPWAN	Low Power Wide Area Network	低功率广域网络
M2M	Machine to Machine	机器对机器
MAC	Media Access Control	介质访问控制
MBD	Model Based Definition	基于模型的工程定义
Mbps	Million bits per second	兆比特每秒
MBR	Model Based Reasoning	基于原型推理

（续）

缩　写	外文全称	中　文
MDC	Meta Data Controller	元数据控制器
MDM	Master Data Management	主数据管理
MEMS	Micro Electro Mechanical System	微机电系统
MES	Manufacturing Execution System	制造执行系统
MIMO	Multiple Input Multiple Output	多输入多输出（天线）
MMTC	Massive Machine Type Communications	海量机械通信
MP	Mobile Plant	移动工厂
MRP	Manufacturing Resources Planning	制造资源计划
MRP	Material Requirement Planning	物料需求计划
MSIF	Multi-sensor Information Fusion	多传感器信息融合
NAS	Network Attached Storage	网络附属存储
NASA	National Aeronautics and Space Administration	美国国家航空航天局
NC	Numerical Control	数控
NFS	Network File System	网络文件系统（FreeBSD 支持的文件系统中的一种）
NI	National Instruments	美国国家仪器有限公司
NIST	National Institute of Standards and Technology	美国国家标准与技术研究院
NM	Networked Manufacturing	网络化制造
NOS	Network Operating System	网络操作系统
NPU	Neural-network Process Unit	嵌入式神经网络处理器
NSF	National Science Foundation	美国国家科学基金会
NTFS	New Technology File System	WindowsNT 环境的文件系统
NVH	Noise、Vibration、Harshness	噪声、振动与声振粗糙度
O2O	Online to Offline	线上到线下
OA	Office Automation	办公自动化
OCR	Optical Character Recognition	光学字符识别技术
ODN	Optical Distribution Network	光配线网络
ODVA	Open DeviceNet Vendor Association	开放设备网供货商协会
OEE	Overall Equipment Effectiveness	设备综合效率
OFDMA	Orthogonal Frequency Division Multiple Access	正交频分多址
OLE	Object Linking and Embedding	对象连接与嵌入
OLT	Optical Line Terminal	光线路终端
OneM2M	—	物联网领域国际标准化组织
ONT	Optical Network Terminal	光网络终端
ONU	Optical Network Unit	光网络单元
OPC	OLE for Process Control	用于过程控制的 OLE

（续）

缩　写	外文全称	中　文
OSI	Open System Interconnection	开放系统互连
OT	Operation Technology	操作技术
P2MP	Point to Multiple Point	点到多点
PaaS	Platform as a Service	平台即服务
PC	Personal Computer	个人计算机
PDA	Personal Digital Assistant	掌上电脑
PDM	Product Data Management	产品数据管理
PI	Partial Immersion	部分沉浸
PIMS	Process Information Management System	工厂信息管理系统
PIN	Personal Identification Number	个人识别密码
PKI	Public Key Infrastructure	公共密钥基础设施
PLC	Programmable Logical Controller	可编程逻辑控制器
PLM	Product Lifecycle Management	产品生命周期管理
PM	Predictive Maintenance	预测性维护
PMI	Product Manufacturing Information	产品制造信息
PON	Passive Optical Network	无源光网络
POS	Passive Optical Splitter	无源光分路器
PP	Production Planning	生产计划
PPD	Pixels Per Degree	角分辨率（空间分辨率）
PROFIBUS	PROcess FIeld BUS	过程现场总线
PS	Production Scheduling	排产
PSTN	Public Switched Telephone Network	公共交换电话网络
PTC	Parametric Technology Corporation	美国参数技术公司
PWG	Public Working Group	公共工作组
QoS	Quality of Service	服务质量
RAMI 4.0	Reference Architecture Model Industrie 4.0	工业 4.0 参考架构模型（由德国提出）
RBR	Rule Based Reasoning	基于规则推理
RDBMS	Relational Database Management System	关系型数据库管理系统
RE	Reverse Engineering	逆向工程
RFID	Radio Frequency Identification	射频识别
RGV	Rail Guided Vehicle	有轨制导车辆
RISC	Reduced Instruction Set Computing	精简指令集计算机
ROM	Read Only Memory	只读存储器
ROM	Rigorous Online Modeling	严格在线模拟
RP	Rapid Prototyping	快速成型
RTT	Round Trip Time	往返时延

（续）

缩　写	外文全称	中　文
RTU	Remote Terminal Unit	远程终端单元
RUL	Remaining Useful Life	剩余有效工作时间
SaaS	Software as a Service	软件即服务
SAC	Standardization Administration of the People's Republic of China	中国国家标准化管理委员会
SAN	Storage Area Network	存储区域网络
SCADA	Supervisory Control And Data Acquisition	数据采集与监视控制
SCM	Supply Chain Management	供应链管理
SDM	Smart Decision Making	智能决策
SDN	Software Defined Network	软件定义网络
SE	Smart Equipment	智能装备
SF	Smart Factory	智能工厂
SGAM	Smart Grid Architecture Mode	智能电网架构模型
SL&SCM	Smart Logistics and Supply Chain Management	智能物流与供应链
SM	Smart Management	智能管理
SME	Smart Manufacturing Ecosystem	智能制造生态系统模型
SMS	Smart Manufacturing System	智能制造系统
SMT	Surface Mounting Technology	表面组装技术
SOA	Service Oriented Architecture	面向服务的体系架构
SoS	System of Systems	系统之系统
SP	Smart Product	智能产品
SPC	Statistical Process Control	统计过程控制
SPI	Solder Paste Inspection	锡膏厚度检测仪
SPL	Smart Production Line	智能产线
SQL	Structured Query Language	结构化查询语言
SRD	Smart Research and Development	智能研发
SRM	Suppllier Relationship Management	供应商管理系统
SS	Smart Service	智能服务
SW	Smart Workshop	智能车间
TCP	Transmission Control Protocol	传输控制协议
TDMA	Time Division Multiple Access	时分多址
TIA	Totally Integrated Automation	全集成自动化技术
TMS	Transport Management System	运输管理系统
TSN	Time Sensitive Network	时间敏感网络
URLLC	Ultra Reliable Low Latency Communications	极可靠低延迟通信
UWB	Ultra Wideband	超宽频

（续）

缩　写	外文全称	中　文
V2I	Vehicle to Infrastructure	车辆到基础设施
V2V	Vehicle to Vehicle	车辆到车辆
VDC	Virtual Data Center	虚拟数据中心
VDI	Virtual Desktop Infrastructure	虚拟桌面基础架构
VMS	Virtual Manufacturing System	虚拟制造系统
VPN	Virtual Private Network	虚拟专用网络
VR	Virtual Reality	虚拟现实
WDM	Wavelength Division Multiplexing	波分复用
WDMPON		基于 WDM 的无源光网络
WIA-FA	Wireless Networks for Industrial-Factory Automation	工厂自动化工业无线网络
WIA-PA	Wireless Networks for Industrial- Automation Process Automation	面向工业过程自动化的工业无线网络标准技术
WLAN	Wireless Local Area Network	无线局域网络
WMS	Warehouse Management System	仓储管理系统